de Gruyter Lehrbuch
Hansen · Beiner
Heterogene Gleichgewichte

Jörn Hansen · Friedhelm Beiner

Heterogene Gleichgewichte

Ein Studienprogramm zur Einführung in die Konstitutionslehre der Metallkunde

Für Studierende der Hüttenkunde, Werkstoffkunde (Maschinenbau) und Metallkunde
an Hoch- und Fachschulen und zum Selbststudium

Entwickelt an den Instituten für
Allgemeine Metallkunde und Metallphysik, Prof. Dr. K. Lücke
und Erziehungswissenschaft, Prof. Dr. J. Zielinski
der Technischen Hochschule Aachen.

Fachwissenschaftliche Beratung:
Wolfgang Pitsch

Walter de Gruyter · Berlin · New York 1974

Autoren:

Dipl. Phys. *Jörn Hansen*
RWTH Aachen
Institut für Allgemeine Metallkunde und Metallphysik

Dr. phil. *Friedhelm Beiner*
RWTH Aachen
Institut für Erziehungswissenschaft

Fachwissenschaftliche Beratung
Prof. Dr. rer. nat. Wolfgang Pitsch
Direktor am Max-Planck-Institut für Eisenforschung
Düsseldorf

©

Copyright 1974 by Walter de Gruyter & Co., vormals G.J. Göschen'sche Verlagshandlung J. Guttentag, Verlagsbuchhandlung – Georg Reimer – Karl J. Trübner – Veit & Comp., Berlin 30 – Alle Rechte, insbesondere das Recht der Vervielfältigung und Verbreitung sowie der Übersetzung, vorbehalten. Kein Teil des Werkes darf in irgendeiner Form (durch Photokopie, Mikrofilm oder ein anderes Verfahren) ohne schriftliche Genehmigung des Verlages reproduziert oder unter Verwendung elektronischer Systeme verarbeitet, vervielfältigt oder verbreitet werden. – Satz: IBM-Composer,Verena Boldin, Aachen – Grafik: Elisabeth Stadler, Aachen – Druck: Gerike, Berlin – Bindearbeiten: Buchbinderei Micolai, Berlin – Printed in Germany

ISBN 3 11 004829 9

Für Elli und Sigrun

die sich trotz heterogener Elemente
nicht aus dem Gleichgewicht bringen ließen ...

.... Sie hatten einen Trost:
„Was Hänschen nicht lernt
— lernt Hans programmiert!"

Wir danken

Herrn Professor Dr. K. Lücke und Herrn Professor Dr. J. Zielinski
für ihre freundliche Unterstützung bei der Entwicklung und Erprobung
des Studienprogramms;

Herrn Dr. habil. P. Paschen und dem Institut für Werkstoffkunde (B),
Direktor Prof. Dr. Erdmann-Jesnitzer, der TU Hannover sowie
Herrn Dr. H.G. Sockel und dem Institut für Werkstoffwissenschaften I,
Direktor Prof. Dr. Ilschner, der Universität Erlangen-Nürnberg
für die Durchführung von Testläufen an ihren Instituten;

dem Max-Planck-Institut für Eisenforschung, Düsseldorf, für das
Anfertigen von Gefügebildern;

den Herren W. Beckelmann, U. Droese, D. Geistert
für die wertvollen Hilfen bei der Testung und Überarbeitung des
Programms;

Fräulein Stadler für die Zeichnungen des Studienprogramms und
Fräulein Boldin und Fräulein Steffens für das Schreiben

und nicht zuletzt allen Studierenden, die uns in den verschiedenen
Testläufen zur Fortsetzung unserer Arbeit ermutigt und durch ihre
konstruktive Kritik zur Optimierung des Studienprogramms beigetragen
haben.

Begleitwort

Das vorliegende Studienprogramm ist aus der Vorlesung „Heterogene Gleichgewichte" entstanden, die von dem Unterzeichner in der Zeit vom SS 1971 bis zum WS 1972/73 an der Technischen Hochschule Aachen im klassischen Stil gehalten wurde. Das Ziel der Vorlesung war, den Studierenden in die Grundbegriffe und Anwendungsmethoden der Phasendiagramme einzuführen.

Zwei Eigenheiten dieser Vorlesung müssen hier hervorgehoben werden, weil sie wesentliche Vorbedingungen für ihre Umschreibung in Form eines Studienprogramms waren: 1. der Vorlesungsinhalt ist fest fundiertes Wissen und längst nicht mehr Gegenstand der Forschung und 2. der Vorlesungsinhalt mußte dem Studierenden übermittelt werden hauptsächlich mit Hilfe vieler ungewohnter geometrischer Darstellungen, eben den Phasendiagrammen. Eine solche Übermittlung ist zeitraubend und obendrein unsicher, solange der Studierende die in Form von Tafelzeichnungen, Lichtbildern oder Drahtmodellen vorgestellten Diagramme während der Vorlesung selbst nachzeichnen muß. Deshalb wurde im SS 1972 der Versuch unternommen, Teile des Vorlesungsstoffes nach der Methode der Programmierten Unterweisung schriftlich auszuarbeiten und so von den Studenten bearbeiten zu lassen. Das gute Echo der Studierenden veranlaßte die Autoren zur Entwicklung des vorliegenden Studienprogramms.

Die Lernwirksamkeit des Programms geht natürlich über das hinaus, was in einer Vorlesung und Übung klassischen Stils bei gleichem Zeitaufwand erreicht werden kann: Das Programm umfaßt ein weit größeres Anschauungsmaterial und als Besonderheit die nach didaktischen und lernpsychologischen Gesichtspunkten ausgearbeiteten Studieneinheiten zur gründlichen Erarbeitung der Interpretationsregeln der Heterogenen Gleichgewichte.

Die Vorläufer dieser gedruckten Studieneinheiten wurden während der Vorlesungs- und Übungszeit von den Studenten im Hörsaal und zu Hause durchgearbeitet. Da die Dozenten von der Vermittlung der Grundkenntnisse und -fertigkeiten befreit waren, ergaben sich gute Möglichkeiten zur Erörterung individueller Fragen und Probleme, die im traditionellen Lehrbetrieb meist nicht behandelt werden können.

Das Zustandekommen dieses neuartigen Unterrichts war an den glücklichen Umstand geknüpft, daß sich zwei Wissenschaftler zu interdisziplinärer hochschuldidaktischer Arbeit zusammentaten, von denen der eine die fachlichen Einzelheiten, der andere die didaktischen Belange des Vorhabens bearbeitete. Den Nutzen werden ohne Zweifel in Zukunft die Studierenden haben, denen hier in konzentrierter Form ein schneller Zugang in das an sich etwas trockene Gebiet der heterogenen Gleichgewichte geboten wird.

Düsseldorf, im Mai 1974　　　　　　　　Prof. Dr. W. Pitsch

Hinweise zum Aufbau und zum rechten Gebrauch des Studienprogramms Heterogene Gleichgewichte

Sicher ist Ihnen beim ersten Durchblättern des Buches aufgefallen, daß viele Seiten auf dem Kopf stehen. Dies ist kein Versehen der Druckerei, sondern hat sich aus dem Konzept ergeben, das dem Buch zugrundeliegt:
Es ist nach der Methode der Programmierten Unterweisung in Form eines Studienprogramms aufgebaut. Bei einem Studienprogramm stehen nicht, wie bei einem „klassischen" Lehrbuch, die Lehrinhalte im Vordergrund, sondern die Lernziele. Sie geben an, welches Wissen, welche Kenntnisse und Fähigkeiten der Studierende am Ende des Lernprozesses beherrschen soll (s. unten). Nach Anforderungen, die sich aus den Lernzielen ergeben, wird der zu vermittelnde Stoff nach lernpsychologischen Gesichtspunkten aufgegliedert und angeordnet.
Um Ihnen das Arbeiten mit diesem Studienprogramm zu erleichtern, geben wir Ihnen zunächst einige wichtige Hinweise:

I. Zum Aufbau des Studienprogramms
Das Lernpensum ist in viele kleine, überschaubare Einheiten aufgegliedert. Sie sollen durch einen rhythmischen Wechsel zwischen Bearbeiten von Lerntexten, Übungsaufgaben und Lösungskontrollen in Verbindung mit systematischen Wiederholungen und Zusammenfassungen intensives Lernen ermöglichen.
In der Regel sieht das so aus: Zunächst wird auf etwa einer halben Seite ein Lerntext vorgestellt. Es schließen sich Fragen und Übungsaufgaben (A) an, die Sie bitte schriftlich (im Buch!) bearbeiten. Auf der folgenden Seite finden Sie oben jeweils eine Musterlösung (L), die Ihnen eine Selbstkontrolle erlaubt. Daraus ergibt sich eine Lösungsbestätigung oder eine Antwortkorrektur.

Etwa 20 Seiten bilden jeweils eine geschlossene **Studieneinheit**. Das Buch enthält insgesamt 15 solcher Studieneinheiten. Am Schluß der meisten Studieneinheiten finden Sie einige Ergänzungen. Sie enthalten Vertiefungen, Erweiterungen und weitere Übungsaufgaben zu dem behandelten Stoff. Ein Erfolgstest in der VI. Studieneinheit über die binären Systeme und ein Schlußtest am Ende des Buches erlauben Ihnen eine Überprüfung Ihres Lernerfolges.

Eine wichtige Besonderheit dieses Studienprogramms gegenüber anderen Formen der Programmierten Unterweisung bieten die „GELBEN BLÄTTER". Sie enthalten eine komprimierte Darstellung des gesamten Stoffes, die benutzten Formeln und Formelzeichen sowie ein Literatur- und Sachregister. Die Gelben Blätter sollen Ihnen die Strukturierung, Zusammenfassung und Wiederholung des Lernstoffes erleichtern, der in den Studieneinheiten ausführlich erarbeitet wird.

II. Lernziele und Lernergebnisse des Studienprogramms
Um Ihnen schon am Anfang eine Vorstellung über die Lernziele des Studienprogramms zu geben, seien die wichtigsten hier genannt:

A. Allgemeine Lernziele

Durch die Verstärkung des richtigen Arbeitsverhaltens in den einzelnen Studieneinheiten und die Verknüpfung von „programmierten" Studienphasen mit den lehrbuchähnlichen Gelben Blättern sollen die Selbstinstruktionsfähigkeit des Studenten verbessert, seine Einsicht in die Sachzusammenhänge gefördert und eine positive Einstellung zum Fach Heterogene Gleichgewichte erzielt werden.

B. Spezielle Lernziele

1. Zweistoffsysteme
   a) Der Student ist in der Lage, ihm unbekannte komplizierte Gleichgewichtszustandsdiagramme zu interpretieren, d.h. im einzelnen, daß er in der Lage ist,
   – im Zustandsdiagramm die Ein- und Mehrphasenräume zu benennen,
   – für die Abkühlung einer Legierung
     – Angaben über die jeweiligen Phasengehalte zu machen,
     – die auftretenden Phasenreaktionen anzugeben und
     – die schematische Abkühlkurve zu konstruieren.
   b) Der Student kann Angaben über das Gefüge der einfachsten Legierungstypen machen.
   c) Der Student kann aus schematischen Abkühlkurven einfache Zustandsdiagramme entwickeln.

Ergänzungsstoff:
Umrechnung von Stoffmengen- auf Massengehalt, Ableitung des Hebelgesetzes, Gibbs'sche Phasenregel und (ganz kurz) Dendritenbildung und Kornseigerung.

2. Dreistoffsysteme
   a) Der Student kann für einfache, ihm unbekannte Systeme im Gleichgewicht
   – die Phasengrenzen der Einphasenräume im ternären Körper angeben,
   – isotherme Schnitte konstruieren,
   – bei Abkühlung einer Legierung
     – die jeweiligen Phasengehalte abschätzen,
     – die auftretenden Phasenreaktionen benennen und
     – die schematische Abkühlkurve erstellen.
   b) Der Student kann für Systeme mit mehreren intermetallischen Phasen aus der Darstellung der Liquidusfläche für eine Legierung die auftretenden Phasenreaktionen bis zum vollständigen Zerfall der Schmelze angeben.

Ergänzungsstoff:
Konstruktion von Gehaltsschnitten.

C. Lernergebnisse

Das Studienprogramm wurde an der Technischen Hochschule Aachen, Institut für Allgemeine Metallkunde und Metallphysik und Institut für Erziehungswissenschaft, entwickelt und in Testläufen an mehreren Hochschulen (TU Hannover, Uni Erlangen, TH Aachen) überarbeitet und erprobt. Danach kann sowohl der Lernerfolg als auch die Einstellung der Studierenden zur Lehrmethode „Studienprogramm" als sehr positiv bezeichnet werden.
Nach Einsatz des Vorläufers dieses Buches ergab sich in einer Klausur (identisch mit Schlußtest ●, S. 275 ff.) im WS 73/74 folgende Punkteverteilung:

0– 50 Punkte	= 1 Student
50– 65 Punkte (ausreichend)	= 7 Studenten
65– 85 Punkte (befriedigend)	= 8 Studenten
85–100 Punkte (gut)	= 13 Studenten
100–110 Punkte (sehr gut)	= 18 Studenten

Mit einem Fragebogen, der am Schluß der letzten Studieneinheit ausgefüllt wurde, konnte die Einstellung der Studenten ermittelt werden. Hier einige Fragen mit Antworten:

Das Arbeiten mit dieser Lernmethode war
sehr langweilig 0 %; langweilig 3 %; neutral 9 %; interessant 32 %; sehr interessant 56 %.

Wie sollte Ihrer Meinung nach das Lernen des Stoffes „Heterogene Gleichgewichte" aufgeteilt werden? Geben Sie bitte die entsprechenden Prozentsätze an:
Programmierter Unterricht 82 %; Vorlesung 1 %; Übung 15 %; selbständiges Literaturstudium 2 %.

Möchten Sie auch in anderen Fächern mit Hilfe dieser Unterrichtsmethode zumindest teilweise unterrichtet werden?
ja 97 %; nein 0 %; keine Meinung 3 %.

Für wie lernwirksam halten Sie den Programmierten Unterricht im Vergleich zum herkömmlichen Unterricht? Sind Sie der Meinung
mehr gelernt zu haben 97 %; kein Unterschied 0 %; weniger gelernt zu haben 0 %; weiß nicht 3 %.

III. Stoff- und Zeiteinteilung des Studienprogramms

Das Studienprogramm eignet sich sowohl zum Selbststudium als auch zum Einsatz in einer Lehrveranstaltung.

Jede der 15 Studieneinheiten erfordert eine Bearbeitungszeit von 1 bis 2 Stunden, je nach individuellem Lerntempo. Die durchschnittliche Bearbeitungszeit beträgt etwa 80 Minuten.

Für den Fall, daß Sie bestimmte inhaltliche Schwerpunkte setzen möchten oder Ihnen weniger Zeit zur Verfügung steht, als für das gesamte Programm erforderlich ist, können Sie verschiedene Teile auslassen bzw. durch andere Unterrichtsformen ersetzen. Dabei können Sie von folgendem inhaltlichen und zeitlichen Rahmen ausgehen:

Grundlagen und binäre Systeme
Studieneinheit I bis VI = 6 × 80 Min. und Erfolgstest in Studieneinheit VI = 30 Min.
In Studieneinheit VI können Aufgaben ausgelassen werden.

Ternäre Systeme
Studieneinheit VII bis XV = 9 × 80 Min. und Zeit für eigene Konstruktion von Gehaltsschnitten. Fast alle Aufgaben zur Konstruktion von Gehaltsschnitten werden in den Ergänzungen angeboten. Damit besteht die Möglichkeit, Aufgaben, die verhältnismäßig viel Zeit benötigen (15 bis 45 Min. je Aufgabe), auszulassen. Außerdem kann bei Zeitmangel auf die Bearbeitung der Studieneinheit XII und einige Typen ternärer Systeme in den letzten Studieneinheiten verzichtet werden.

Schlußtest
80 Min. Bearbeitungszeit und 20 Min. Auswertung.
Der Schlußtest ist zweispurig angelegt: Eine Spur verlangt einen Gehaltsschnitt, die andere Spur nicht.

IV. Zur Technik des Lernens mit dem Studienprogramm

Damit auch Sie einen guten Lernerfolg erzielen, sollten Sie die folgenden Punkte beachten, die von Anfängen im Lernen mit Studienprogrammen oft nicht ausreichend berücksichtigt werden:

1. Lesen Sie sich den Lerntext jeder Seite sorgfältig durch, und durchdenken Sie seinen Inhalt.
2. Lösen Sie die mit A gekennzeichneten Aufgaben schriftlich, **ohne** vorher nach der Musterlösung auf der folgenden Seite zu sehen. Mit den unterschiedlich schweren Aufgaben werden unterschiedliche didaktische Funktionen erfüllt; jede Frage ist wichtig; oft wird mit ihr auch der nachfolgende Lernstoff vorbereitet.
3. Überprüfen Sie nach dem Umblättern Ihre eigene Antwort mit der vorgegebenen Musterlösung. Stimmen beide sinngemäß überein: o.k., wenn nicht, suchen Sie Ihren Fehler, und nehmen Sie bitte eine Berichtigung vor.
   Sie müssen den Stoff vollständig verstehen, lassen Sie also keine Wissenslücken aufkommen!
   Blättern Sie gegebenenfalls zurück, oder lesen Sie in den Gelben Blättern nach.
4. Da die Musterlösungen während der Bearbeitung der Aufgaben verdeckt sein sollten, steht die Hälfte des Buches auf dem Kopf: Die Texte der Seiten 1, 2 ... 142 stehen jeweils auf den Blattvorderseiten; nach Erreichen der Seite 142 werden Sie aufgefordert, das Buch umzudrehen und die Seiten 143 ff. auf den Blattrückseiten von hinten nach vorn zu bearbeiten.
   Zur besseren Orientierung in den Studieneinheiten dienen die Blattüberschriften. Sie enthalten neben der fortlaufenden Seitennumerierung noch Angaben über Nummer, Umfang und Bearbeitungsstand der jeweiligen Studieneinheit. Zum Beispiel bedeutet Studieneinheit X – 5/20: Sie bearbeiten die fünfte von insgesamt 20 Seiten der Studieneinheit X.
5. Bitte bearbeiten Sie nicht mehr als eine Studieneinheit pro Tag. Studieren ohne Konzentration und Aufnahmefähigkeit ist Zeitverschwendung.

   Beginnen Sie nicht, ohne Ihr „Lernwerkzeug" zu präparieren: Spitzer Bleistift, Radiergummi, Lineal, Lesezeichen und Kladdepapier.

Fangen Sie auf Seite 1 nach den Gelben Blättern an zu arbeiten.
Und nun wünschen Ihnen die Verfasser einen guten Lernerfolg!

Übrigens: Wir sind dankbar, für jeden Verbesserungsvorschlag und würden uns gerne mitfreuen, wenn das Studienprogramm Ihnen gefällt.

Gelbe Blätter   XIII

Inhaltsverzeichnis

Begleitwort von Prof. Dr. W. Pitsch VII
Zum Aufbau und rechten Gebrauch des Studienprogramms VIII

GELBE BLÄTTER

Inhaltsverzeichnis XIII
1. SACHSTRUKTUR XVII
2. KERNINFORMATIONEN XVIII
2.1 Grundlegende Begriffe und binäre Systeme XVIII
2.1.1 Aufbau einer Legierung XVIII
       Komponenten; Gefüge; Phasen
2.1.2 Zustand einer Legierung XIX
       Zustand; Gleichgewichtszustand; Zustandsvariable
2.1.3 Zustandsdiagramm eines Systems XX
       Zustandspunkte von Legierungen und Phasen; Phasenräume; Hebelgesetz
2.1.4 Abkühlung einer Legierung XXII
       Wege der Zustandspunkte ohne Phasenreaktion, mit Zweiphasenreaktion,
       mit Dreiphasenreaktion
2.1.5 Abkühlkurven XXIII
2.1.6 Thermische Analyse XXIV
2.1.7 Gefüge XXIV
2.2 Ternäre Systeme XXV
2.2.1 Zustandsdiagramm XXV
       Gehaltsdreieck; Ternärer Körper; Einphasenräume; Mehrphasenräume;
       Gesetz der wechselnden Phasenzahl; Randsysteme; Isotherme Schnitte;
       Gehaltsschnitte; Quasi-binäre Schnitte; Teilsysteme; Schwerpunktgesetz
2.2.2 Abkühlung einer Legierung XXXI
       Wege der Zustandspunkte ohne Phasenreaktion, mit Zweiphasenreaktion,
       mit Dreiphasenreaktion, mit Vierphasenreaktion
2.2.3 Thermische Analyse. XXXIII
3. FORMELZEICHEN XXXIV
4. LITERATURVERZEICHNIS XXXV
5. SACHREGISTER XXXVI

STUDIENEINHEIT I

1. GRUNDLEGENDE BEGRIFFE 1
1.1 Aufbau einer Legierung 2
     Komponenten; Gefüge; Phasen
1.2 Zustand einer Legierung 5
     Zustand; Gleichgewichtszustand; Zustandsvariable
1.3 Zustandsdiagramm eines Systems 10
     Zustandsdiagramm; Zustandspunkte; System
Zusammenfassung 13
Heterogene Gleichgewichte als Lehrgebiet 14
Ergänzungen 15
     Gefügebild einer einphasigen Probe; Umrechnung von Gehaltsangaben

STUDIENEINHEIT II

1.4 Einstoff-Systeme 18
     p-T- und T-Zustandsdiagramm; Abkühlkurve

2.	BINÄRE (ZWEISTOFF-) SYSTEME	24
2.1	Grundlagen	24
2.1.1	Zustandspunkte in Ein- und Mehrphasenräumen	24
2.1.2	Hebelgesetz	29
Ergänzungen		32

Gibbs'sche Phasenregel, Anwendung auf Einstoffsysteme; Ag-Sn-Zustandsdiagramm; Zur Abkühlkurve eines Einstoffsystems; Ableitung des Hebelgesetzes

STUDIENEINHEIT III

Wiederholung zur Studieneinheit II		36
2.2	Eutektisches System	39
	Sn-Pb-Zustandsdiagramm	
2.2.1	Abkühlung von Legierungen	40
	Ohne Phasenreaktion; mit Zweiphasenreaktion; mit Dreiphasenreaktion; Dreiphasenraum	
2.2.2	Abkühlkurven	48
2.2.3	Eutektisches Gefüge	52
Zusammenfassung		53
Ergänzungen		54
Dendriten; Kornseigerung		

STUDIENEINHEIT IV

Wiederholungsaufgaben		57
2.3	Thermische Analyse	60
2.4	System mit zwei eutektischen Punkten	63
2.4.1	Einphasenräume	63
2.4.2	Magnesium-Kalzium-System	64
2.5	Peritektisches System	69
2.5.1	Gold-Wismut-System	69
2.5.2	Abkühlung charakteristischer Legierungen	71
	Dreiphasenraum	
Ergänzungen		76
Silber-Strontium-System; Gold-Blei-System		

STUDIENEINHEIT V

Wiederholung zum Lesen eines Zustandsdiagramms		81
Erfolgstest		81
2.6	System mit vollständiger Mischbarkeit	86
2.7	System mit Mischungslücke	88
2.8	Systeme mit verschiedenen Grundtypen	90
	Aluminium-Zink-System; Palladium-Titan-System	
Ergänzungen		97
Gibbs'sche Phasenregel, Anwendung auf binäre Systeme; Zur thermischen Analyse		

STUDIENEINHEIT VI

2.9	Sachlogischer Zusammenhang der binären Systeme	101
Übungsaufgaben zu den binären Systemen		102
Erfolgstest zu den binären Systemen		110
Ergänzung: Eisen-Kohlenstoff-System		113

STUDIENEINHEIT VII

3.	TERNÄRE (DREISTOFF-) SYSTEME	115
3.1	Grundlagen	115
3.1.1	Zustandsvariablen	115
3.1.2	Gehaltsdreieck	116
3.1.3	Ternärer Körper	121
3.1.4	Randsysteme	124
3.1.5	Isotherme Schnitte	125
3.1.6	Schwerpunktgesetz	127
Zusammenfassung		129
Ergänzungen		130

Wiederholung zu binären Systemen; Ableitung des Schwerpunktgesetzes

STUDIENEINHEIT VIII

Wiederholung		133
Vergleich von binären und ternären Systemen		134
3.2	Ternäres System mit drei eutektischen Randsystemen	135
3.2.1	Ternärer Körper	135
3.2.2	Einphasenraum der Schmelze	136
3.2.3	Randsysteme	136
3.2.4	Isotherme Schnitte	137
3.2.5	Abkühlung einer Legierung	141
3.2.6	Isotherme Schnitte mit Konoden	146

STUDIENEINHEIT IX

Wiederholung		154
3.2.7	Gehaltsschnitte	158
3.2.8	Mehrphasenräume des ternären Körpers	160
3.2.9	Konstruktion eines Gehaltsschnittes	161
Ergänzungen		165

Gesetz der wechselnden Phasenzahl; Übung zur Konstruktion von Gehaltsschnitten

STUDIENEINHEIT X

3.3	Zwei ternäre Systeme mit einer intermetallischen Phase ohne Mischbarkeiten im festen Zustand	169
3.3.1	Die ternären Körper	169
3.3.2	Ternäres System mit zwei ternären eutektischen Punkten	170
	Quasi-binärer Schnitt und Teilsystem	
3.3.3	Ternäres System mit einem ternären eutektischen und einem ternären peritektischen Punkt	177
	Abkühlung zweier Legierungen; Ternäre peritektische Reaktion	
Zusammenfassung		180
Ergänzungen		181

Gibbs'sche Phasenregel, Anwendung auf Dreistoffsysteme; Gehaltsschnitt in einem System mit zwei ternären eutektischen Punkten

STUDIENEINHEIT XI

Wiederholung		184

Zusammenfassung; NaF-CaF$_2$-MgF$_2$-System

3.3.3   Ternäres System mit einem ternären eutektischen und einem ternären
        peritektischen Punkt (Fortsetzung) 189
Ergänzungen 195
        Konstruktion von Gehaltsschnitten

STUDIENEINHEIT XII

3.4   Zwei Systeme mit mehreren intermetallischen Phasen ohne Mischbarkeiten
        im festen Zustand 202
3.4.1   KF-NaF-MgF$_2$-System 202
        Ternäre peritektische Reaktion; Abkühlung der Legierungen U, V und W;
        Abkühlung der Legierung X
3.4.2   CaO-Al$_2$O$_3$-SiO$_2$-System 217
        Randsysteme; Gehaltsschnitte und Teilsystem
Ergänzungen 223
        Gehaltsschnitt im MgF$_2$-KF-NaF-System

STUDIENEINHEIT XIII

Wiederholung: Gold-Antimon-Germanium-System 227
        Randsysteme; Realdiagramm mit Schmelzisothermen
3.5   Ternäre Systeme mit vollständiger Mischbarkeit im festen Zustand 233
        Ternärer Körper; Abkühlung einer Legierung; vollständige isotherme
        Schnitte; Gehaltsschnitte
3.6   Ternäre Systeme mit Mischungslücke in der festen Phase 238
Wiederholung einiger Regeln zu den ternären Systemen 240
3.7   Ternäres System mit zwei eutektischen Randsystemen und einem mit
        vollständiger Mischbarkeit. 241
        Abkühlung einer Legierung X
Ergänzungen 244
        Konstruktion eines Gehaltsschnittes im Au-Ge-Sb-System; Mischungslücke in der
        Schmelzphase

STUDIENEINHEIT XIV

3.7   Ternäres System mit zwei eutektischen Randsystemen und einem mit
        vollständiger Mischbarkeit (Fortsetzung) 247
        Abkühlung charakteristischer Legierungen; isotherme Schnitte
Ergänzungen 258
        Isothermer Schnitt im Wismut(Bi)-Antimon(Sb)-Zinn(Sn)-System; Gehaltsschnitt im
        System mit Mischbarkeiten im festen Zustand

STUDIENEINHEIT XV

3.8   Ternäres System mit einem eutektischen, einem peritektischen und einem
        Randsystem mit vollständiger Mischbarkeit 262
        Ternärer Körper; Abkühlung verschiedener Legierungen; Verschiebung des
        Konodendreiecks; Isothermer Schnitt

SCHLUSSTEST 275
Aufgaben; Lösungen

1. SACHSTRUKTUR DER „HETEROGENEN GLEICHGEWICHTE"

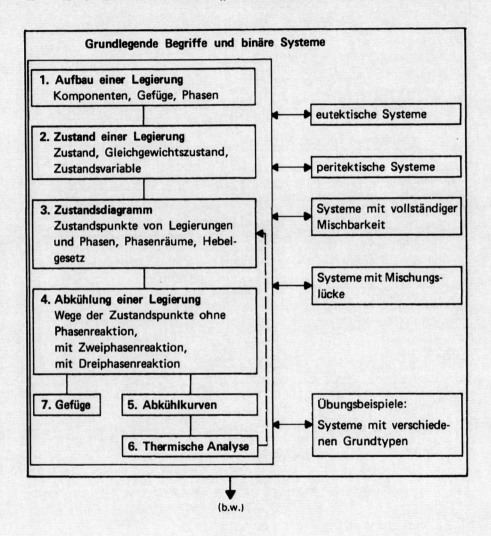

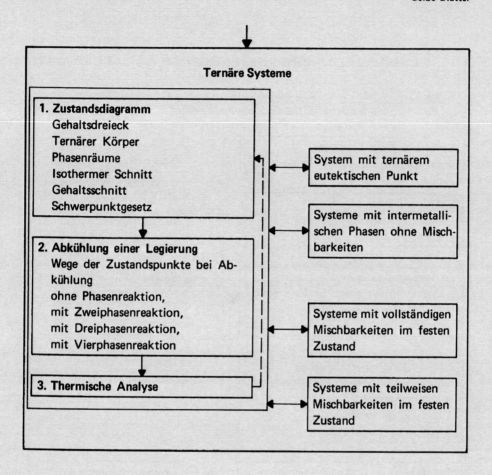

2. KERNINFORMATIONEN

2.1 GRUNDLEGENDE BEGRIFFE UND BINÄRE SYSTEME

2.1.1 Aufbau einer Legierung (vgl. S. 2 ff.)

Eine **Legierung** besteht aus der Mischung eines Metalls mit einem oder mehreren anderen Metallen oder Nichtmetallen.

Komponenten sind die verschiedenen chemischen Elemente, aus denen die **Legierung** zusammengesetzt ist.

Das **Gefüge** einer Legierung kann durch Schleifen, Polieren und geeignetes Ätzen einer Probe sichtbar gemacht werden. Es ist abhängig von Zusammensetzung und Vorbehandlung (meist Wärmebehandlung) der Probe.

Alle Bereiche im Gefüge einer Legierung, die gleiche physikalische und chemische Eigenschaften und gleiche Gehalte der Komponenten besitzen, faßt man jeweils als eine **Phase** zusammen.

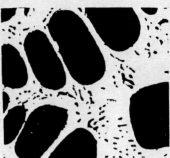

2.1.2 Zustand einer Legierung (vgl. S. 5 ff.)

Der **Zustand** einer Legierung wird bestimmt durch Angaben darüber,

- welche Phasen in der Legierung auftreten,
- wie groß die Phasengehalte in der Legierung sind und
- wie groß die Komponentengehalte in den Phasen sind.

Die Kenntnis des Zustandes einer Legierung ist eine notwendige Voraussetzung, um Angaben über Werkstoffeigenschaften machen zu können.

Eine Probe ist dann im **Gleichgewichtszustand**, wenn sich bei

- gleichbleibendem Druck,
- gleichbleibender Temperatur und
- gleichbleibenden Gehalten

ihr Zustand auch nach sehr langer Zeit nicht mehr ändert.

Je nachdem, ob in einem Zustand eine oder mehrere Phasen auftreten, unterscheidet man zwischen einem **homogenen** und **heterogenen Zustand**.

Treten im Gleichgewichtszustand mehrere Phasen auf, spricht man von einem **heterogenen Gleichgewicht**.

Phasen, die im Gleichgewichtszustand auftreten, nennt man kurz **stabile Phasen**.

Der Gleichgewichtszustand hängt von den **Zustandsvariablen** Temperatur T, Druck p, Komponentengehalten x_A, x_B (bzw. w_A, w_B) und dem Volumen V ab. Zwischen den Zustandsvariablen bestehen thermodynamische Beziehungen. Deshalb sind nach Vorgabe von einigen Variablen, den sogenannten **unabhängigen Variablen**, die anderen abhängig, sogenannte **abhängige Variablen**. In der Regel wählt man p, T und x_B als unabhängige Variablen; damit ergeben sich V und x_A ($x_A = 100\% - x_B$) als abhängige Variablen.

2.1.3 Zustandsdiagramm eines Systems (vgl. S. 10 ff., 18, 24, 81, 92, 115)

Jeder Satz von Zustandsvariablen legt einen Gleichgewichtszustand fest.
Wie dieser allerdings aussieht, muß man experimentell bestimmen: Ein
geeignetes Experiment ist die thermische Analyse. Sind die Gleichgewichtszustände ermittelt, lassen sie sich in Abhängigkeit von ihren Zustandsvariablen in
einem **Zustandsdiagramm** darstellen. (Richtiger wäre eigentlich, von einem
Gleichgewichts-Zustandsdiagramm zu sprechen.)

In einem (A-B-)Zweistoffsystem werden als unabhängige Variablen eine Gehaltsangabe x_B, die Temperatur T und der Druck p gewählt. Setzt man p = const.,
läßt sich das Zustandsdiagramm zweidimensional als x_B-T- (oder w_B-T-)Diagramm darstellen.

Zustandspunkte

Die Zustandsvariablen x_B und T einer Legierung legen im Zustandsdiagramm
einen Punkt, den **Legierungszustandspunkt** fest.
Weist eine Legierung mehrere Phasen (α, β) auf, so lassen auch sie sich durch
Gehaltsangaben (x_B^α, x_B^β) und Temperatur charakterisieren und im Zustandsdiagramm durch die Zustandspunkte der Phasen oder **Phasenzustandspunkte** darstellen.
Die Verbindungslinie von zwei im Gleichgewicht stehenden Phasenzustandspunkten nennt man **Konode**.
Das Zustandsdiagramm ist in Ein- und Mehrphasenräume aufgeteilt.

Einphasenräume (vgl. S. 24 ff, 63, 86 ff, 206)

Liegt der Zustandspunkt einer Legierung innerhalb eines Einphasenraumes, ist die Legierung einphasig, und die Zustandspunkte von Legierung
und Phase fallen zusammen.

In allen Diagrammen treten ein Schmelzphasenraum und die zwei Einphasenräume der festen Randphasen auf. Wenn ein System **intermetallische Phasen**
bilden kann, sind auch diesen Einphasenräume zugeordnet. Bei **Mischkristallbildung** sind die Einphasenräume flächenhaft ausgedehnt. Eine Besonderheit
bei Einphasenräumen ist die **Mischungslücke**, die sich durch eine Einwölbung
in Einphasenräumen zeigt.

Die Grenzen der Einphasenräume heißen **Phasengrenzen**.

Liquiduslinien sind die unteren Phasengrenzen des Schmelzphasenraumes. **Soliduslinien** heißen die oberen Phasengrenzen von festen Phasen, wenn sie Liquiduslinien gegenüberliegen.

Zweiphasenräume (vgl. S. 92)

Liegt der Zustandspunkt einer Legierung zwischen zwei Einphasenräumen, so muß die Legierung in zwei Phasen aufspalten. Die Zustandspunkte beider Phasen liegen bei gleicher Temperatur auf den Phasengrenzen der links und rechts benachbarten Einphasenräume.

Entsprechend werden die Zweiphasenräume nach den links und rechts liegenden Einphasenräumen benannt.

Dreiphasenräume (vgl. S. 47 ff, 75, 92)

Jede obere bzw. untere Spitze eines Einphasenraumes, die nicht einen anderen Einphasenraum berührt, führt zu einem Dreiphasenraum. Die Zustandspunkte der drei Phasen liegen in dieser Spitze und bei gleicher Temperatur auf den Phasengrenzen der links und rechts benachbarten Einphasenräume. Der Dreiphasenraum ist (bei Zweistoffsystemen) zu einem waagerechten Strich entartet, der die drei Phasenzustandspunkte miteinander verbindet.

Der Dreiphasenraum wird nach den drei im Gleichgewicht stehenden Phasen benannt.

Hebelgesetz (vgl. S. 29 ff, 35)

Eine A-B-Legierung mit x_B ist aufgespalten zu x^α in α-Phase mit x_B^α und zu x^β in β-Phase mit x_B^β. Den Zusammenhang zwischen den fünf Größen gibt das Hebelgesetz: $(x_B^\alpha - x_B) \cdot x^\alpha = (x_B - x_B^\beta) \cdot x^\beta$
umgestellt ergibt sich:

$$x^\alpha = \frac{x_B - x_B^\beta}{x_B^\alpha - x_B^\beta} \cdot 100\ \%$$

Setzt man anstatt der Stoffmengengehalte die Massengehalte w_B, w_B^α und w_B^β ein, dann erhält man als Ergebnis die Massengehalte w^α und w^β.

Dieses Gesetz eignet sich nicht nur zum Berechnen, sondern auch zum leichten Abschätzen der Phasengehalte in einer Legierung.

Die Differenz $(x_B^\alpha - x_B)$ wird als Hebelarm l^α und die Differenz $(x_B - x_B^\beta)$ wird als Hebelarm l^β eines Waagebalkens gedeutet, der bei x_B unterstützt wird.

An den Enden wird der Waagebalken mit den „Gewichten" x^α und x^β belastet: $l^\alpha \cdot x^\alpha = l^\beta \cdot x^\beta$.

Die Phase mit dem längeren Hebelarm tritt in der Legierung mit geringerem Phasengehalt auf.

2.1.4 Abkühlung einer Legierung (vgl. S. 40 ff., 71 ff.)

Bei der Abkühlung bewegt sich der Zustandspunkt einer Legierung im Zustandsdiagramm senkrecht nach unten.

Mit dem Legierungszustandspunkt bewegen sich auch die Phasenzustandspunkte zu tieferen Temperaturen. Ändern sich während der Abkühlung die Phasengehalte in der Legierung, spricht man von **Phasenreaktionen**.

Abkühlung ohne Phasenreaktion:

Sie tritt auf:
— wenn der Legierungszustandspunkt durch einen Einphasenraum läuft.

— wenn der Legierungszustandspunkt durch einen Zweiphasenraum wandert, dessen linke und rechte Phasengrenzen senkrecht verlaufen.

Abkühlung mit einer Zweiphasenreaktion: $\alpha \rightarrow \beta$

Sie tritt auf:
— wenn der Legierungszustandspunkt von einem Einphasenraum in einen anderen Einphasenraum überwechselt. In diesem Fall läuft die Reaktion vollständig bei der Temperatur des Berührpunktes beider Einphasenräume ab.

<small>Berührungspunkte dieser Art sind der Punkt ($x_{Ni} \approx 42\,\%$, $T = 950°$) im Au-Ni-System Seite 87 und alle Phasenumwandlungspunkte in Einstoffsystemen.</small>

— wenn der Legierungszustandspunkt durch einen Zweiphasenraum wandert, dessen linke und/oder rechte Grenze nicht senkrecht verlaufen. Dann ändert sich das Verhältnis der „Hebelarme" der Konode. Die Reaktion läuft in einem Temperaturintervall ab.

Abkühlung mit einer Dreiphasenreaktion

Sie tritt auf, wenn der Legierungszustandspunkt durch einen Dreiphasenraum wandert. Ein Dreiphasenraum liegt, wie beschrieben, an der Spitze eines Einphasenraumes.

— Wenn es sich um die **untere Spitze** eines Einphasenraumes (eutektischer Punkt) handelt, erhält man eine **eutektische Reaktion**: $\alpha \rightarrow \beta + \gamma$.

Eine **eutektische Reaktion** ist eine Reaktion, bei der (bei Abkühlung) eine Phase in zwei andere Phasen zerfällt.

— Wenn es sich um die **obere Spitze** eines Einphasenraumes (peritektischer Punkt) handelt, erhält man eine **peritektische Reaktion**: β + γ → α.
Eine peritektische Reaktion ist eine Reaktion, bei der (bei Abkühlung) zwei Phasen eine dritte Phase bilden.

Alle Dreiphasenreaktionen laufen bei Zweistoffsystemen bei einer festen Temperatur ab, der eutektischen bzw. peritektischen Temperatur.

2.1.5 Abkühlkurven (vgl. S. 20ff., 48ff.)

Eine Probe wird von hohen Temperaturen aus abgekühlt. Hierbei nimmt man die Abkühlkurve auf, die den Temperatur-Zeitverlauf der Abkühlung wiedergibt. An der Abkühlkurve ist abzulesen, ob irgendwelche Phasenreaktionen während der Abkühlung aufgetreten sind. Man unterscheidet Kurvenstücke **mit und ohne thermischen Effekt**, je nachdem, ob eine Phasenreaktion stattfindet oder nicht.

Bei jeder Phasenreaktion wird eine gewisse Reaktions-Wärmemenge frei, die zusätzlich abtransportiert werden muß. Dadurch wird, abhängig von der Wärmemenge, die Abkühlung mehr oder weniger verzögert. Hierbei treten zwei Fälle auf:

1. Die Phasenumwandlung erfolgt **bei einer Temperatur.**
   Die Abkühlung wird bei dieser Temperatur so lange verzögert, bis die gesamte Reaktionswärme abgeführt ist. Die Abkühlkurve zeigt einen waagerechten Kurvenverlauf, einen sogenannten **Haltepunkt**. Haltepunkte treten bei jeder Phasenumwandlung in Einstoff-Systemen auf.

2. Die Phasenumwandlung erfolgt in einem **Temperaturintervall.**
   Während des gesamten Intervalls erfolgt die Phasenumwandlung und verzögert die Abkühlung. Die Abkühlkurve wird flacher verlaufen, als sie ohne thermischen Effekt verlaufen würde. Man sagt, die Abkühlkurve zeigt eine **verzögerte Abkühlung.**

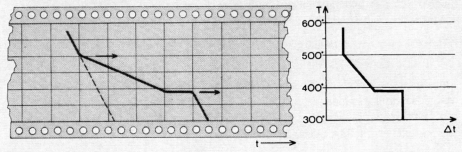

Zur Auswertung einer Abkühlkurve fertigt man zunächst eine sogenannte **schematische Abkühlkurve** an: Man zieht von der gemessenen Abkühlkurve eine gedachte Abkühlkurve ab, die sich ohne Phasenumwandlungen ergeben würde. Genauer, man zieht die t-Werte der beiden Kurven voneinander ab.

Die schematische Abkühlkurve zeigt drei unterschiedliche Kurvenabschnitte:

— senkrechter Verlauf: ohne thermischen Effekt
— waagerechter Verlauf: Haltepunkt
— schräger Verlauf: verzögerte Abkühlung.

2.1.6 Thermische Analyse (vgl. S. 60 ff., 98)

Die thermische Analyse ist eine Methode, um das Zustandsdiagramm eines Systems experimentell zu ermitteln. Man mißt von einer Reihe von Legierungen des Systems die Abkühlkurven. Diese werden auf thermische Effekte untersucht. Knickstellen und Haltepunkte legen mit ihrer Temperatur und dem Gehalt der jeweiligen Legierung Punkte im Zustandsdiagramm fest. Mit Hilfe dieser Punkte können die Phasengrenzen konstruiert werden. Gefälle der verschiedenen Kurvenstücke und Länge der Haltepunkte geben zusätzliche Informationen über den Verlauf der Phasengrenzen.

2.1.7 Gefüge (vgl. S. 52, 54, 59, 71 ff.)

Wenn man eine Legierung aus der Schmelzphase nicht zu schnell abkühlt, durchläuft die Probe mindestens angenähert Gleichgewichtszustände. Dann lassen sich aus dem Zustandsdiagramm gewisse Vorhersagen über das Gefüge der Legierung machen.

Als **Primärkristalle** bezeichnet man die Körner der ersten Phase, die beim Abkühlen aus der Schmelze auskristallisieren. Bei bestimmten Abkühlbedingungen können die Primärkristalle dendritisch sein.

Eutektisches Gefüge besteht aus einer Mischung der beiden festen Phasen, die bei einer eutektischen Reaktion entstehen.

Untersucht man das eutektische Gefüge verschiedener Legierungen eines Systems, so unterscheiden sie sich nur in ihrem Verhältnis von Primärkristallen zu eutektischem Gefüge. Innerhalb des eutektischen Gefüges ist der Anteil beider beteiligten Phasen bei allen Legierungen gleich.

Peritektisches Gefüge entsteht bei einer peritektischen Reaktion $S + \alpha \rightarrow \beta$. Die primär kristallisierten α-Körner reagieren mit der Schmelze zu β-Kristallen, die die α-Körner mit einer Schicht überziehen.

2.2 TERNÄRE SYSTEME

2.2.1 Zustandsdiagramm

Gehaltsdreieck (vgl. S. 156 ff)

A, B und C seien die Komponenten einer Legierung mit den Gehalten x_A, x_B und x_C (bzw. w_A, w_B, w_C). Da nur zwei Gehalte einer Legierung unabhängig sind ($x_A + x_B + x_C = 100\,\%$), lassen sich die drei als ein Punkt in einer Fläche darstellen. Als Fläche wählt man ein gleichseitiges Dreieck, das sogenannte **Gehaltsdreieck**.

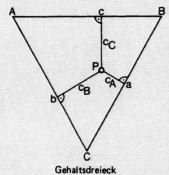

Gehaltsdreieck

In der Abbildung möge der Punkt P eine Legierung repräsentieren, dann entsprechen die drei Abstände des Punktes P von den Seiten den drei Gehalten. Diese erstaunlich einfache Darstellung hat ihren Grund in einem Gesetz der Geometrie: „Für jeden Punkt in einem gleichseitigen Dreieck ist die Summe der drei Abstände von den Seiten gleich der Höhe des Dreiecks."
Die Höhe des Dreiecks setzt man gleich 100 %.
Zum leichten Ablesen der Gehalte benutzt man ein Dreieckskoordinatennetz.

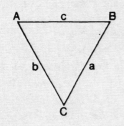

Die Darstellung der Gehalte im Gehaltsdreieck führt zu folgenden wichtigen Einzelheiten:
Der Eckpunkt A liegt auf den Seiten b und c; x_B und x_C sind also Null. Der Abstand x_A zu a ist gleich 100 %, das bedeutet, daß der Eckpunkt A nur aus der reinen Komponente A besteht. Entsprechend bestehen die Eckpunkte B und C nur aus den reinen Komponenten B bzw. C.
Für alle Punkte auf der Seite b ist $x_B = 0$, die zugehörigen Legierungen enthalten also keine Komponente B.
Je dichter ein Punkt an einer Ecke liegt, desto größer ist sein Gehalt an der zur Ecke gehörenden Komponente.

Ternärer Körper (vgl. S. 121)

Zur Darstellung des Dreistoffsystems trägt man über dem Gehaltsdreieck die dritte Variable, die Temperatur, nach oben auf. Dadurch wird ein gleichseitiges Prisma gebildet, der sogenannte ternäre Körper. Durch drei Zustandsvariablen (zwei Gehaltsangaben und eine Temperatur) wird im ternären Körper der Zustandspunkt einer Legierung festgelegt. Wie bei den Zweistoffdiagrammen gilt hier:

Der ternäre Körper setzt sich zusammen aus Ein- und Mehrphasenräumen. Legierungen, die mit ihren Zustandspunkten in den Mehrphasenräumen liegen, müssen in zwei oder mehrere Phasen aufspalten, deren Phasenzustandspunkte auf den Phasengrenzen der Einphasenräume liegen.

Einphasenräume (vgl. S. 121 ff, 136, 206, 233)

Liegt der Zustandspunkt einer Legierung innerhalb eines Einphasenraumes, ist die Legierung einphasig, und die Zustandspunkte von Legierung und Phase fallen zusammen.

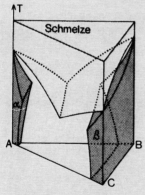

In allen Systemen tritt ein Schmelzphasenraum und drei Phasenräume fester Phasen an den Ecken des Zustandsdiagramms auf. Wenn ein System **intermetallische Phasen** bilden kann, sind auch ihnen Einphasenräume im Zustandsdiagramm zugeordnet. Wenn zwischen den Komponenten **Mischbarkeit** auftritt, zeigt sich dies in einer räumlichen Ausdehnung der Einphasenräume. Eine Besonderheit bei Einphasenräumen ist die **Mischungslücke**, die sich durch Einwölbungen in Einphasenräumen zeigt (S. 238 ff. und 245). Die Grenzen der Einphasenräume heißen **Phasengrenzen**.

Liquidusflächen sind die unteren Phasengrenzen des Schmelzphasenraumes. **Solidusflächen** heißen die oberen Phasengrenzen von festen Phasen, wenn sie Liquidusflächen gegenüberliegen.

Die Schnittlinie zweier Liquidusflächen wird **Liquidusschnittlinie** genannt.

Gelbe Blätter

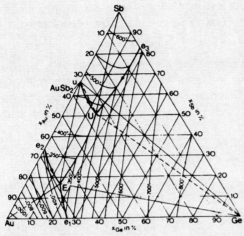

Die Darstellung der Einphasenräume erfolgt in der Literatur meistens durch charakteristische Linien wie Liquidusschnittlinie oder bei festen Phasen durch die Linien, die die maximale Löslichkeit angeben (z.B. die besprochenen Innenkanten). Häufig werden die Einphasenräume durch Isothermen dargestellt.

Außerdem kann man gegebenen Gehaltsschnitten Angaben über die Ausdehnung der Einphasenräume entnehmen.

Vereinzelt werden Einphasenräume perspektivisch dargestellt.

Mehrphasenräume (vgl. S. 160)

Zwischen den Einphasenräumen liegen Zwei-, Drei- oder Vierphasenräume. Auf die Gestalt dieser Räume ist im Programm nicht eingegangen worden. Ihre Schnittlinien mit isothermen Schnitten und Gehaltsschnitten teilen diese in verschiedene Bereiche auf.

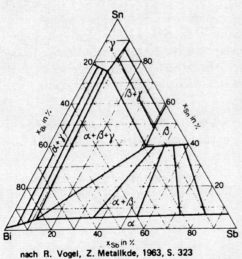

nach R. Vogel, Z. Metallkde, 1963, S. 323

Der nebenstehende isotherme Schnitt zeigt, daß drei Einphasenräume (α, β, γ), drei Zweiphasenräume ($\alpha + \beta$, $\beta + \gamma$, $\gamma + \alpha$) und ein Dreiphasenraum ($\alpha + \beta + \gamma$) geschnitten werden.

Vierphasenräume treten nur als viereckige Fläche bei den Temperaturen der ternären eutektischen oder peritektischen Punkte auf.

Liegt ein Legierungszustandspunkt in einem Zweiphasenraum, so ist die Legierung in zwei Phasen aufgespalten mit Phasenzustandspunkten auf den Phasengrenzen der benachbarten Einphasenräume.

Wo die Punkte genau liegen, muß experimentell ermittelt werden. Häufig sind experimentell ermittelte Konoden in isotherme Schnitte eingetragen (s. Abb.). Die Konode, die zwei Phasenzustandspunkte verbindet, muß durch den Legierungszustandspunkt laufen.

Die Konoden sind nur dann direkt zu ermitteln, wenn einer der beiden benachbarten Einphasenräume zu einem Punkt entartet ist (keine Mischbarkeit). Dann gehen die Konoden sternförmig von diesem Punkt aus.

Liegt ein Legierungszustandspunkt in einem Drei- oder Vierphasenraum, so ist die Legierung in drei oder vier Phasen aufgespalten. Die Phasenzustandspunkte liegen auf Kanten der benachbarten Einphasenräume. Die Konoden, die die Phasenzustandspunkte miteinander verbinden, bilden die besprochenen Konodendreiecke bzw. -vierecke.

Gesetz der wechselnden Phasenzahl (vgl. S. 165)

Wenn zwei Phasenräume eine gemeinsame Phasengrenze besitzen, muß sich die Anzahl ihrer stabilen Phasen mindestens um 1 unterscheiden. Anderenfalls können sich die Phasenräume höchstens in Punkten berühren.

Randsysteme (vgl. S. 124)

Die Legierungen, die auf den Seiten des Gehaltsdreiecks liegen, enthalten nur zwei Komponenten. Der Gehalt der dritten Komponente ist ja Null. So bildet jede Seite des ternären Körpers ein Zweistoff-Zustandsdiagramm, ein sogenanntes (binäres) Randsystem.

Isotherme Schnitte (vgl. S. 125, 137, 149)

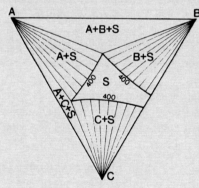

Bei den isothermen Schnitten handelt es sich, wie der Name schon sagt, um Schnitte des ternären Körpers in isothermen Ebenen. Man erhält für die entsprechende Temperatur „Höhenschichtlinien" der Phasenräume.

Die linke Abbildung zeigt die komplette Darstellung eines isothermen Schnittes. Dazu gehören:

— die Grenzen der verschiedenen Bereiche,
— die Angabe der stabilen Phasen,
— die charakteristischen Konoden.

Gehaltsschnitte (vgl. S. 158 ff, Konstruktion: S. 161, 195)

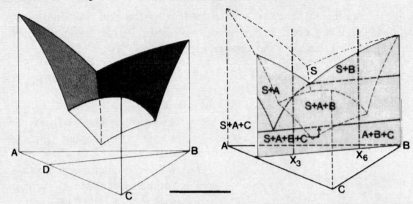

Der Gehaltsschnitt ist nach den isothermen Schnitten die zweite flächenhafte Darstellung eines Dreistoffsystems. Die Variablen dieses Schnittes sind x und T, wobei $x = x(x_A, x_B, x_C)$ als eine Schnittlinie im Gehaltsdreieck gewählt wird.

Die Abbildung oben links zeigt den ternären Körper mit der Schnittlinie DB im Gehaltsdreieck. Die rechte Seite zeigt wieder den ternären Körper. In den Körper ist perspektivisch der Gehaltsschnitt DB dargestellt. Der Gehaltsschnitt läßt ablesen, welche Phasengleichgewichte eine Legierung (auf DB) bei der Abkühlung durchläuft. Er gibt aber keine Auskunft über die Phasenzustandspunkte der Legierungen.

Quasi-binäre Schnitte (vgl. S. 176)

Manche Gehaltsschnitte zwischen zwei Einphasenräumen sind so aufgebaut, wie Zweistoffzustandsdiagramme, wenn man die beiden Eckphasen als Komponenten des Zweistoffdiagramms deutet. Deshalb nennt man sie quasi-binäre Schnitte.

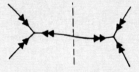

Wenn die Schnittlinie zwischen zwei Einphasenräumen nur von Liquidusschnittlinien geschnitten wird, die an der Schnittstelle Sattelpunkte aufweisen, liegt ein quasi-binärer Schnitt vor.

Teilsysteme (vgl. S. 176)

Durch die quasi-binären Schnitte können Dreistoffsysteme in Teilsysteme zerlegt werden, die völlig unabhängig voneinander sind. Hierbei treten die quasi-binären Schnitte als binäre Randsysteme auf.

Schwerpunktgesetz (vgl. S. 127 ff)

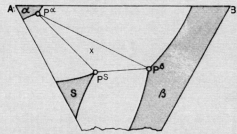

Legierungen, die mit ihren Zustandspunkten in Mehrphasenräumen liegen, sind in zwei oder mehr Phasen aufgespalten.
Die Abbildung zeigt einen isothermen Schnitt mit einem Legierungszustandspunkt X. Die Legierung ist in die Phasen mit den Zustandspunkten P^α, P^β, P^S aufgespalten.

Zur Bestimmung der Gehalte der stabilen Phasen in der Legierung (x^α, x^β, x^γ) dient das Schwerpunktgesetz. Es ist eine Verallgemeinerung des Hebelgesetzes.

Das Schwerpunktgesetz:

bezogen auf Massen: $(x_i^\alpha - x_i)x^\alpha + (x_i^\beta - x_i)x^\beta + (x_i^\gamma - x_i)x^\gamma = 0$

bezogen auf Stoffmengen: $(w_i^\alpha - w_i)w^S + (w_i^\beta - w_i)w^\beta + (w_i^\gamma - w_i)w^\gamma = 0$

(i = beliebige Komponente)

Ableitung s. Ergänzungen S. 131.
Das Gesetz hat seinen Namen von dem formelgleichen Schwerpunktgesetz aus der Mechanik, mit dessen Hilfe sich die Verteilung der Mengen auf die Phasen anschaulich machen läßt:

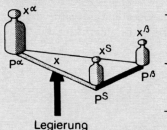

— Die Konoden, die die Zustandspunkte der stabilen Phasen einer Legierung verbinden, umranden eine Fläche.
— An den **Ecken** der Fläche liegen die Phasenzustandspunkte, in der Fläche liegt der Legierungszustandspunkt.
— Mit den jeweiligen Phasengehalten werden die Phasenzustandspunkte belastet.

— Damit liegt der Legierungszustandspunkt im **Schwerpunkt der Fläche**.

Wählt man innerhalb der Fläche eine andere Legierung, so wird die Dreiecksfläche an einer anderen Stelle unterstützt. Damit die Fläche wieder in Ballance bleibt, müssen jetzt andere Gewichte (andere Phasengehalte in der Legierung) auf die Ecken gestellt werden.

Auch das Schwerpunktgesetz eignet sich gut zum Abschätzen der Mengenverhältnisse:
— Je dichter der Legierungszustandspunkt an einem Phasenzustandspunkt liegt, desto größer ist der zugehörige Phasengehalt in der Legierung.
— Wenn der Legierungszustandspunkt auf einer Konode liegt (die Verbindungslinien der drei Phasenzustandspunkte sind ja Konoden), ist die Menge der gegenüberliegenden Phase gleich Null.
— Der Legierungszustandspunkt muß innerhalb seiner Konodenfläche liegen.

2.2.2 Abkühlung einer Legierung (vgl. S. 141 ff., 248 ff.)

Bei der Abkühlung bewegt sich der Zustandspunkt einer Legierung im Zustandsdiagramm senkrecht nach unten.

Mit dem **Legierungszustandspunkt** bewegen sich auch die **Phasenzustandspunkte** zu tieferen Temperaturen. Ändern sich während der Abkühlung die Anteile der Phasen, spricht man von Phasenreaktionen.

Abkühlung ohne Phasenreaktion:

Sie tritt auf:
— wenn der Legierungszustandspunkt durch einen Einphasenraum läuft.

— wenn der Legierungszustandspunkt durch einen Mehrphasenraum wandert, wobei auch die Phasenzustandspunkte senkrecht nach unten wandern müssen.

Abkühlung mit einer Zweiphasenreaktion: $\alpha \to \beta$ (vgl. S. 141, 234).

Sie tritt auf:
- wenn der Legierungszustandspunkt von einem Einphasenraum direkt in einen anderen Einphasenraum überwechselt. In diesem Fall läuft die Reaktion vollständig bei der Temperatur des Berührpunktes beider Einphasenräume ab.

- wenn der Legierungszustandspunkt durch einen Zweiphasenraum wandert, dessen linke und/oder rechte Grenze nicht senkrecht verläuft. Dann ändert sich das Verhältnis der „Hebelarme" der Konode. Die Reaktion läuft in einem Temperaturintervall ab.

Mit dem Legierungszustandspunkt wandern die Phasenzustandspunkte auf ihren Phasengrenzen zu tieferen Temperaturen. Ihre genauen Wege auf den Grenzflächen lassen sich nicht direkt aus dem Zustandsdiagramm ermitteln. Die Konode läuft immer durch den Legierungszustandspunkt.

Abkühlung mit einer Dreiphasenreaktion: $S \to \alpha + \beta$ oder $S + \alpha \to \beta$
(vgl. S. 142, 205 ff, 211 ff)

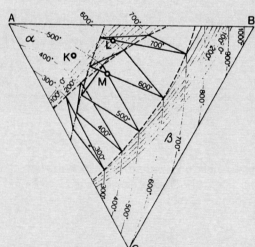

Im Programm wurden nur Dreiphasenreaktionen behandelt, bei denen die Schmelze ein Reaktionspartner war. Die Schmelze wandert in einer Liquidusschnittlinie und die Zustandspunkte der beiden festen Phasen auf den Innenkanten ihrer Einphasenräume zu tieferen Temperaturen. Mit den drei Punkten bewegt sich das Konodendreieck. Bei der Abkühlung überstreicht das Konodendreieck den Legierungszustandspunkt. Die Dreiphasenreaktion beginnt, wenn der Punkt in das Dreieck eintritt und endet, wenn er wieder aus dem Dreieck austritt. Ob es sich um eine eutektische ($S \to \alpha + \beta$) oder peritektische ($S + \alpha \to \beta$ bzw. $S + \beta \to \alpha$) Reaktion handelt, hängt von der Form des Konodendreiecks und der Lage und Verschiebung des Legierungszustandspunktes im Dreieck ab.

Abkühlung mit einer Vierphasenreaktion: $S \to \alpha + \beta + \gamma$ oder $S + \alpha \to \beta + \gamma$
(vgl. S. 180)

Im Programm wurden nur Vierphasenreaktionen behandelt, bei denen die Schmelze ein Reaktionspartner war.

1. **Ternäre eutektische Reaktion:** $S + \alpha \to \beta + \gamma$

Ein ternärer eutektischer Punkt tritt immer dann auf, wenn drei Liquidusschnittlinien zu einem Punkt herunterlaufen.

2. **Ternäre peritektische Reaktion:** $S + \alpha \to \beta + \gamma$ (vgl. S. 178 ff)

Bei der ternären peritektischen Reaktion setzen sich zwei im Konodenviereck gegenüberliegende Phasen in die beiden anderen Phasen um. Die Reaktion ist beendet, sobald eine Phase verbraucht ist. Welche es ist, richtet sich nach der Lage des Legierungszustandspunktes im Konodenviereck.

Ein ternärer peritektischer Punkt tritt immer dann auf, wenn ein oder zwei Liquidusschnittlinien vom Punkt weg zu tieferen Temperaturen laufen.

(Diese Definition eines ternären peritektischen Punktes weicht von der des peritektischen Punktes in Zweistoffsystemen [= obere Spitze eines Einphasenraumes] ab!)

2.2.3 Thermische Analyse (vgl. S. 142 und 159)

Zu den bereits bei den binären Systemen besprochenen thermischen Effekten, die Abkühlkurven zeigen, kann bei ternären Legierungen noch ein **Knick** zwischen zwei verzögerten Abkühlbereichen in der Abkühlkurve auftreten.

Die **thermische Analyse** ist eine Methode, um das Zustandsdiagramm eines Systems experimentell zu gewinnen.

Ermittlung eines ternären Systems:

— Man legt durch das Gehaltsdreieck eine Reihe von Gehaltsschnitten;
— für jeden Gehaltsschnitt werden die Abkühlkurven verschiedener Legierungen gemessen;
— die thermischen Effekte werden ermittelt
— und in den Gehaltsschnitt übertragen. Mit ihrer Hilfe werden die Grenzen der Phasenräume konstruiert.

3. ÜBERSICHT ÜBER DIE BENUTZTEN FORMELZEICHEN

Komponenten: A, B, C, Cu, Si, Fe
Wenn sich eine Größe auf eine Komponente bezieht, schreibt man die Komponente als tiefgestellten Index.

Phasen: (im Allg.) α, β, γ, (Ag), (Sn), Al_2O_3, Mg_2Cu
Wenn eine Phase nur aus einer Komponente besteht, verzichtet man auf die Klammer, z.B.: Si, β-Sn.
Wenn sich eine Größe auf die Phase bezieht, schreibt man die Phase als hochgestellten Index.

n: Stoffmenge, gemessen in Mol.
z.B.:   n : Gesamte Stoffmenge in der Legierung;
           n_A: Stoffmenge der Komponente A in der Legierung;
           n^α: Stoffmenge der α-Phase in der Legierung;
           n_A^α: Stoffmenge der Komponente A in der α-Phase.

Es gilt: $n = n_A + n_B + ...$; $n = n^\alpha + n^\beta + ...$; $n^\alpha = n_A^\alpha + n_B^\alpha + ...$; $n_A = n_A^\alpha + n_A^\beta + ...$.

m: Masse, gemessen in Gramm, Kilogramm u.a.
z.B.: m_A^α: Masse der Komponente A in der α-Phase.
Es gilt: $m = m_A + m_B + ...$; $m = m^\alpha + m^\beta + ...$; $m^\alpha = m_A^\alpha + m_B^\alpha + ...$;
        $m_A = m_A^\alpha + m_A^\beta + ...$.

x : Stoffmengengehalt *
z.B.: $x_A = \dfrac{n_A}{n}$ = Stoffmengengehalt der Komponente A in der Legierung = A-Komponentengehalt in der Legierung, bezogen auf Stoffmenge.

        $x^\alpha = \dfrac{n^\alpha}{n}$ = Stoffmengengehalt der α-Phase in der Legierung = α-Phasengehalt in der Legierung, bezogen auf Stoffmenge.

        $x_A^\alpha = \dfrac{n_A^\alpha}{n^\alpha}$ = Stoffmengengehalt der Komponente A in der α-Phase = A-Komponentengehalt in der α-Phase, bezogen auf Stoffmenge.

             ($x_A^\alpha = \dfrac{n_A^\alpha}{n_A}$, diese Definition wäre unsinnig.)

w: Massengehalt *
z.B.: $w_A^\alpha = \dfrac{m_A^\alpha}{m_A}$ = Massengehalt der Komponente A in der α-Phase = A-Komponentengehalt in der α-Phase, bezogen auf Massengehalt

           ($w_A^\alpha = \dfrac{m_A^\alpha}{m_A}$, diese Definition wäre ebenfalls unsinnig!)

Wenn Gehalte in % angegeben werden sollen, gilt: $(x \cdot 100)$ % bzw. $(w \cdot 100)$ %.
Die Umrechnung von x_A in w_A wird auf Seite 16 behandelt.
Der Zusammenhang zwischen den Stoffmengen- bzw. Massengehalten der Komponenten in den Phasen und der Legierung sowie der Phasen in der Legierung ergibt sich für binäre Systeme aus dem Hebelgesetz (S. XXI), für ternäre Systeme aus dem Schwerpunktgesetz (S. XXX).

---

*   Anmerkung: Die Begriffe „Massengehalt" und „Stoffmengengehalt" ersetzen nach DIN 1310 vom September 1970 die alten Begriffe „Gewichtskonzentration" und „Atomkonzentration".

4. LITERATURVERZEICHNIS

1. *Guy, A. G.:* Metallkunde für Ingenieure. Technisch-physikalische Sammlung Bd. 7, Akademische Verlagsgesellschaft, Frankfurt/M., 1970.

2. *Hanemann, H. u. Schröder, A.:* Ternäre Legierungen des Aluminiums, Stahleisen-Verlag, Düsseldorf, 1912.

3. *Hansen, M. u. Anderko, K.:* Constitution of Binary Alloys. Aus: Metallurgy and Metallurgical Engineering Series, Hrg. R. F. Mehl, McGraw-Hill Book Comp., Inc. New York, 1958, 1st Supplement, R. P. Elliott, 1965.

4. *Hinz, W.:* Silikate, Bd. 2: Die Silikatsysteme und die technischen Silikate. VEB-Verlag für Bauwesen, Berlin, 1970.

5. *Hume-Rothery, W., Christian, J.W. u. Pearson, W.B.:* Metallurgical Equilibrium Diagrams. The Institute of Physics, London, 1952.

6. *Levin, E.M., Robbins, C.R. u. McMurdie, H.F.:* Phase Diagrams for Ceramists. The American Ceramic Society, Columbus (Ohio), 1964.

7. *Masing, G.:* Ternäre Systeme, Akademische Verlagsgesellschaft Geest & Porting KG, Leipzig, 1949.

8. *Palatnik, L.S. u. Landau, A.I.:* Phase Equilibria in Multicomponent Systems. Holt, Rinehart & Winston, Inc., New York, 1964.

9. *Prince, A.:* Alloy Phase Equilibria. Elsevier Publ., Co., Ltd., Amsterdam, 1966.

10. *Rhines, F.N.:* Phase Diagrams in Metallurgy. Aus: Metallurgy and Metallurgical Engineering Series. Hrg. R.F. Mehl. McGraw-Hill Bode Comp., Inc., New York, 1956.

11. *Schulze, G.E.R.:* Metallphysik. Akademie-Verlag, Berlin, 1967.

12. *Tomas, F. u. Pal, I.:* Phase Equilibria Spatial Diagrams. Iliffe Books, London, 1970.

13. *Vogel, R.:* Die heterogenen Gleichgewichte. Akademische Verlagsgesellschaft Geest & Porting KG., Leipzig, 1959.

LEHRFILME: Phase Equilibria 1 bis 4. AAPT, 1974. Clifford A. Hewitt. 102 Materials Research Laboratory. The Pennsylvania State University. University Park, Pa. 16802.

5. SACHREGISTER

Abkühlkurve 20, 48
Abkühlung 42
—, verzögerte 49

Dendriten 54
Dreieckskoordinaten 116
Dreiphasenraum 47, 75
Dreiphasenreaktion 48, 75

Eutektischer Punkt 46, 136
— Gefüge 52
— Reaktion 45, 180
— System 39

Gefüge 3, 15
—, eutektisches 52
—, peritektisches 71
Gehalte 2, 16
Gehaltsdreieck 116
Gehaltsschnitt 158, 161, 195, 259
Gesetz der wechselnden Phasenzahl 165
Gibbs'sche Phasenregel 32, 97, 181
Gleichgewichtszustand 8

Haltepunkt 20
Hebelgesetz 29, 35

Isothermen 137
Isotherme Schnitte 125, 149

Knick in Abkühlkurve 143
Komponenten 2
—, kongruent schmelzend 206
Konode 11
Kornseigerung 55
Kurven doppelt gesättigter Schmelzen 240

Legierung 1
Liquidusfläche 123
Liquiduslinie 39

Liquidusschnittlinie 123

Massengehalt 2
Mischbarkeit 86, 233
—, inkongruent schmelzend 206
Mischungslücke 88, 238, 245

Peritektikum 72
Peritektischer Punkt 75, 178, 180
— Reaktion 70, 178, 180, 205
Phasen 4, 8
—, intermetallische 63
Phasengrenze 24
Phasenräume 24, 47
Phasenreaktion 42, 48, 70
Primärkristalle 52

Quasibinärer Schnitt 176

Randsystem 124, 176
RAOULTsche Regel 39

Schmelzisothermen 139
Schwerpunktgesetz 127, 131
Solidusfläche 233
Soliduslinie 86
Stoffmengengehalt 2
System 12, 24

Teilsysteme 176
Ternärer Körper 121
Thermische Analyse 60, 159
Thermischer Effekt 48
Tripelpunkt 18

Zustand 5
Zustandsdiagramm 10, 18
Zustandspunkt 11
Zustandsvariable 9, 115

STUDIENEINHEIT I

Inhaltsübersicht

1.	GRUNDLEGENDE BEGRIFFE	1
1.1	Aufbau einer Legierung	2
	Komponenten (2); Gefüge (3); Phasen (4)	
1.2	Zustand einer Legierung	5
	Zustand (5); Gleichgewichtszustand (8); Zustandsvariable (9)	
1.3	Zustandsdiagramm eines Systems	10
	Zustandsdiagramm (10); Zustandspunkte (11); System (12)	
Zusammenfassung		13
Heterogene Gleichgewichte als Lehrgebiet		14
Ergänzungen		15
Gefügebild einer einphasigen Probe (15);		
Umrechnung von Gehaltsangaben (16)		

1. GRUNDLEGENDE BEGRIFFE

Der Lehre von den „Heterogenen Gleichgewichten" liegen einige allgemeine Begriffe zugrunde, die wir Ihnen in dieser Studieneinheit vorstellen wollen. Arbeiten Sie bitte so, daß Sie diese Grundbegriffe auf der Seite 13 zusammenfassend anwenden können. Auf der Seite 14 geben wir dann einen Ausblick auf die Behandlung der Heterogenen Gleichgewichte als Lehrgebiet im gesamten Studienprogramm.

Zur Vertiefung des Gelernten folgen abschließend einige wichtige Ergänzungen zu den Grundbegriffen.

1.1 AUFBAU EINER LEGIERUNG

Eine Legierung besteht aus der Mischung eines Metalls mit einem oder mehreren anderen Metallen oder Nichtmetallen.

Komponenten

In der Regel erzeugt man Legierungen durch Aufschmelzen und Mischen der einzelnen Bestandteile. Die verschiedenen Bestandteile einer Legierung nennt man ihre Komponenten. Genauer:

> **Komponenten** sind die verschiedenen chemischen Elemente, aus denen die Legierung zusammengesetzt ist.

Beispiel: Die Legierung Messing besteht aus den Komponenten Kupfer und Zink.
Zur exakten Beschreibung einer Legierung gehört die Angabe der Massen- oder Stoffmengengehalte der einzelnen Komponenten.

> **Massengehalt** * einer Komponente A $= w_A = \dfrac{m_A}{m}$
>
> $= \dfrac{\text{Masse der Komponente A in Gramm}}{\text{Gesamtmasse der Legierung in Gramm}}$

> **Stoffmengengehalt** * einer Komponente A $= x_A = \dfrac{n_A}{n}$
>
> $= \dfrac{\text{Stoffmenge der Komponente A in Mol}}{\text{Gesamtstoffmenge der Legierung in Mol}} = \dfrac{\text{Anzahl der A-Atome}}{\text{Anzahl aller Atome der Legierung}}$

Die Komponenten werden allgemein mit großen lateinischen Buchstaben oder mit ihren chemischen Symbolen charakterisiert, z.B. A, B, C, Cu, Si.
Wenn sich eine Größe auf eine Komponente bezieht, schreibt man die Komponente als tiefgestellten Index, z.B. w_A, w_{Cu}.

A 1: Eine Legierung besteht aus den Komponenten A, B und C. Die Massengehalte sind: w_A = 40 %, w_B = 30 %, w_C = ... %.

A 2: Eine Legierung aus Kadmium [Cd] und Zink [Zn] hat die Stoffmengengehalte x_{Cd} = 50 %, x_{Zn} = 50 %. Ein Cd-Atom ist fast doppelt so schwer wie ein Zn-Atom. Wie groß sind die Massengehalte der Legierung?
    (a) $w_{Cd} \approx$ 37 % und $w_{Zn} \approx$ 63 % ☐
    (b) $w_{Cd} \approx$ 63 % und $w_{Zn} \approx$ 37 % ☐ *(Bitte kreuzen Sie das Richtige an!)*

---

* Eine Zusammenstellung aller in diesem Studienprogramm benutzten Formelzeichen und deren Bedeutungen finden Sie am Anfang dieses Buches auf den Gelben Blättern, S. XXXIV.

L 1: $w_C = 30\%$ $(w_A + w_B + w_C =$ Gesamtmasse $= 100\%)$

L 2: (b) ist richtig. Da nach Angaben der Stoffmengengehalte die Probe zu 50 % aus Cd-Atomen besteht und Cd schwerer ist als Zn, muß der Cd-Massengehalt, der sich nach dem Gewicht richtet, größer als 50 % sein.

Gefüge

Eine Legierung wird durch Aufschmelzen und Mischen der Komponenten hergestellt. Beim Abkühlen können die folgenden Fälle auftreten: die Komponenten
— entmischen sich (z.B. Al-Si);   — entmischen sich teilweise (z.B. Cd-Zn);
— bilden chemische Verbindungen (z.B. Mg-Cu:Mg$_2$Cu);
— sind vollständig mischbar (z.B. Cu-Ni).

Dieses verschiedene Verhalten der Komponenten beeinflußt stark den jeweiligen Aufbau der Gesamtlegierung, den man das **Gefüge** der Legierung nennt. Durch Schleifen, Polieren und Anätzen einer Legierungsprobe läßt sich ihr Gefüge sichtbar machen:

Aluminium(Al)-Silizium(Si)-Legierung mit $w_{Al} = 95\%$ und $w_{Si} = 5\%$. Al und Si sind **entmischt**. In das reine Al (hell) sind nadelförmige Si-Kristalle (dunkel) eingelagert. Beobachtungstemperatur: 20°; Vergr.: 200 x

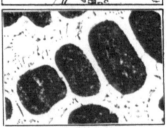

Kadmium(Cd)-Zink(Zn)-Legierung mit $w_{Cd} = 40\%$ und $w_{Zn} = 60\%$. Cd und Zn sind **teilweise entmischt**. Die dunklen Bereiche bestehen aus Zn, in dem eine geringe Menge Cd ($w_{Cd} = 0,1\%$) gelöst ist.
Die hellen Bereiche bestehen aus Cd, in dem eine geringe Menge Zn ($w_{Zn} = 0,8\%$) gelöst ist.
Beobachtungstemperatur: 20°; Vergr.: 200 x

Wir unterscheiden also zwischen den Gehalten der Komponenten in der Gesamtlegierung und in den verschiedenen **Gefüge**bereichen:

A 1: Al-Si-Legierung: Gesamtlegierung: w_{Al} = ... %, w_{Si} = ... %
                     nadelförmige Kristalle: w_{Al} = ... %, w_{Si} = ... %
                     helle Bereiche: w_{Al} = ... %, w_{Si} = ... %

A 2: Cd-Zn-Legierung: Gesamtlegierung: w_{Cd} = ... %, w_{Zn} = ... %
                     dunkle Bereiche: w_{Cd} = ... %, w_{Zn} = ... %
                     helle Bereiche: w_{Cd} = ... %, w_{Zn} = ... %

L 1: Al-Si-Legierung:

w_{Al} = 95 %, w_{Si} = 5 %
w_{Al} = 0 %, w_{Si} = 100 %
w_{Al} = 100 %, w_{Si} = 0 %

L 2: Cd-Zn-Legierung:

w_{Cd} = 40 %, w_{Zn} = 60 %
w_{Cd} = 0,1 %, w_{Zn} = 99,9 %
w_{Cd} = 99,2 %, w_{Zn} = 0,8 %

Phasen

Die Abbildung zeigt noch einmal das Gefügebild der Cd-Zn-Legierung. Alle dunklen Bereiche haben gleiche physikalische und chemische Eigenschaften und besitzen die gleichen Gehalte an Zn und (wenig) Cd. Alle hellen Bereiche haben auch wieder gleiche physikalische und chemische Eigenschaften und gleiche Gehalte an Cd und (wenig) Zn, sie unterscheiden sich aber von denen der dunklen Bereiche. Dieses Auftreten verschiedenartiger Bereiche in einer Legierung führt zur Definition der Phase:

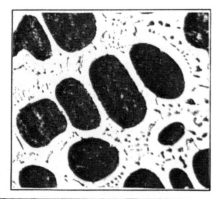

Phase: Alle Bereiche einer Legierung, die gleiche physikalische und chemische Eigenschaften und gleiche Gehalte der Komponenten besitzen, faßt man jeweils als eine **Phase** zusammen.

Nach dieser Definition besteht die Cd-Zn-Legierung aus zwei Phasen: alle dunklen Bereiche zusammen bilden eine Phase, die sog. (Zn-)Phase. Die hellen Bereiche zusammen bilden die zweite Phase, die sog. (Cd-)Phase.

A 1: Bitte betrachten Sie die beiden Gefügebilder der vorigen Seite, und füllen Sie die Tabelle aus:

Legierung von Bild	welche Komponenten?	Zahl der Phasen
oben		
unten		

A 2: Sie erhitzen reines Al. Bei 660° schmilzt die Probe. Während des Schmelzens liegen festes Al und Schmelze nebeneinander vor. Handelt es sich hier im Sinne der Definition um zwei Phasen?
Ja ☐   Nein ☐   Warum? ....

A 3: Angenommen, die drei Komponenten A, B, C einer Legierung sind im festen Zustand vollkommen unmischbar. Sie bilden keine intermetallischen (chemischen) Verbindungen untereinander. Wieviele und welche Phasen treten Ihrer Meinung nach im festen Zustand auf? ....

L 1:

Legierung von Bild	Komponenten	Zahl der Phasen
oben	Al + Si	2 (reines Al; reines Si)
unten	Zn + Cd	2 (Zn + wenig Cd; Cd + wenig Zn)

L 2: Ja, denn festes Al und Al-Schmelze bestehen zwar beide zu 100 % aus Al, unterscheiden sich aber in ihren physikalischen und chemischen Eigenschaften.

L 3: 3 Phasen, eine A-, eine B- und eine C-Phase.

1.2 ZUSTAND EINER LEGIERUNG

Zustand

Ausgehend von den Gefügebildern auf den vorigen Seiten könnte man eine Legierung gut durch die folgenden Angaben beschreiben:

Angaben darüber,
— welche Phasen in der Legierung auftreten,
— wie groß die Phasengehalte in der Legierung sind,
— wie groß die Komponentengehalt in den Phasen sind,
— welche Eigenschaften jede Phase besitzt und
— wie die Phasen in der Legierung geometrisch verteilt sind.

In den folgenden Studieneinheiten wird gezeigt, daß man die ersten drei Angaben gut aus graphischen Darstellungen ablesen kann. Deshalb definiert man mit ihnen den Zustand einer Legierung, nämlich:

> Der **Zustand** einer Legierung wird bestimmt durch Angaben darüber,
> — welche Phasen in der Legierung auftreten,
> — wie groß die Phasengehalte in der Legierung sind und
> — wie groß die Komponentengehalte in den Phasen sind.

Die Kenntnis des Zustandes einer Legierung ist eine notwendige Voraussetzung, um Angaben über Werkstoffeigenschaften machen zu können.

Die in der Definition des Zustandes enthaltenen Begriffe können leicht miteinander verwechselt werden, darum wird ihre richtige Verwendung auf der nächsten Seite eingeübt werden.

Bitte unterscheiden Sie genau zwischen:
- den Phasengehalten in der Legierung,
- den Komponentengehalten in der Legierung und
- den Komponentengehalten in den Phasen.

A 1: Lesen Sie jetzt in den Gelben Blättern die Seite XXXIV durch. Danach setzen Sie in den folgenden Aufgaben die fehlenden Formelzeichen oder Zahlenangaben ein.

A 2: Eine Legierung wird aus 120 g Blei [Pb] und 80 g Zinn [Sn] gegossen:

a) m_{Pb} = 120 g; .... = 80 g; .... = 200 g;
w_{Pb} = ... %; w_{Sn} = ... %.

Bei 150° besitzt die Legierung 64 g (Sn)-Phase und 136 g (Pb)-Phase:

b) $m^{(Sn)}$ = 64 g; .... = 136 g; $w^{(Sn)}$ = ... %;
$w^{(Pb)}$ = ... %.

Die (Sn)-Phase besitzt einen Massengehalt von ≈ 1 % Blei, sie enthält also 1 % von 64 g ≈ 0,64 g Blei.

Die (Pb)-Phase besitzt einen Massengehalt von ≈ 88 % Blei, sie enthält also 88 % von 136 g ≈ 119,4 g Blei:

c) $w_{Pb}^{(Sn)}$ = 1 %; .... = 0,64 g; .... = 88 %; .... = 119,4 g.

A 3: Beschreiben folgende Angaben den Zustand der Legierung vollständig?

(Sn)- und (Pb)-Phase;

$w_{Pb}^{(Sn)}$ = 1 %; $w_{Sn}^{(Sn)}$ = 99 %;

$w_{Pb}^{(Pb)}$ = 88 %; $w_{Sn}^{(Pb)}$ = 12 %;

$w^{(Sn)}$ = 32 %; $w^{(Pb)}$ = 68 %.

ja ☐   nein ☐

L 2 a) m_{Sn} / m / 60 % / 40 %; b) $m^{(Pb)}$ / 32 % / 68 %;
c) $m_{Pb}^{(Sn)}$ / $w_{Pb}^{(Pb)}$ / $m_{Pb}^{(Pb)}$.

L 3: ja ☒

Der **Zustand** einer Legierung kann in starkem Maße von der **thermischen Vorbehandlung** bestimmt werden.

Das soll an einem Beispiel gezeigt werden:

Aluminium kann bei 500° C bis zu w_{Cu} = 4 % Kupfer lösen. Bei 20° C löst es weniger als w_{Cu} = 0,4 % Kupfer.
In einer Al-Probe mit w_{Cu} = 1 % sind bei 500° C die Kupferatome im Aluminium gelöst. Kühlt man die Probe auf 20° C ab, so kann das Aluminium nicht mehr alle Kupferatome lösen. Die überschüssigen Kupferatome ballen sich zu vielen mikroskopisch kleinen Kupferkörnern oder Inseln zusammen. — Diese Kupferkörner bilden sich allerdings nur, wenn man die Probe langsam abkühlt. Kühlt man dagegen schnell ab, so können sich die Kupferatome nicht mehr zu Körnern zusammenballen, sondern bleiben an ihren alten Plätzen „eingefroren" liegen. Da die Beweglichkeit der Kupferatome in Aluminium bei tiefen Temperaturen extrem gering ist, dauert es sehr lange, bis sich ähnliche Kupferinseln bilden wie bei der langsam abgekühlten Probe.

Um zu zeigen, wie sich der Zustand auf eine Werkstoffeigenschaft auswirken kann, soll das Beispiel fortgeführt werden:

Untersucht man die Härte einer schnell und einer langsam abgekühlten Probe der eben besprochenen Legierung, so zeigt die langsam abgekühlte Probe eine erheblich größere Härte, d.h. Widerstand gegen Verformung, dieses erklärt sich wie folgt:

Die Verformung eines Metalles erfolgt durch Abgleiten von Atomebenen aufeinander. Durch das Auftreten der Inseln von Fremdatomen wird dieses Abgleiten erschwert, man muß mehr Kraft aufwenden, um das Abgleiten zu erreichen. Das Material ist härter.

Diesen Vorgang zur Steigerung der Härte eines Materials durch verstreute Inseln, Ausscheidungen oder Teilchen einer zusätzlich erzeugten Phase in dem Material, nennt man **Teilchenhärtung**. Sie wird in der Technik häufig verwendet.

Wieviele Phasen treten in der beschriebenen Legierung auf bei
A 1: T = 500°? .... Phase(n)
A 2: T = 20° und langsamer Abkühlung? .... Phase(n)
A 3: T = 20° und schneller Abkühlung, kurz nach der Abkühlung? .... Phase(n)
A 4: T = 20° und schneller Abkühlung, nach sehr langer Zeit? .... Phase(n)

L 1: 1 Phase (Al mit $w_{Cu}^{(Al)} = 1\%$)
L 2: 2 Phasen (Al mit $w_{Cu}^{(Al)} \approx 0,4\%$ und eine Cu-reiche Phase)
L 3: 1 Phase (wie 1.)
L 4: 2 Phasen (wie 2.)

Gleichgewichtszustand

An dem eben besprochenen Beispiel wird deutlich, daß man mit Kenntnissen über den Zustand Aussagen über Werkstoffeigenschaften machen kann.

Außerdem sollte gezeigt werden, daß der Zustand von der Temperatur und der Probenbehandlung abhängt: Die schnell abgekühlte Probe hat zunächst einen anderen Zustand als die langsam abgekühlte, erst im Laufe der Zeit nimmt sie den gleichen Zustand ein. Man sagt, die Probe nähert sich vom **Ungleichgewichtszustand** herkommend dem **Gleichgewichtszustand**.

> Eine Probe ist dann im **Gleichgewichtszustand**, wenn sich bei
> - gleichbleibendem Druck,
> - gleichbleibender Temperatur und
> - gleichbleibenden Gehalten
>
> ihr Zustand auch nach beliebig langer Zeit nicht mehr ändert.

Je nachdem, ob in einem Zustand eine oder mehrere Phasen auftreten, unterscheidet man zwischen einem **homogenen** und **heterogenen Zustand**.

Treten im Gleichgewichtszustand mehrere Phasen auf, spricht man von einem **heterogenen Gleichgewicht**.

Phasen, die im Gleichgewichtszustand auftreten, nennt man kurz **stabile Phasen**.

Zustandsvariable

Verschiedene Proben derselben Legierung haben bei gleicher Temperatur und gleichem Druck den gleichen **Gleichgewichtszustand**, unabhängig davon, wie sie vorbehandelt wurden. Zum Beispiel hat eine Probe nach schneller Abkühlung und Halten bei 20° denselben Gleichgewichtszustand wie eine Probe nach langsamer Abkühlung auf 20°.
Unterscheiden sich beide Probe in Temperatur, Druck oder Gehalten, so kann auch ihr Gleichgewichtszustand unterschiedlich sein. Der Gleichgewichtszustand ist also abhängig von den Größen: Temperatur T, Druck p, Gehalten x_A, x_B u.a., die man **Zustandsvariablen** nennt.

So legt jeder Satz von Zustandsvariablen eindeutig einen Gleichgewichtszustand fest. (Wie dieser allerdings aussieht, muß experimentell ermittelt werden.)

Beispiel:

Zustandsvariablen: ⟶ **Gleichgewichtszustand:**

T = 250° ⎫
p = 1 atm ⎪ experimentell
x_{Pb} = 70 % ⎬ ermittelt ⟶
x_{Sn} = 30 % ⎭

Schmelzphase mit x_{Pb}^S = 53 %, x_{Sn}^S = 47 %
(Pb)-Phase mit $x_{Pb}^{(Pb)}$ 79 %, $x_{Sn}^{(Pb)}$ = 21 %
65 % (Pb)-Phase und 35 % Schmelze

Zwischen den Zustandsvariablen bestehen bestimmte thermodynamische Beziehungen. Deshalb sind nach Vorgabe von einigen Variablen, den sogenannten **unabhängigen Variablen**, die restlichen Variablen abhängig; sie heißen **abhängige Variablen**. In der Regel wählt man p, T und x_B als unabhängige Variablen; damit ergeben sich V (= Volumen) und x_A (x_A = 100 % $-$ x_B) als abhängige Variablen.

A: *Überzeugen Sie sich davon, daß nach der Definition des Zustandes (S. 5) die Angaben im Beispiel oben den Gleichgewichtszustand vollständig beschreiben.*

1.3 ZUSTANDSDIAGRAMM EINES SYSTEMS

Zustandsdiagramm

Ein geeignetes Experiment zur Ermittlung der Gleichgewichtszustände ist die thermische Analyse, die später beschrieben wird. Sind die Gleichgewichtszustände ermittelt, lassen sie sich in Abhängigkeit von ihren Zustandsvariablen in einem **Zustandsdiagramm** darstellen. (Richtiger wäre eigentlich, von einem Gleichgewichts-Zustandsdiagramm zu sprechen.)
Das Zustandsdiagramm soll am Beispiel der Zinn-Blei-Legierungen erklärt werden. Unabhängige Zustandsvariablen sollen T, p und x_{Pb} bzw. w_{Pb} sein.

Da bei technischen Verfahren in der Regel Normaldruck herrscht, wird p = 1 atm = constant gesetzt. So liegen nur noch zwei unabhängige Variablen T und x_{Pb} vor.

Die folgende Abbildung zeigt das Zustandsdiagramm der Zinn-Blei-Legierungen. Es enthält alle Angaben über die Gleichgewichtszustände der Sn-Pb-Legierungen. Am unteren Rand ist der Stoffmengengehalt x_{Pb}, am oberen Rand der Massengehalt w_{Pb} aufgetragen. Die Ordinate ist die Temperaturachse. Das Zustandsdiagramm zeigt Bereiche, in denen nur die Schmelz-, (Sn)- oder (Pb)-Phase auftreten und andere, in denen zwei der Phasen zugleich vorliegen.

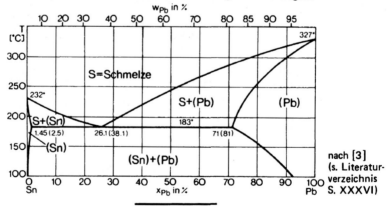

Welche Phasen treten bei den folgenden Zinn-Blei-Legierungen im Gleichgewichtszustand auf?

A 1: x_{Pb} = 40 %,   T = 300° C   ....

A 2: x_{Pb} = 80 %,   T = 200° C   ....

A 3: x_{Pb} = 40 %,   T = 150° C   ....

L 1:   Schmelze S;   L 2:   (Pb);   L 3:   (Sn) + (Pb);

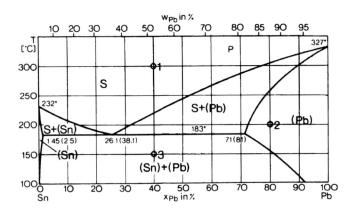

Zustandspunkte

Um Ihnen die Erarbeitung der folgenden Sachverhalte zu erleichtern, sind in den Text kleine Aufgaben eingefügt, die Sie jeweils direkt bearbeiten sollten.

Die Zustandsvariablen einer bestimmten Legierung legen im Zustandsdiagramm einen Punkt fest. Dieser Punkt wird **Zustandspunkt der Legierung** genannt. An der Lage des Zustandspunktes der Legierung im Zustandsdiagramm läßt sich ablesen, welche Phasen im Gleichgewichtszustand auftreten.

A: Zeichnen Sie den Legierungszustandspunkt der Sn-Pb-Legierung mit x_{Pb} = 70 % bei 250° in das obige Zustandsdiagramm ein. Lesen Sie ab, welche stabilen Phasen die Legierung besitzt.

Diese Legierung besitzt also bei 250° zwei stabile Phasen, die Schmelze und die (Pb)-Phase. Wenn man deren Gehalte analysiert, erhält man als Gehalte in den Phasen: x_{Pb}^S = 53 % und $x_{Pb}^{(Pb)}$ = 79 %.

A: Zeichnen Sie die Punkte [x_{Pb}^S = 53 %, T = 250°] und [$x_{Pb}^{(Pb)}$ = 79 %, T = 250°] als kleine Kreuze in das Zustandsdiagramm ein.

Damit haben Sie sowohl für die S-Phase wie auch für die (Pb)-Phase im Zustandsdiagramm einen Punkt festliegen, den man **Zustandspunkt der Phase** nennt.

Die Verbindungslinie zwischen den beiden Punkten bezeichnet man als **Konode der Legierung**.

A: Zeichnen Sie in das Zustandsdiagramm oben die Konode ein.

L:

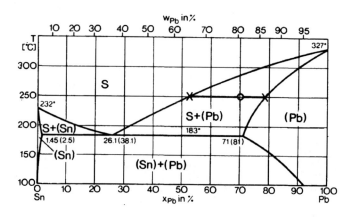

System

Das Zinn-Blei-Zustandsdiagramm zeigt die Gleichgewichtszustände aller Legierungen, die Zinn und Blei bilden können. Man sagt, das Zustandsdiagramm zeigt das System Zinn-Blei.
Unter dem Begriff „System verschiedener Komponenten" versteht man die Gesamtheit aller Legierungen, die die Komponenten bilden können.
In diesem Sinne spricht man vom Eisen-Kohlenstoff-System und meint alle Legierungen, die Eisen und Kohlenstoff bilden können.

Binäres System = System mit zwei Komponenten
Ternäres System = System mit drei Komponenten

Versuchen Sie, noch einige Aufgaben zu dem Zinn-Blei-System zu lösen.
Lesen Sie aus dem Zustandsdiagramm ab:

A 1: Welchen Blei-**Massengehalt** hat eine Legierung mit dem Blei-**Stoffmengengehalt** $x_{Pb} = 70\ \%$? $w_{Pb} = \ldots\ldots\ldots\ \%$.

A 2: Eine Legierung hat $x_{Pb} = 50\ \%$. Daraus folgt: $x_{Sn} = \ldots\ldots\ldots\ \%$: $w_{Pb} = \ldots\ldots\ldots\ \%$. $w_{Sn} = \ldots\ldots\ldots\ \%$.

A 3: Was bedeuten die Zahlen in Klammern im Zustandsdiagramm?

L 1: $w_{Pb} = 81\ \%$. 2. $x_{Sn} = 50\ \%$; $w_{Pb} = 63\ \%$; $w_{Sn} = 37\ \%$.

L 2: Die Zahlen in Klammern geben die Massengehalte w_{Pb} für bestimmte charakteristische Zustandspunkte im Zustandsdiagramm an.

Zusammenfassung

Auf den Gelben Blättern finden Sie ab Seite XIX eine Zusammenfassung des Lernstoffes dieses Studienprogrammes, die sogenannten Kerninformationen.

A: Lesen Sie bitte jetzt die Abschnitte zur Studieneinheit I durch, und beantworten Sie anschließend die folgenden Fragen:

1. Bezeichnet man auch eine Mischung von Metallen mit Nichtmetallen als **Legierung**?   ja ☐,   nein ☐.

2. Mit welchen Angaben kann man die Gehalte einer Komponente in einer Legierung beschreiben?

    .... oder ....

3. Das Gefügebild einer Legierung zeigt 20 schwarze Nadeln und 12 graue kugelförmige Bereiche, die in eine helle Masse eingebettet sind. Wieviele **Phasen** vermuten Sie?   .... Phasen.

4. Gehört zur Beschreibung des Zustandes einer Legierung auch die Angabe, wie die Phasen im Gefüge der Legierung geometrisch verteilt sind?   ja ☐,   nein ☐.

5. Kann der Zustand einer Probe auch von der Vorbehandlung der Probe abhängen?   ja ☐,   nein ☐.

6. Hängt der Gleichgewichtszustand einer Legierung auch von der Vorbehandlung ab?   ja ☐,   nein ☐.

7. Wie nennt man die Gesamtheit aller Legierungen aus den Komponenten A und B?   ....

8. Wie nennt man die graphische Darstellung aller Gleichgewichtszustände eines Systems?   ....

9. Eine Legierung möge bei einer bestimmten Temperatur einphasig sein. Fallen dann Legierungs- und Phasenzustandspunkt im Zustandsdiagramm zusammen?   ja ☐,   nein ☐.

L 1: ja; L 2: Stoffmengen- oder Massengehalt (x_A oder w_A);
L 3: 3 Phasen (1 x schwarze Nadeln, 1 x graue kugelförmige Bereiche,
1 x helle Masse); L 4: nein; L 5: ja (vgl. Text S. 7);
L 6: nein; L 7: A-B-System; L 8: Zustandsdiagramm;
L 9: ja.

Heterogene Gleichgewichte als Lehrgebiet

Nachdem Sie auf den vorangegangenen Seiten die wichtigsten Grundbegriffe der heterogenen Gleichgewichte kennengelernt haben, soll jetzt ein kurzer Überblick über den Stoff der folgenden Studieneinheiten gegeben werden.
Die Lehre der Heterogenen Gleichgewichte beschäftigt sich mit den Gleichgewichtszuständen, die in verschiedenen Systemen auftreten können und ihrer Darstellung.
Sie werden lernen, wie man mit Hilfe der sogenannten thermischen Analyse die Zustände eines Systems bestimmen kann und wie man einem gegebenen Zustandsdiagramm ein Optimum an Information entnehmen kann.
Zu diesem Zweck werden an einer Reihe von charakteristischen Zweistoffsystemen bestimmte Gesetzmäßigkeiten gezeigt, mit deren Hilfe Sie in der Lage sein werden, auch komplizierte Zweistoffsysteme, wie etwa das Eisen-Kohlenstofff-System oder das Bronze-System, richtig zu lesen und zu interpretieren. Zweistoffsysteme besitzen als unabhängige Variable nur eine Gehaltsangabe und die Temperatur, wenn man den Druck als konstant annimmt. So lassen sich Zweistoffsysteme gut in zweidimensionalen Zustandsdiagrammen darstellen, wie bereits am Zinn-Blei-Diagramm gezeigt wurde.
Dreistoffsysteme mit zwei Gehaltsangaben und der Temperatur als unabhängigen Variablen (p = const.) lassen sich nur in dreidimensionalen, räumlichen Zustandsdiagrammen darstellen. Diese müssen notwendigerweise auf dem Papier flächenhaft dargestellt werden. Ihr Verständnis fordert (leider unumgänglich) ein gewisses räumliches Vorstellungsvermögen.* An mehreren einfachen Systemen werden auch hier die gleichen oder ähnliche Gesetzmäßigkeiten wie bei den binären Systemen abgeleitet.
Vier- oder Mehrstoffsysteme besitzen vier und mehr unabhängige Variablen. Sie sind also nicht mehr so übersichtlich in einem Zustandsdiagramm darstellbar. Auf ihre Behandlung wird in diesem Programm verzichtet.

---

* Eine gute Hilfe bietet hier das Buch von F. Thomas und J. Pal [12], in dem eine Vielzahl von Zustandsdiagrammen als Anaglyphen dargestellt sind, die bei Betrachtung durch eine Rot-Blau-Brille räumlich erscheinen.

Ergänzungen

Am Schluß der meisten Studienheiten finden Sie **Ergänzungen**. Sie enthalten Vertiefungen, Erweiterungen und Übungsaufgaben zu dem behandelten Stoff. Die Ergänzungen sind nicht notwendige Voraussetzungen zum Verständnis der folgenden Studieneinheiten und könnten deshalb überblättert werden. Sie sollten jedoch, wenn Ihnen die Zeit zur Verfügung steht, auch die Ergänzungen durcharbeiten; denn die Studieneinheiten bieten nur ein Minimalwissen, das „Muß-Wissen". In den Ergänzungen werden darüber hinaus wichtige Zusatzinformationen als „Kann-Wissen" angeboten.

Gefügebild einer einphasigen Probe

Auf Seite 3 haben Sie die Gefügebilder zweier Legierungen gesehen, die beide eine heterogene Mischung von zwei Phasen aufweisen. Das auf dieser Seite abgebildete Gefügebild stammt von einer Probe aus reinem Aluminium und besteht deshalb nur aus einer Phase. Trotzdem zeigt das Bild unterschiedlich helle Bereiche, sogenannte Körner.

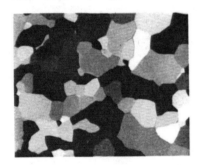

Die Körner unterscheiden sich nur in ihren kristallographischen Orientierungen:

Die untere Abbildung zeigt zwei Körner. Beide besitzen die gleiche Anordnung ihrer Atome, aber die Anordnungen sind gegeneinander gekippt oder gedreht. Das Ätzmittel hat auf der Oberfläche Atomebenen und Stufen freigelegt. Dadurch wird ein Lichtstrahl (angedeutet durch Pfeile) von jedem Korn in eine andere Richtung reflektiert. So erscheinen die Körner je nach Blickrichtung auf die Probe mal heller, mal dunkler.

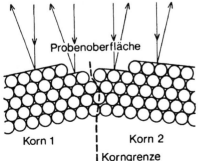

Studieneinheit I – 16/16

Umrechnung von Stoffmengengehalt auf Massengehalt

Komponenten: A; B; ...

Stoffmenge der Komponenten in Mol: n_A; n_B ...

Stoffmenge der Legierung in Mol: $n = n_A + n_B + ...$

Stoffmengengehalt der Komponenten: $x_A = \dfrac{n_A}{n}$; $x_B = \dfrac{n_B}{n}$

$\rightarrow n_A = x_A \cdot n$; $n_B = x_B \cdot n$, ...

Atomgewicht eines A-, B-, ... Atoms: a_A; a_B; ...

Molgewicht der A-, B-, ... Atome: $a_A \cdot L$; $a_B \cdot L$
($L = 6 \cdot 10^{23}$/Mol = Loschmidtsche Konstante = Anzahl der Atome in 1 Mol)

Masse aller A-, B-, ... Atome: $m_A = a_A \cdot L \cdot n_A = a_A \cdot L \cdot x_A \cdot n$;
$m_B = a_B \cdot L \cdot x_B \cdot n$, ...

Masse aller Atome: $m = a_A \cdot L \cdot x_A \cdot n + a_B \cdot L \cdot x_B \cdot n + ...$

Massengehalt der Komponente A: $w_A = \dfrac{m_A}{m} = \dfrac{a_A \cdot x_A \cdot n}{a_A \cdot x_A \cdot n + a_B \cdot x_B \cdot n + ...}$

$$\boxed{w_A = \dfrac{a_A \cdot x_A}{a_A \cdot x_A + a_B \cdot x_B + ...}}$$

Für die Umrechnung von Massengehalt in Stoffmengengehalt ergibt sich analog:

$$\boxed{x_A = \dfrac{w_A/a_A}{w_A/a_A + w_B/a_B + ...}}$$

A: $a_{Sn} = 118{,}69 \approx 120$, $a_{Pb} = 207{,}19 \approx 210$, $x_{Pb} = 30\,\%$, $x_{Sn} = ...\,\%$.
Berechnen Sie w_{Pb}, und vergleichen Sie das Ergebnis mit dem Zustandsdiagramm auf Seite 11.

STUDIENEINHEIT II

In der ersten Studieneinheit wurden einige grundlegende Begriffe der heterogenen Gleichgewichte erarbeitet. Es wurden definiert:

Legierung, Komponenten, Gefüge, Phasen,
homogener und heterogener Zustand, System und Zustandspunkte von Legierung und Phasen.

In dieser zweiten Studieneinheit wird zunächst das p-T- und das T-Zustandsdiagramm für **Einstoffsysteme** (reine bzw. einkomponentige Stoffe) behandelt, um danach den Begriff der Phasenreaktion vorzustellen. Da jede Phasenreaktion mit Wärmeaufnahme oder -abgabe verbunden ist, läßt sich anhand einer Abkühlkurve das Auftreten einer Phasenreaktion erkennen.

Ab Seite 24 werden die Grundlagen der **binären Systeme** (zweikomponentige Systeme) behandelt. Es wird gezeigt, daß man den Zustand einer Legierung vollständig aus einem Zustandsdiagramm ablesen kann.

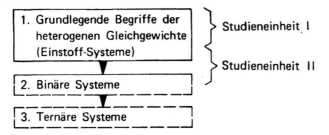

Inhaltsübersicht

1.4	Einstoff-Systeme	18
	p-T- und T-Zustandsdiagramm (18); Abkühlkurve (20)	
2.	BINÄRE (ZWEISTOFF-) SYSTEME	24
2.1	Grundlagen	24
2.1.1	Zustandspunkte in Ein- und Mehrphasenräumen	24
2.1.2	Hebelgesetz	29
Ergänzungen		32

Gibbs'sche Phasenregel, Anwendung auf Einstoffsysteme (32);
Ag-Sn-Zustandsdiagramm (33); Zur Abkühlkurve eines Einstoffsystems (34);
Ableitung des Hebelgesetzes (35)

1.4 EINSTOFF-SYSTEME

p-T- und T-Zustandsdiagramm

Ein einkomponentiges System wird durch die drei Variablen V, p und T bestimmt. In der Regel werden p und T als unabhängige Variablen vorgegeben. Dann lassen sich die auftretenden Phasen (feste Phase, Schmelze, Dampf) im p-T-Zustandsdiagramm darstellen. Die Abbildung zeigt dies für den einfachen Fall, daß im festen Zustand nur eine Phase (Kristall) vorliegt.

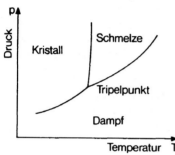

Die Gebiete, in denen nur eine Phase im Gleichgewicht vorliegt (Kristall, Schmelze oder Dampf) erscheinen flächenhaft.

Die Gebiete, in denen zwei Phasen im Gleichgewicht stehen, sind Linien.

Drei Phasen stehen nur in einem Punkt, dem **Tripelpunkt**, im Gleichgewicht.

p-T-Zustandsdiagramm eines Einstoffsystems

Das **T-Zustandsdiagramm** (bei $p = p_1$ = konstant) läßt sich recht einfach aus dem p-T-Diagramm ermitteln. Man braucht nur bei p_1 einen waagerechten Schnitt durch das p-T-Diagramm zu legen (Abb. unten, linker Teil). Diese Schnittlinie ist genau das gesuchte T-Zustandsdiagramm. Im rechten Teil der Abbildung ist diese Linie hochgestellt.

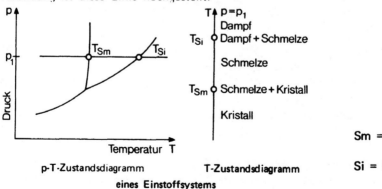

p-T-Zustandsdiagramm   T-Zustandsdiagramm
eines Einstoffsystems

Sm = Schmelzpunkt
Si = Siedepunkt

A 1: *Welche Phasen besitzt das oben abgebildete System?*
....

A 2: *Wenn man den Druck erhöht, wie ändert sich dabei der Siedepunkt?*
er steigt ☐,   *er ändert sich nicht* ☐,   *er fällt* ☐.

L 1: Kristall, Schmelze, Dampf

L 2: ☒ er steigt, denn die Linie zwischen Schmelze und Dampf, auf der der Siedepunkt liegen muß, zeigt, daß mit wachsendem Druck auch die Temperatur steigt.

Ein Beispiel dafür, daß Einstoffsysteme auch verschiedene feste Phasen besitzen können, bildet das Eisen:

Wenn man reines Eisen von hohen Temperaturen aus abkühlt, wandelt sich die Schmelze S bei dem Schmelzpunkt T_{Sm} = 1536° C in festes Eisen um. Dieses Eisen hat einen kubisch-raumzentrierten Kristallaufbau und wird δ-Eisen genannt.

Bei 1392° geht das kubisch-raumzentrierte Eisen in kubisch-flächenzentriertes Eisen über, das sog. γ-Eisen.

Bei 911° C wandelt sich das γ-Eisen wieder in ein kubisch-raumzentriertes Eisen, das paramagnetische α-Eisen um.

Bei 776° C tritt noch eine Phasenumwandlung vom paramagnetischen zum ferromagnetischen α-Eisen auf.

A 1: Tragen Sie bitte die genannten Umwandlungspunkte in das untenstehende T-Diagramm ein, und schreiben Sie an die verschiedenen Abschnitte, welche Phasen **stabil** sind.

A 2: Gibt es Temperaturen oder Temperaturbereiche, bei denen der Gleichgewichtszustand zweiphasig ist?   ja ☐   nein ☐

Die Abbildung rechts unten ist für eine Aufgabe gedacht, die später gestellt wird.

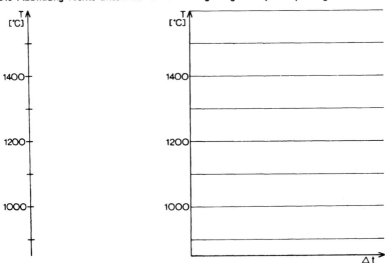

L 1: Siehe nebenstehende Abbildung

L 2: ja ☒: Bei jeder Umwandlungstemperatur ist der Zustand zweiphasig, wie im nebenstehenden T-Zustandsdiagramm eingetragen ist.

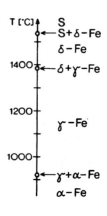

Abkühlkurve

Die Abkühlkurve einer Legierung gibt den Temperatur-Zeitverlauf einer Abkühlung an. Im nebenstehenden Bild ist eine Abkühlkurve dargestellt. Sie zeigt fünf verschiedene Bereiche:
1. Dampf
2. Dampf → Schmelze (bei T_{Si})
3. Schmelze
4. Schmelze → Kristall (bei T_{Sm})
5. Kristall

In den Bereichen 1, 3 und 5 ist die Probe einphasig. Der Zeitverlauf der Abkühlkurve wird durch den Wärmetransport aus der Probe bestimmt.

Bei den Bereichen 2 und 4 besitzt die Probe Umwandlungspunkte: Es wandelt sich eine Phase vollständig in eine andere Phase um, wobei eine bestimmte Wärmemenge (Kondensations- bzw. Verdampfungs- und Erstarrungswärme bzw. Schmelzwärme) frei wird.

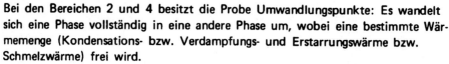

Erreicht man in der Abkühlung einen **Phasenumwandlungspunkt**, bei dem sich eine Phase in eine andere Phase umwandelt, wird die **Umwandlungswärme** frei. Sie hält die Probe während der gesamten Umwandlungszeit auf praktisch **konstanter Temperatur**. Die Abkühlkurve zeigt hierbei einen waagerechten Verlauf. Diesen thermischen Effekt nennt man **Haltepunkt**.

A: Die nebenstehende Abbildung zeigt einen Haltepunkt aus einer Abkühlkurve. Vorher bzw. nachher waren alleine α- bzw. β-Phase stabil. Bitte schätzen Sie die Gehalte der β-Phase in der Legierung grob ab:
bei t_1: .... %; bei t_2: .... %;
bei t_3: .... % β-Phase.

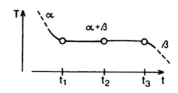

L: $t_1 = 0\,\%$, $t_2 = 50\,\%$, $t_3 = 100\,\%$ β-Phase.
Da während der Zeit des Haltepunktes die gesamte Probe von α- in β-Phase umwandelt, wird zu Beginn (t_1) noch keine β-Phase vorliegen, nach der Hälfte der Zeit (t_2) wird sich auch etwa die Hälfte umgewandelt haben. Zum Schluß (t_3) ist alles umgewandelt.

Bei der **thermischen Analyse** eines Stoffes kühlt man eine Probe ab und ermittelt die Abkühlkurve. Zeigt sie ein **waagerecht verlaufendes Stück**, handelt es sich um **einen Haltepunkt**. Er zeigt, daß bei dieser Temperatur eine **Phasenumwandlung** erfolgt.
Durch solche Aussagen wird die thermische Analyse zu einer wichtigen Hilfe, insbesondere bei der Untersuchung mehrkomponentiger Legierungen.

Zur Auswertung einer Abkühlkurve fertigt man zunächst eine sogenannte schematische Abkühlkurve an. Dies soll an der folgenden Abbildung erläutert werden:

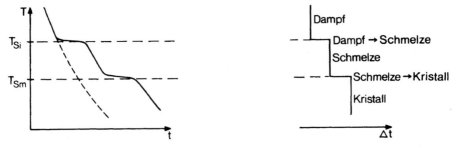

Die links abgebildete ausgezogene Kurve zeigt die in einem Abkühlexperiment gemessene Abkühlkurve.
Ihr Verlauf wird einerseits bestimmt durch die Wärmemengen, die bei den Phasenumwandlungen frei werden (Haltepunkte), andererseits durch die Bedingungen des Wärmeabtransportes (Dicke und Wärmeleitfähigkeit der Kokillenwände u.a.).
Da für eine Auswertung nur der erste Faktor interessant ist, wird von dieser gemessenen Abkühlkurve eine (gedachte) Abkühlkurve [die sich ohne Phasenumwandlungen ergeben würde, also nur durch die Bedingungen des Wärmetransportes geformt wird (gestrichelte Kurve)] abgezogen. Genauer: man zieht die t-Werte voneinander ab und erhält die schematische Abkühlkurve, die die Kurvenbereiche ohne Phasenumwandlungen als senkrechte Linien darstellt.
Der rechte Teil der Abbildung zeigt die schematische Abkühlkurve der links abgebildeten experimentell ermittelten Abkühlkurve. Zur Vereinfachung sind die Übergänge der verschiedenen Kurvenbereiche eckig (also nicht abgerundet) gezeichnet. Außerdem sind an die verschiedenen Kurvenbereiche die jeweils auftretenden Phasen bzw. Phasenreaktionen (-umwandlungen) geschrieben. In dieser schematischen Form wird die Abkühlkurve noch sehr oft benutzt werden.

Studieneinheit II — 6/19

Die Abbildung unten zeigt links den Schrieb eines Temperaturschreibers mit der Abkühlkurve eines unbekannten reinen Stoffes mit T_{Sm} = 480°.

A 1: Konstruieren Sie im rechts abgebildeten Diagramm die schematische Abkühlkurve.

A 2: Bezeichnen Sie die nacheinander auftretenden Phasen mit S, α, β, ..., und beschriften Sie die schematische Abkühlkurve.

A 3: Bei welcher der auftretenden Phasenumwandlungen ist die freiwerdende Umwandlungswärme am größten? .... → ....

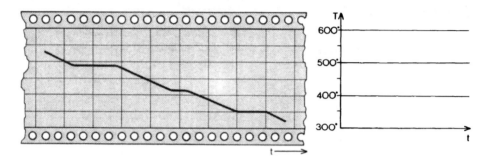

A 4: Zeichnen Sie die schematische Abkühlkurve einer Eisenprobe in das Diagramm auf der Seite 19 unten rechts, und beschriften Sie die einzelnen Kurvenabschnitte. Der Einfachheit halber zeichnen Sie alle Haltepunkte etwa gleich lang. Die notwendigen Angaben über die Phasen finden Sie auf der gleichen Seite.

Als Vorbereitung für den folgenden Stoff versuchen Sie bitte, einige Wiederholungsaufgaben zu lösen:

A 5: Welche Phasen treten bei den folgenden Legierungen im Gleichgewichtszustand auf?

a) x_{Pb} = 60 %, T = 150°: ....

b) w_{Pb} = 10 %, T = 200°: ....

c) x_{Sn} = 10 %, T = 150°: ....

d) w_{Sn} = 60 %, T = 300°: ....

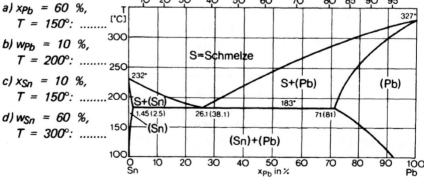

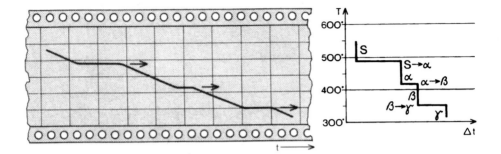

L 1. und 2. — s. Abb. oben —

L 3: S → α: Bei der Umwandlung ist die Verzögerung der Abkühlung am längsten. Das läßt darauf schließen, daß hier die größte Umwandlungswärme abgeführt werden muß.

L 4: Schematische Abkühlkurve des reinen Eisens:

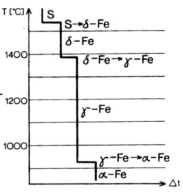

L 5: a) (Sn) + (Pb);
 b) S + (Sn);
 c) (Pb);
 d) S (s. Abb.)

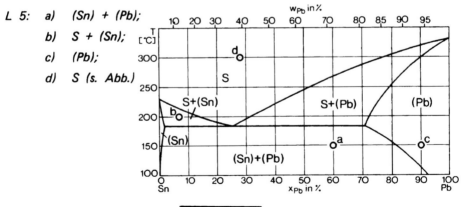

A: Sie kühlen eine Legierung mit x_{Pb} = 80 % von 325° C bis 125° C so langsam ab, daß in der Legierung ständig etwa der Gleichgewichtszustand herrscht.
Tragen Sie in das Zustandsdiagramm die Legierungszustandspunkte bei 325° C und 125° C ein, und zeichnen Sie den Weg des Zustandspunktes, den dieser bei der Abkühlung durchläuft.

L: s. Abb. unten.

---

2. BINÄRE (ZWEISTOFF-)SYSTEME

2.1 GRUNDLAGEN

> Der **Zustand** einer Legierung wird bestimmt durch Angaben darüber,
> — welche Phasen in der Legierung auftreten,
> — wie groß die Phasengehalte in der Legierung sind und
> — wie groß die Komponentengehalte in den Phasen sind.

Alle drei Angaben lassen sich gut aus einem Zustandsdiagramm ablesen. Die Beispiele zum Zinn-Blei-Diagramm zeigten, wie man die erste der drei Angaben erhält: Man sucht mit den Werten der Zustandsvariablen Gehalt und Temperatur den Zustandspunkt der Legierung auf und kann an dem Bereich, in dem der Zustandspunkt liegt, die auftretenden Phasen ablesen.
Auf den folgenden Seiten wird das Ablesen der beiden anderen Angaben gezeigt.

2.1.1 Zustandspunkte in Ein- und Mehrphasenräumen

Das Zinn-Blei-Zustandsdiagramm zeigt eine Unterteilung in verschiedene Bereiche. Diese Bereiche oder Phasenräume geben an, welche Phasen im Gleichgewichtszustand vorliegen. Man unterscheidet zwischen **Einphasenräumen** und **Mehrphasenräumen** je nach Anzahl der in ihnen auftretenden Phasen. Die Grenzen der Phasenräume nennt man **Phasengrenzen**.

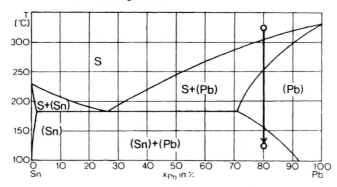

Liegt der Zustandspunkt einer Legierung in einem **Einphasenraum**, so ist der Zustand der Legierung einphasig. Die Phase besitzt dann natürlich die gleiche Temperatur und die gleichen Gehalte an Komponenten wie die Legierung:

> Liegt der Zustandspunkt einer Legierung innerhalb eines Einphasenraumes, ist die Legierung einphasig, und die Zustandspunkte von Legierung und Phase fallen zusammen.

Liegt der Zustandspunkt in einem **Zweiphasenraum**, so besteht das Gefüge der Legierung aus einer Mischung von Bereichen der einen und der anderen Phase. Wo liegen die Phasenzustandspunkte im Zustandsdiagramm?
Unmittelbar einzusehen ist, daß sie bei der gleichen Temperatur wie der Legierungszustandspunkt liegen. Aber auch über die zweite Variable „Komponentengehalte in den Phasen" lassen sich genaue Aussagen machen.
Das soll an einem Beispiel gezeigt werden: Betrachten wir dazu noch einmal das Zinn-Blei-Zustandsdiagramm:

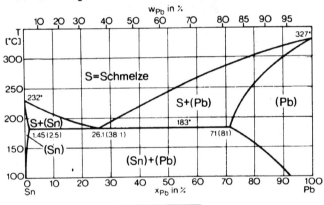

A 1: Das Sn-Pb-Zustandsdiagramm besitzt die Einphasenräume .... und die Mehrphasenräume ....

A 2: Blei kann bei 150° C bis maximal x_{Sn} = ... % Zinn lösen.

A 3: Zinn kann bei 150° C bis maximal x_{Pb} = ... % Blei lösen.

A 4: Bei welcher Temperatur besitzt Blei die größte Löslichkeit für Zinn?
Bei ....° C; wie groß ist die Löslichkeit? x_{Sn} = ... %.

L 1: Einphasenräume: (Sn), S, (Pb),
Mehrphasenräume: S + (Sn); S + (Pb); (Sn) + (Pb);

L 2: x_{Sn} = 17 %, **L 3:** x_{Pb} = 1 %; **L 4:** 183° C; x_{Sn} = 29 %.

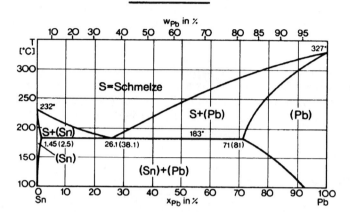

Schauen wir uns nun eine Sn-Pb-Legierung mit x_{Pb} = 50 % bei 150° an. Bei dieser Temperatur kann Zinn maximal 1 % Blei lösen, und Blei kann maximal 17 % Zinn lösen (s. L 2 und 3 oben). Die Legierung muß also in eine zinnreiche und eine bleireiche Phase aufspalten.

Der Phasenzustandspunkt der (Sn)-Phase liegt nun im (Sn)-Phasenraum bei 150° und maximaler Pb-Löslichkeit, also auf der (Sn)-Phasengrenze.

Der Phasenzustandspunkt der (Pb)-Phase liegt im (Pb)-Phasenraum bei 150° und maximaler Sn-Löslichkeit, also auf der (Pb)-Phasengrenze. Wir halten fest:

> Liegt der Zustandspunkt einer Legierung zwischen zwei Einphasenräumen, so muß die Legierung in zwei Phasen aufspalten. Die Zustandspunkte beider Phasen liegen bei gleicher Temperatur auf den Phasengrenzen der links und rechts benachbarten Einphasenräume.

A 1: Zeichnen Sie in das Zustandsdiagramm oben für die Legierung x_{Pb} = 50 % bei 150° den Zustandspunkt der Legierung als kleinen Kreis und die Zustandspunkte der beiden Phasen als Kreuzchen ein. Verbinden Sie die Phasenzustandspunkte mit einer Linie, der sogenannten Konode.

A 2: Lesen Sie ab: T = 150°, x_{Pb} = 50 %, Bleigehalt der Zinnphase $x_{Pb}^{(Sn)}$ = ... %, Bleigehalt der Bleiphase $x_{Pb}^{(Pb)}$ = ... % *.

---

* Wenn Ihnen die Schreibweise nicht mehr vertraut ist, lesen Sie in den Gelben Blättern auf S. XXXIV nach!

L 1: siehe Abb. unten; **L 2:** $x_{Pb}^{(Sn)} \approx 1\,\%;$ $x_{Pb}^{(Pb)} \approx 81\,\%.$

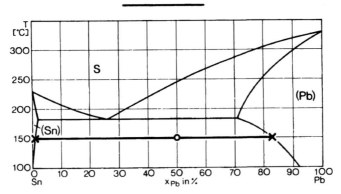

A 1: Am Zustandsdiagramm erkennen Sie, daß Sn nur sehr wenig Blei im festen Zustand lösen kann. Maximal ist $x_{Pb} = 1{,}45\,\%$. Wie würde der Phasenraum der (Sn)-Phase aussehen, wenn Zinn überhaupt kein Blei lösen würde?

....

A 2: Zeichnen Sie die Zustandspunkte der folgenden Legierungen als kleine Kreise und die Zustandspunkte ihrer Phasen als Kreuzchen. Zeichnen Sie gegebenenfalls die Konode ein:

a: $x_{Pb} = 40\,\%;$ $T = 300°$
b: $x_{Pb} = 60\,\%;$ $T = 150°$
c: $x_{Pb} = 80\,\%;$ $T = 200°$
d: $x_{Pb} = 60\,\%;$ $T = 250°$
e: $x_{Pb} = 60\,\%;$ $T = 200°$

A 3: Beweisen Sie Ihr Können:
Eben haben Sie die Zustandspunkte der Phasen der Legierung mit $x_{Pb} = 60\,\%$ bei 250° und 200° eingezeichnet. Können Sie sich denken, welche Wege die Zustandspunkte von Legierung und Phasen bei der Abkühlung von 250° bis 200° durchlaufen?
a) Wenn ja, zeichnen Sie bitte die Wege in das Zustandsdiagramm ein.
b) Bei der Abkühlung wird der Bleigehalt

— der Legierung größer ☐; nicht geändert ☐; kleiner ☐
— der S-Phase größer ☐; nicht geändert ☐; kleiner ☐
— der (Pb)-Phase größer ☐; nicht geändert ☐; kleiner ☐

L 1: Der Phasenraum würde zu einem Strich bei x_{Pb} = 0 % von 232° C bis zu tiefen Temperaturen entarten.

L 2: s. Abb.

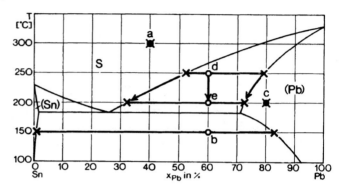

L 3: a) s. Abb.

b) Legierung: Pb-Gehalt wird nicht geändert. (Der Zustandspunkt der Legierung wandert senkrecht nach unten.)

S- und (Pb)-Phase: Pb-Gehalt wird kleiner. (Beide Phasenzustandspunkte verschieben sich nach links zu höheren Sn- und tieferen Pb-Gehalten hin.)

→ Wenn Sie diese Aufgaben richtig gelöst haben, können Sie mit Ihrem Erfolg sehr zufrieden sein.

A: Zur Wiederholung und als Vorbereitung des nächsten Abschnittes setzen Sie bitte die fehlenden Formelzeichen ein:

Eine Legierung besteht bei einer bestimmten Temperatur zu 30 % aus α-Phase und zu 70 % aus β-Phase (bezogen auf Stoffmengen), d.h.

.... = 30 %;   .... = 70 %.

Die Legierung besteht zu 50 %, die α-Phase zu 3 %, die β-Phase zu 80 % aus Komponente B (bezogen auf Stoffmengen), d.h.

.... = 50 %;   .... = 3 %;

.... = 80 %.

L: $x^a / x_B / x_B^a / x_B^\beta$

2.1.2 Hebelgesetz

In diesem Abschnitt wird gezeigt, wie man die dritte Angabe des Zustandes, nämlich die „Phasengehalte in der Legierung", aus dem Zustandsdiagramm ermitteln kann. Zuerst muß man die Komponentengehalte in den beiden Phasen bestimmen:

Beispiel: Sn-Pb-Legierung mit $x_{Pb} = 70\ \%$ bei $T = 250°$. Aus dem Zustandsdiagramm kann man ablesen: $x_{Pb}^S \approx 52\ \%$ und $x_{Pb}^{(Pb)} \approx 80\ \%$.

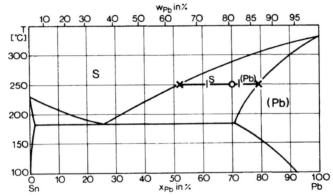

Aus diesen Werten können mit Hilfe des Hebelgesetzes die Phasengehalte an der Legierung berechnet werden.

> Eine A-B-Legierung mit x_B ist aufgespalten zu x^a in a-Phase mit x_B^a und zu x^β in β-Phase mit x_B^β. Den Zusammenhang zwischen den fünf Größen gibt das Hebelgesetz: $(x_B^a - x_B) \cdot x^a = (x_B - x_B^\beta) \cdot x^\beta$

Die Ableitung des Hebelgesetzes finden Sie in den Ergänzungen auf Seite 35.

Ersetzt man im Hebelgesetz x^β durch $x^\beta = 100\ \% - x^a$, so ergibt sich zur Ermittlung des Gehaltes der a-Phase an der Legierung:

$$x^a = \frac{x_B - x_B^\beta}{x_B^a - x_B^\beta} \cdot 100\ \% \quad \text{(bezogen auf Stoffmengengehalte)}$$

Durch Einsetzen der Werte für das Beispiel oben [B = Pb, a = S; β = (Pb), $x_{Pb} = 70\ \%$, $x_{Pb}^S = 52\ \%$, $x_{Pb}^{(Pb)} = 80\ \%$] ergibt sich, daß die Probe zu $x^S = 36\ \%$ aus S-Phase und zu $x^{(Pb)} = 64\ \%$ aus (Pb)-Phase besteht (ausgedrückt als Stoffmengengehalte). Setzt man anstatt der Stoffmengengehalte die Massengehalte w_{Pb}, $w_{Pb}^{(Pb)}$ ein, dann erhält man als Ergebnis die Phasengehalte w^S und $w^{(Pb)}$ (ausgedrückt als Massengehalte).

Hebelgesetz:

$$(x_B^\alpha - x_B) \cdot x^\alpha = (x_B - x_B^\beta) \cdot x^\beta \quad \text{(bezogen auf Stoffmengen)}$$
$$(w_B^\alpha - w_B) \cdot w^\alpha = (w_B - w_B^\beta) \cdot w^\beta \quad \text{(bezogen auf Massen)}$$

Dieses Gesetz eignet sich nicht nur zum Berechnen, sondern auch zum leichten Abschätzen der Phasengehalte in einer Legierung. Das soll am oben behandelten Beispiel gezeigt werden (vgl. Abb.):

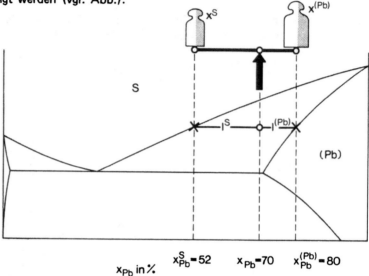

x_{Pb} in % $\quad x_{Pb}^S = 52 \quad x_{Pb} = 70 \quad x_{Pb}^{(Pb)} = 80$

Die Differenz $(x_{Pb}^S - x_{Pb})$ wird als Hebelarm l^S und die Differenz $(x_{Pb} - x_{Pb}^{(Pb)})$ wird als Hebelarm $l^{(Pb)}$ eines Waagebalkens gedeutet, der bei x_{Pb} unterstützt wird.

An den Enden wird der Waagebalken mit den „Gewichten" x^S und $x^{(Pb)}$ belastet:

$$l^S \cdot x^S = l^{(Pb)} \cdot x^{(Pb)} \quad \text{entsprechend} \quad l^S \cdot w^S = l^{(Pb)} \cdot w^{(Pb)}$$

Mit dieser Deutung entspricht dieses Hebelgesetz genau dem Hebelgesetz der Mechanik. Daher stammt auch sein Name.

Die Abschätzung der Phasengehalte ist jetzt ganz leicht:

Die Phase mit dem längeren Hebelarm besitzt den kleineren Phasengehalt in der Legierung.

A: *Eine Sn-Pb-Legierung mit x_{Pb} = 80 % besitzt bei T = 300° mehr ....-Phase als ....-Phase und bei T = 260° mehr ....-Phase als ....-Phase.*

L: bei T = 300° mehr S-Phase als (Pb)-Phase („S-Hebelarm" kürzer als „(Pb)-Hebelarm")
bei T = 260° mehr (Pb)-Phase als S-Phase („(Pb)-Hebelarm" kürzer als „S-Hebelarm")

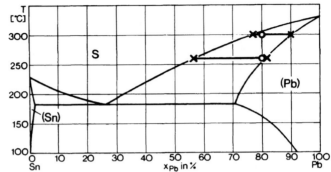

Die Aufgabe bestätigt, was man ohnehin erwartet: Während der Abkühlung der Legierung kristallisiert festes (Pb) aus der Schmelze aus. Mit anderen Worten: die **Phasenreaktion** S → (Pb) läuft ab.

A 1: Zeichnen Sie die Wege ein, die die Zustandspunkte beim Abkühlen von 300° bis 260° durchlaufen.

A 2: Zeichnen Sie für die gleiche Legierung (x_{Pb} = 80 %) die Legierungspunkte als kleine Kreise, die Phasenzustandspunkte als kleine Kreuze und die Konoden für T = 150° und T = 110° in das Zustandsdiagramm ein.

A 3: Zeichnen Sie die Wege ein, die die Zustandspunkte beim Abkühlen von 150° bis 110° durchlaufen.

A 4: Für Experten:
Bei der Abkühlung von 150° bis 110° ändern sich die „Hebelarme" der Konode. Können Sie ablesen, welche Phasenreaktion bei der Abkühlung abläuft? .... → ....

L 1 bis L 3: s. Abb..   *L 4:   (Pb) → (Sn)*

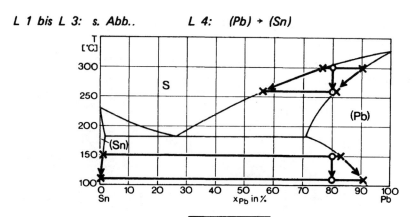

Ergänzungen

Gibbs'sche Phasenregel, Anwendung auf Einstoff-Systeme

Eine sehr wichtige Frage ist die nach der Anzahl der Phasen, die in einem ein-, zwei- oder mehrkomponentigen System im Gleichgewichtszustand zugleich auftreten können. Diese Frage beantwortet die aus der Thermodynamik bekannte Gibbs'sche Phasenregel: $\boxed{f = k - \varphi + 2}$

f = Zahl der Freiheitsgrade = Zahl der frei wählbaren unabhängigen Zustandsvariablen (s. S. 9)

k = Zahl der Komponenten

φ = Zahl der im Gleichgewicht stehenden Phasen.

Betrachten Sie den Fall des Einstoffsystems:

a) *Die auftretenden unabhängigen Zustandsvariablen sind:* ....

b) *Durch f = 0 ist die Höchstzahl der Phasen, die im Gleichgewicht stehen können, gegeben. Sie beträgt* ....

c) *Bei f = 0 sind p und T fest vorgegeben. Sie legen im p-T-Diagramm einen Punkt fest, den man* .... *nennt.*

d) *Bei f = 1 stehen* .... *Phasen im Gleichgewicht. Wenn man p (oder T) frei wählt, liegt T (oder p) fest. Im p-T-Diagramm erscheinen alle Zustände mit f = 1 als* ....

e) *Bei f = 2 stehen* .... *Phasen im Gleichgewicht. In bestimmten Grenzen sind also p und T frei wählbar. Im p-T-Diagramm erscheinen alle Zustände mit f = 2 als* ....

a) p, T; b) 3 ($0 = 1 - 3 + 2$); c) Tripelpunkt; d) 2 Phasen ($1 = 1 - 2 + 2$), Linien (= 1-dimensional); e) 1 Phase ($2 = 1 - 1 + 2$), Fläche (= 2-dimensional) (vgl. S. 18!).

Ag-Sn-Zustandsdiagramm

Versuchen Sie einmal, Ihre Kenntnisse auf ein fremdes, etwas komplizierteres System anzuwenden. Eine Bemerkung vorweg: Das folgende Zustandsdiagramm zeigt am unteren rechten Rand, daß festes Zinn praktisch kein Silber (Ag) lösen kann. Der Einphasenraum der (Sn)-Phase (das sogenannte β-Sn) ist zu einem Strich entartet (vgl. Aufgabe 1, S. 27).

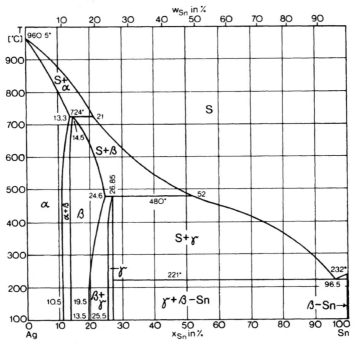

nach [3]

A 1: Welche Einphasenräume zeigt das Diagramm? ....

A 2: Zeichnen Sie in das Diagramm die Zustandspunkte der folgenden Legierungen, ihre Phasen und die Konoden ein:

a) $x_{Sn} = 50\ \%$, $T = 600°\ C$ b) $x_{Sn} = 50\ \%$, $T = 400°\ C$
c) $x_{Sn} = 50\ \%$, $T = 200°\ C$ d) $w_{Sn} = 20\ \%$, $T = 650°\ C$
e) $w_{Sn} = 20\ \%$, $T = 500°\ C$ f) $w_{Sn} = 20\ \%$, $T = 200°\ C$

A 3: a) Die Legierung d besitzt mehr ....-Phase als ....-Phase.
b) Die Legierung c besitzt mehr ....-Phase als ....-Phase.

L 1:   S, α, β, γ, β-Sn;   L 2:   s. Abb.

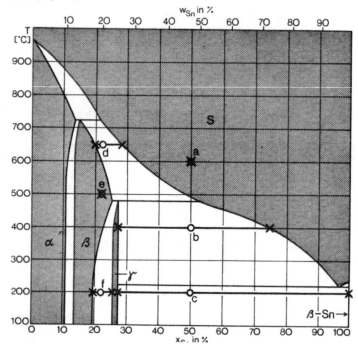

L 3 a: Leg. d mehr β als S;   L 3 b: Leg. c mehr γ als β-Sn.

Zur Abkühlkurve eines Einstoffsystems

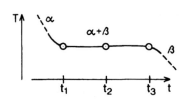

Sehen Sie sich noch einmal die Aufgabe von Seite 20 an: In der Zeit von t_1 bis t_2 wandelt sich ein Teil der α-Phase in β-Phase um. Hierbei gibt sie die Umwandlungswärme ab. Diese wird abgeführt, so daß die Probe auf gleicher Temperatur bleibt. Bei t_2 hat sich etwa die Hälfte der Probe in β-Phase umgewandelt.

A: Was würde passieren, wenn man zu diesem Zeitpunkt die Probe thermisch isoliert, also die Umwandlungswärme nicht mehr abführt? ....
....

L: *Die Umwandlung würde gestoppt werden. Solange die Probe isoliert wird, bleibt der Zustand der Probe mit ca. 50 % β-Phase erhalten. (Wenn die Umwandlung weitergehen würde, müßte die freiwerdende Wärmemenge, die ja nicht mehr abgeführt wird, die Temperatur wieder erhöhen, was bedeuteten würde, daß die Phasenumwandlung wieder zurücklaufen müßte.) Im isolierten Zustand, bei der Umwandlungstemperatur, ist also keine Tendenz da, daß sich α-Phase in β-Phase umwandelt. Genau das nennt man „beide Phasen stehen im Gleichgewicht". Damit aber eine Umwandlung erfolgt, muß die Probe unterkühlt werden, damit die freiwerdende Umwandlungswärmemenge abfließen kann.*

Ableitung des Hebelgesetzes

Bezüglich der Formelzeichen und deren Zusammenhänge vgl. Gelbe Blätter S. XXXIV.

Es gilt:

① $1 = x^\alpha + x^\beta$ ② $n_B = n_B^\alpha + n_B^\beta$

③ $x_B = \dfrac{n_B}{n}$; $x_B^\alpha = \dfrac{n_B^\alpha}{n^\alpha}$; $x^\alpha = \dfrac{n^\alpha}{n}$; $x_B^\beta = \dfrac{n_B^\beta}{n^\beta}$; $x^\beta = \dfrac{n^\beta}{n}$

Damit folgt:

② durch n geteilt: $\quad \dfrac{n_B}{n} = \dfrac{n_B^\alpha}{n} + \dfrac{n_B^\beta}{n}$

mit n^α bzw. n^β erweitert: $\quad \dfrac{n_B}{n} = \dfrac{n_B^\alpha}{n^\alpha} \cdot \dfrac{n^\alpha}{n} + \dfrac{n_B^\beta}{n^\beta} \cdot \dfrac{n^\beta}{n}$

③ eingesetzt: $\quad x_B = x_B^\alpha \cdot x^\alpha + x_B^\beta \cdot x^\beta$ ⓐ

① mit x_B multipliziert: $\quad x_B = x_B \cdot x^\alpha + x_B \cdot x^\beta$ ⓑ

ⓐ minus ⓑ : $\quad 0 = (x_B^\alpha - x_B)x^\alpha + (x_B^\beta - x_B)x^\beta$

umgestellt: $\quad \boxed{(x_B^\alpha - x_B)x^\alpha = (x_B - x_B^\beta)x^\beta}$

STUDIENEINHEIT III

Einordnung der Studieneinheit in den Gesamtzusammenhang:

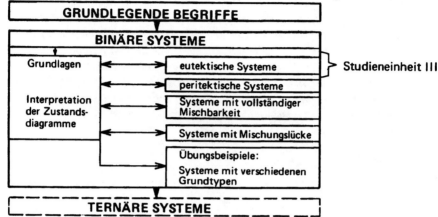

Bei der Erarbeitung einiger wichtiger Grundlagen des Binären Systems in Studieneinheit II (Zustandspunkte in Ein- und Mehrphasenräumen; Hebelgesetz u.a.) lernten Sie mit dem Ag-Sn-Zustandsdiagramm (S. 33) ein System kennen, das recht kompliziert aussah. Das ist bei binären Systemen häufig der Fall. Sie lassen sich aber immer in vier Grundtypen zerlegen und werden dadurch leichter interpretierbar. Diese Studieneinheit behandelt den Grundtyp „Eutektisches System".

Inhaltsübersicht

Wiederholung zur Studieneinheit II	37
2.2 Eutektisches System	39
Sn-Pb-Zustandsdiagramm (39)	
2.2.1 Abkühlung von Legierungen	40
Ohne Phasenreaktion (42); mit Zweiphasenreaktion (42); mit Dreiphasenreaktion (45); Dreiphasenraum (47)	
2.2.2 Abkühlkurven	48
2.2.3 Eutektisches Gefüge	52
Zusammenfassung	53
Ergänzungen	54
Dendriten (54); Kornseigerung (55)	

Wiederholung zur Studieneinheit II

Zur Wiederholung des Stoffes aus der vorigen Studieneinheit sollen die folgenden Aufgaben dienen. Wenn Sie Schwierigkeiten beim Lösen haben, lesen Sie bitte in Studieneinheit II nach.

Die Abbildung zeigt das Silber(Ag)-Kupfer(Cu)-Zustandsdiagramm.

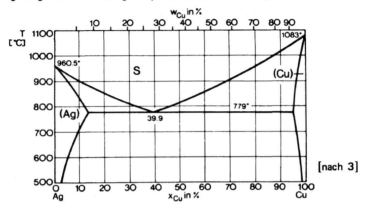

[nach 3]

A 1: *Welche Einphasenräume zeigt das System?* ....

A 2: *Schreiben Sie in die verschiedenen Mehrphasenräume die jeweils stabilen Phasen.*

A 3: *Zeichnen Sie die Zustandspunkte der folgenden Legierungen, die ihrer Phasen und die Konoden ein. Schreiben Sie hinter die Legierungsangaben eine Abschätzung der Phasen-Gehalte, wie z.B. „mehr (Ag) als (Cu)".*

Legierung	x_{Cu} [%]	T [°C]	Abschätzung der Phasengehalte
1	5	700	
2	50	1000	
3	10	600	
4	70	600	
5	20	800	
6	90	900	

L 1: S; (Ag); (Cu).   **L 2 und L 3:** s. Abb.

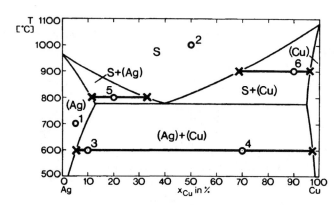

L 3:

Legierung	Abschätzung
1	100 % (Ag)
2	100 % S
3	mehr (Ag) als (Cu)
4	mehr (Cu) als (Ag)
5	mehr (Ag) als S
6	mehr (Cu) als S

Die Zustandspunkte von Legierung und Phasen fallen bei Legierung 1 und 2 zusammen.

Die Phasen der Legierung 3 und 4 besitzen die gleichen Zustandspunkte.

A: Das nebenstehende Bild zeigt das Gefüge einer Ag-Cu-Legierung.
M = 1000 x.
Von welcher Legierung könnte das Gefügebild stammen?

a) w_{Cu} = 3 %, T = 700° C   ja ☐ nein ☐
b) w_{Cu} = 45 %, T = 700° C   ja ☐ nein ☐
c) w_{Cu} = 98 %, T = 700° C   ja ☐ nein ☐

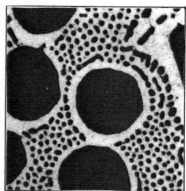

Die Legierungen sind jeweils von 700° C auf Untersuchungstemperatur abgeschreckt, um das Gefüge von 700° „einzufrieren" und untersuchen zu können.

L: b) w_{Cu} = 45 %. Das Bild zeigt deutlich zwei verschiedene Phasen: dunkle größere und kleine runde Gebiete, die in einen hellen Grund eingebettet sind. Die hellen Gebiete gehören zur (Ag)-Phase, die dunklen zur (Pb)-Phase.

2.2 EUTEKTISCHES SYSTEM

Die Systeme Sn-Pb und Ag-Cu, die Sie schon in Beispielen kennengelernt haben, gehören zu dem eutektischen Systemtyp. Anhand dieser Systeme werden Sie die Interpretation von eutektischen Systemen erarbeiten. Wir beginnen mit der Interpretation des Abkühlungsvorganges anhand des Sn-Pb-Zustandsdiagrammes, das zunächst kurz besprochen wird.

Zinn-Blei-Zustandsdiagramm

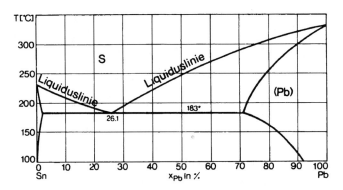

Das Zustandsdiagramm zeigt, daß die beiden Komponenten Sn und Pb in der Schmelzphase bei Temperaturen oberhalb 327° in allen Gehalten von x_{Pb} = 0 % bis 100 % mischbar sind.

Die Phasengrenzen, die den Schmelz-Phasenraum nach unten begrenzen, nennt man **Liquiduslinien**. Von den Schmelzpunkten der reinen Komponenten (Sn: T_{Sm} = 232° C; Pb: T_{Sm} = 327° C) ausgehend, laufen die Liquiduslinien in das Diagramm hinein zu tieferen Temperaturen. Sie treffen sich im Punkt (x_{Pb} = 26,1 %, T = 183°). Die meisten binären Systeme zeigen ein Abfallen der Liquiduslinie vom Rand her zu tieferen Temperaturen. Das bedeutet, daß der Schmelzpunkt der Komponenten mit zunehmendem Gehalt anderer Komponenten abnimmt. Als Grenzfall an den Rändern gilt die sog. **Raoultsche Regel** aus der Thermodynamik:
„Die Gefrierpunktserniedrigung verdünnter Lösungen ist proportional dem Stoffmengengehalt des gelösten Stoffes."

Der lineare Verlauf der Liquiduslinie, den die Regel fordert, ist im Sn-Pb-System an den Rändern des Diagramms recht gut erfüllt. (Der gelöste Stoff ist am einen Rand Sn, am anderen Rand Pb.)

2.2.1 Abkühlung von Legierungen

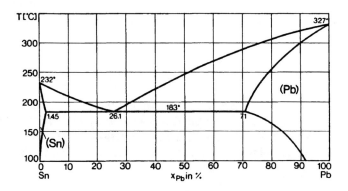

A 1: Schreiben Sie bitte für die folgenden Sn-Pb-Legierungen auf, welche Phasen in welchen Temperaturintervallen stabil sind:

x_{Pb}	Phase(n)	T	Phase(n)	T	Phase(n)	T	Phase(n)	T	Phase(n)
10 %	S								
50 %									
80 %									

A 2: Die Legierung x_{Pb} = 80 % wurde bereits in den Aufgaben der letzten Studieneinheit (S. 31) betrachtet.

   a) Zeichnen Sie die Bahn ein, die der Legierungszustandspunkt bei der Abkühlung von 325° bis 125° durchläuft.

   b) Er erreicht bei 305° die Liquiduslinie. Zeichnen Sie für einen Zustand unmittelbar unter 305° die Phasenzustandspunkte und die Konode ein. Der Gehalt der S-Phase bei der Legierung beträgt ≈ .... %, der Gehalt der (Pb)-Phase beträgt ≈ .... %

   c) Bei 255° erreicht der Legierungszustandspunkt die Phasengrenze der (Pb)-Phase. Zeichnen Sie wieder Phasenzustandspunkte und Konode ein. Wie groß sind jetzt die Gehalte der Phasen? x^S ≈ .... %; $x^{(Pb)}$ ≈ ..... %

   d) Hat sich bei der Abkühlung eine Phase in eine andere umgewandelt? ja ☐, nein ☐; wenn ja, welche? ....-Phase → ....-Phase.

L 1:

x_{Pb}	Phase(n)	T	Phase(n)	T	Phase(n)	T	Phase(n)
10 %	S	215°	S + (Sn)	183°*	(Sn) + (Pb)		(Sn) + (Pb)
50 %	S	245°	S + (Pb)	183°*	(Sn) + (Pb)		
80 %	S	305°	S + (Pb)	255°	(Pb)	160°	(Sn) + (Pb)

* Diese Legierungen durchlaufen bei 183° noch ein Dreiphasengleichgewicht, das Sie später (S. 47) hier ergänzen werden: .... + ... + ...

L 2: a) s. Abb.

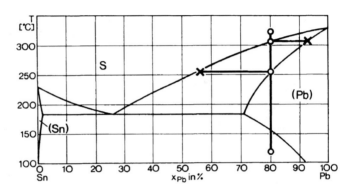

b) S-Phase ≈ 100 %;   Pb-Phase ≈ 0 %
c) x^S
b) S-Phase ≈ 100 %;   Pb-Phase ≈ 0 %
c) $x^S ≈ 0$ %; $x^{(Pb)} ≈ 100$ %
d) ja ☒, und zwar S → (Pb).

An den letzten Aufgaben lassen sich folgende allgemeingültige Gesetzmäßigkeiten für die Abkühlung einer Legierung erkennen:

> Bei der Abkühlung bewegt sich der Zustandspunkt einer Legierung im Zustandsdiagramm senkrecht nach unten.

Mit dem Legierungszustandspunkt bewegen sich auch die Phasenzustandspunkte zu tieferen Temperaturen. Ändern sich während der Abkühlung die Gehalte der Phasen, spricht man von **Phasenreaktionen**.

Ob sich die Phasengehalte ändern, kann man mit Hilfe des Hebelgesetzes an den Konodenhebelarmen erkennen:
Die Phase mit dem längeren Hebelarm tritt in kleinerer Menge in der Legierung auf. Ändert sich bei der Abkühlung das Verhältnis der beiden „Hebelarme", so ändern sich entsprechend die Phasengehalte.

Abkühlung ohne Phasenreaktion:

Sie tritt auf:
— wenn der Legierungszustandspunkt durch einen Einphasenraum läuft,

— wenn der Legierungszustandspunkt durch einen Zweiphasenraum wandert, dessen linke und rechte Phasengrenzen senkrecht verlaufen.

Abkühlung mit einer Zweiphasenreaktion: $\alpha \rightarrow \beta$

Sie tritt auf:
— wenn der Legierungszustandspunkt durch einen Zweiphasenraum wandert, dessen linke und/oder rechte Grenze nicht senkrecht verläuft. Dann ändert sich das Verhältnis der „Hebelarme" der Konode. Die Reaktion läuft in einem Temperaturintervall ab.

Abkühlung mit einer Dreiphasenreaktion:

z.B. eutektische Reaktion: $S \rightarrow \alpha + \beta$, wird später in dieser Studieneinheit besprochen.

Im folgenden werden die Abkühlungen zweier charakteristischer Sn-Pb-Legierungen (x_{Pb} = 80 % und 50 %) besprochen, um die dabei ablaufenden Phasenreaktionen näher kennenzulernen.

Abkühlung einer Legierung mit x_{Pb} = 80 %

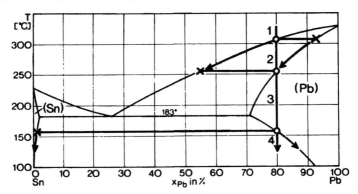

In das Zustandsdiagramm sind die Bahnen eingezeichnet, die der Legierungszustandspunkt und die auftretenden Phasenzustandspunkte bei der Abkühlung durchlaufen. Ebenso sind die wichtigsten Konoden eingetragen.

1. Temperaturbereich: S

Solange der Zustandspunkt durch den S-Phasenraum wandert, ist die Legierung einphasig flüssig. Dieser Bereich endet, sobald die Liquiduslinie bei 305° erreicht wird.

2. Temperaturbereich: S → (Pb)

Sobald der Legierungs-Zustandspunkt unter die Liquiduslinie wandert, verliert die Schmelze ihre Stabilität: Es kristallisiert die feste (Pb)-Phase aus.

Mit fortlaufender Abkühlung nimmt der (Pb)-Gehalt in der Legierung ständig zu. Während der Abkühlung von 305° bis 255° verändern sich stetig die beiden Konodenabschnitte. Zu Beginn ist der Hebelarm $x_{Pb}^{S} - x_{Pb}$ gleich Null, d.h., zu Beginn ist der S-Gehalt 100 %. Am Ende ist der andere Hebelarm $x_{Pb}^{(Pb)} - x_{Pb}$ gleich Null; das heißt, am Ende ist der (Pb)-Gehalt 100 %. Die gesamte Schmelze ist verbraucht, und die Phasenreaktion S → (Pb) ist abgeschlossen.

A 1: *Erwarten Sie im 3. Temperaturbereich eine Phasenreaktion?*
    ja ☐; nein ☐; wenn ja, welche? ....

A 2: *Erwarten Sie im 4. Temperaturbereich eine Phasenreaktion?*
    ja ☐; nein ☐; wenn ja, welche? ....

L 1: nein ☒;   L 2: ja ☒; (Pb) → (Sn) (vgl. Text unten)

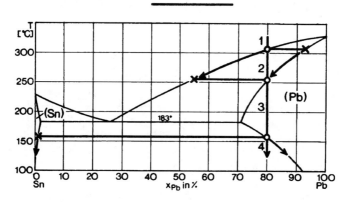

3. Temperaturbereich: (Pb)

Solange der Legierungszustandspunkt durch den (Pb)-Phasenraum wandert, ist die Legierung einphasig.
Dieser Bereich endet, sobald die untere Phasengrenze bei 160° erreicht ist.

4. Temperaturbereich: (Pb) → (Sn)

Sobald der Legierungszustandspunkt unter die Phasengrenze wandert, verliert die (Pb)-Phase ihre Stabilität: Aus der Phase scheidet sich die (Sn)-Phase aus. Während der Abkühlung wächst der Konodenabschnitt $x_{Pb}^{(Pb)} - x_{Pb}$ viel stärker an als der andere Abschnitt $x_{Pb} - x_{Pb}^{(Sn)}$. Das bedeutet, daß während der Abkühlung der (Pb)-Gehalt abnimmt und der (Sn)-Gehalt zunimmt. Es läuft die Phasenreaktion (Pb) → (Sn) ab, dabei wird ein Teil der (Pb)-Phase in (Sn)-Phase umgewandelt.

Auf der nächsten Seite wird die Abkühlung einer Legierung mit $x_{Pb} = 50\%$ behandelt. Versuchen Sie, diese Aufgaben als Vorgriff auf den folgenden Stoff zu lösen. Wenn Ihnen die Aufgaben zu schwer sind oder Sie keine Zeit haben, blättern Sie gleich um.

A 1:   Zeichnen Sie oben die Bahn des Legierungszustandspunktes ein.

A 2:   Zeichnen Sie die Bahnen ein, die die Phasenzustandspunkte durchlaufen, während die Legierung die Phasengleichgewichte S + (Pb) und (Sn) + (Pb) durchläuft.

A 3:   Bei 183° läuft der Schmelz-Zustandspunkt in die unterste Spitze des S-Phasenraumes. Beim Erreichen dieses Punktes besteht die Legierung noch zu 47 % aus Schmelze (Hebelgesetz). Da unter 183° keine Schmelze mehr vorhanden ist, muß die Restschmelze in diesem Punkt zerfallen. Welche Phasenreaktion könnte hierbei auftreten?   S → ....

L 1 und L 2:   *siehe Abbildung;*   *L 3:   S → (Sn) + (Pb)*

Abkühlung einer Legierung mit x_{Pb} = 50 %

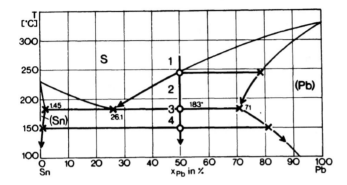

1. Temperaturbereich: S

Die Legierung ist einphasig flüssig, bis der Legierungszustandspunkt bei 245° die Liquiduslinie erreicht.

2. Temperaturbereich: S → (Pb)

Sobald der Legierungszustandspunkt unter die Liquiduslinie läuft, wird die Schmelze instabil und die Phasenreaktion S → (Pb) beginnt. Mit fortschreitender Abkühlung wandern die S- und (Pb)-Phasenzustandspunkte auf ihren Phasengrenzen zu tieferen Temperaturen, wobei sich ständig (Pb)-Phase aus der Schmelze ausscheidet.

Dieser Temperaturbereich endet, wenn der S-Zustandspunkt bei 183° den untersten Punkt des Schmelzphasenraumes (x_{Pb}^S = 26,1 % = Bleigehalt der Schmelzphase; T = 183°) erreicht hat. Noch besteht die Legierung zu 47 % aus Schmelzphase.

3. Temperaturbereich: S → (Sn) + (Pb)

Die noch in der Probe vorhandene Schmelze kann nicht weiter abgekühlt werden, sondern muß vollständig zerfallen; und zwar in die (Sn)- und (Pb)-Phase: S → (Sn) + (Pb). Diese Phasenreaktion endet erst mit dem vollständigen Zerfall der S-Phase. Die Reaktion S → (Sn) + (Pb) nennt man eine **eutektische Reaktion**. (Die Bezeichnung „eutektisch" wird später erklärt.)

> Eine eutektische Reaktion ist eine Dreiphasenreaktion, bei der bei Abkühlung eine Phase in zwei andere Phasen zerfällt: $\alpha \to \beta + \gamma$.

> Ein **eutektischer Punkt** ist der Phasenzustandspunkt der bei Abkühlung zerfallenden Phase.
> Jede untere Spitze eines Einphasenraumes, die nicht einen anderen Einphasenraum berührt, ist ein eutektischer Punkt.

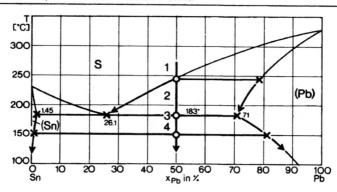

4. Temperaturbereich: (Pb) → (Sn)

Nachdem die eutektische Reaktion S → (Sn) + (Pb) abgeschlossen ist, sind nur noch (Sn) und (Pb) vorhanden.
Dieser Temperaturbereich entspricht dem Bereich 4 der oben besprochenen Legierung (x_{Pb} = 80 %). Da die Löslichkeit beider Phasen mit abnehmender Temperatur kleiner wird, ändern sich die „Hebelarme" der Konoden, es findet eine Phasenumwandlung statt. Ein Teil der (Pb)-Phase wandelt sich in (Sn)-Phase um: (Pb) → (Sn).

A 1: Welche stabilen Phasen besitzt die 50 %-Legierung bei 183°? ....
....
Welche Phasenreaktion läuft bei 183° ab? .... → ....

A 2: Welche stabilen Phasen besitzen die folgenden Legierungen bei 183°?
a) x_{Pb} = 80 %: .... b) x_{Pb} = 60 %: ....
c) x_{Pb} = 10 %: .... d) x_{Pb} = 0,5 %: ....

A 3: Welche Legierungen zeigen bei 183° eine eutektische Reaktion?
Alle Legierungen zwischen x_{Pb} = ... % und x_{Pb} = ... %.

L 1: (Sn) + S + (Pb); S → (Sn) + (Pb)

L 2: a) x_{Pb} = 80 %: (Pb); b) x_{Pb} = 60 %: (Sn) + S + (Pb)
c) x_{Pb} = 10 %: (Sn) + S + (Pb); d) x_{Pb} = 0,5 %: (Sn)

L 3: von x_{Pb} = 1,45 % bis x_{Pb} = 71 % (bei 183°)

Dreiphasenraum

Jede Sn-Pb-Legierung zwischen x_{Pb} = 1,45 % und x_{Pb} = 71 % besitzt bei 183° drei stabile Phasen: (Sn), S und (Pb) (s. Aufgabe 3). Das Zustandsdiagramm enthält also nicht nur die bisher bekannten Ein- und Zweiphasenräume, es muß zusätzlich noch einen Dreiphasenraum besitzen, den die Legierungen von x_{Pb} = 1,45 % bis x_{Pb} = 71 % bei 183° durchlaufen. Hiermit ist dieser Dreiphasenraum auch schon vollständig beschrieben:
Er ist zu einer Linie von x_{Pb} = 1,45 % bis x_{Pb} = 71 % bei 183° entartet.

A 1: Schreiben Sie in das Sn-Pb-Zustandsdiagramm auf der Vorseite die stabilen Phasen an den Dreiphasenraum.

A 2: Ergänzen Sie die Lösung 1 auf Seite 41 um die noch fehlenden Dreiphasengleichgewichte.

A 3: Auf Seite 37 ist das Ag-Cu-Zustandsdiagramm abgebildet. Beantworten Sie für das Ag-Cu-System folgende Fragen:

a) Welche Gleichgewichtszustände durchlaufen die folgenden Legierungen? Schreiben Sie, wenn Sie können, die jeweiligen Phasenreaktionen auf. (Zur Schreibweise: Gleichgewicht: (Ag) + (Cu); Phasenreaktion (Ag) → (Cu)). Vergessen Sie die eutektischen Reaktionen nicht!

Legierung	Phase(n)	T	Phase(n)	T	Phase(n)	T	Phase(n)
x_{Cu} = 80 %							
x_{Cu} = 39,9 %							
x_{Cu} = 20 %							
x_{Cu} = 10 %							

b) Welche Legierungen zeigen bei 779° eine eutektische Reaktion?
Alle Legierungen zwischen x_{Cu} = ... % und x_{Cu} = ... % bei T = ...° C.

c) Markieren Sie den Dreiphasenraum des Systems und schreiben Sie die stabilen Phasen daran.

L 1: (ohne Lösung);   *L 2:* $S + (Sn) + (Pb)$ bei $183°$;

L 3a:

Legierung	Phase	T	Phasen	T	Phasen	T	Phasen
$x_{Cu} = 80$ %	S	$960°$	$S \to (Cu)$	$779°$	$S \to (Ag) + (Cu)$	$779°$	$(Ag) \to (Cu)$
$x_{Cu} = 39,9$ %	S			$779°$	$S \to (Ag) + (Cu)$	$779°$	$(Ag) \to (Cu)$
$x_{Cu} = 20$ %	S	$850°$	$S \to (Ag)$	$779°$	$S \to (Ag) + (Cu)$	$779°$	$(Ag) \to (Cu)$
$x_{Cu} = 10$ %	S	$900°$	$S \to (Ag)$	$840°$	(Ag)	$710°$	$(Ag) \to (Cu)$

L 3 b: von $x_{Cu} = 14$ % bis $x_{Cu} = 95$ % bei $779°$.

Wir halten fest:
Die **Dreiphasenreaktion** tritt auf, wenn der Legierungszustandspunkt durch einen Dreiphasenraum wandert.

1. Eutektische Reaktion: $\alpha \to \beta + \gamma$

Eine **eutektische Reaktion** * ist eine Dreiphasenreaktion, bei der (bei Abkühlung) eine Phase in zwei andere Phasen zerfällt.
Den bei der Abkühlung zerfallenden Phasenzustandspunkt nennt man den **eutektischen Punkt**.

2. Peritektische Reaktion: $\beta + \gamma \to \alpha$

Sie wird in der Studieneinheit IV behandelt.

2.2.2 Abkühlkurven

In Studieneinheit II wurde die Abkühlkurve am Beispiel von Einstoff-Systemen eingeführt: Eine Probe wird von hohen Temperaturen aus abgekühlt. Hierbei nimmt man die Abkühlkurve auf, die den Temperatur-Zeitverlauf der Abkühlung widergibt. An der Abkühlkurve ist abzulesen, ob irgendwelche Phasenreaktionen während der Abkühlung aufgetreten sind. Man unterscheidet Kurvenstücke **mit** und **ohne thermischem Effekt**, je nachdem, ob eine Phasenreaktion stattfindet oder nicht.

---

* Manche Autoren unterscheiden zwischen einer eutektischen und einer eutektoiden Reaktion:
  bei der eutektischen Reaktion zerfällt die S-Phase,
  bei der eutektoiden Reaktion zerfällt eine feste Phase.

Bei jeder Phasenreaktion wird eine gewisse Reaktions-Wärmemenge frei, die zusätzlich abtransportiert werden muß. Dadurch wird, abhängig von der Wärmemenge, die Abkühlung mehr oder weniger verzögert. Hierbei treten zwei Fälle auf:

1. Die Phasenumwandlung erfolgt bei einer **Temperatur**.

    Die Abkühlung wird bei dieser Temperatur so lange verzögert, bis die gesamte Reaktionswärme abgeführt ist. Die Abkühlkurve zeigt einen waagerechten Kurvenverlauf, einen sogenannten **Haltepunkt**. Haltepunkte treten bei jeder Phasenumwandlung in Einstoff-Systemen und bei Dreiphasen-Reaktionen in Zweistoff-Systemen auf. (Später werden noch weitere Reaktionen hinzukommen.)

2. Die Phasenumwandlung erfolgt in einem **Temperaturintervall**:

    Während des gesamten Intervalls erfolgt die Phasenumwandlung und verzögert die Abkühlung. Die Abkühlkurve wird flacher verlaufen als sie ohne thermischen Effekt verlaufen würde. Man sagt, die Abkühlkurve zeigt eine **verzögerte Abkühlung**.

Zur Auswertung einer Abkühlkurve fertigt man, wie Sie wissen, zunächst eine sogenannte **schematische Abkühlkurve** an (vgl. S. 21):
Man zieht von der gemessenen Abkühlkurve eine gedachte Abkühlkurve ab, die sich ohne Phasenumwandlungen ergeben würde. Genauer, man zieht die t-Werte voneinander ab.

Die schematische Abkühlkurve zeigt drei unterschiedliche Kurvenabschnitte:

— senkrechter Verlauf: ohne thermischen Effekt
— waagerechter Verlauf: Haltepunkt
— schräger Verlauf: verzögerte Abkühlung

Die Abbildung zeigt links den Schrieb eines Temperaturschreibers mit der Abkühlkurve einer Legierungsprobe.

A: *Konstruieren Sie im rechts abgebildeten Diagramm die schematische Abkühlkurve.*

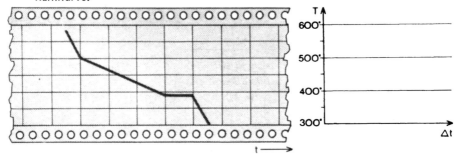

L:

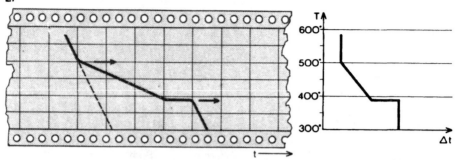

A: Konstruieren Sie die schematische Abkühlkurve der Legierung mit x_{Pb} = 50 %, deren Abkühlung auf den Seiten 45 ff. besprochen wurde (auf die richtige Länge des Haltepunktes und die Steigung der Äste mit verzögerter Abkühlung soll hier kein Wert gelegt werden).

Schreiben Sie an die verschiedenen Äste der Kurve die jeweils auftretenden Phasenreaktionen bzw. stabilen Phasen.

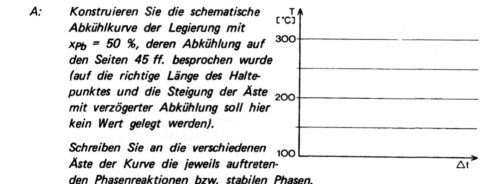

L: s. Abb. unten

A: Konstruieren und beschriften Sie, wie in der letzten Aufgabe, die schematischen Abkühlkurven folgender Legierungen:
$x_{Pb} = 10\ \%$, $x_{Pb} = 26{,}1\ \%$, $x_{Pb} = 80\ \%$.

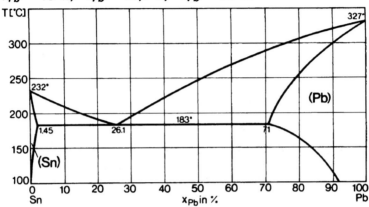

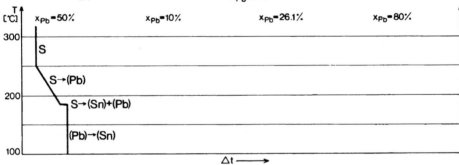

L: s. S. 53

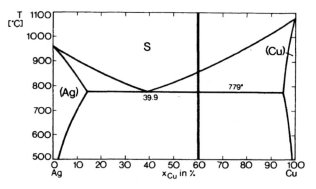

2.2.3 Eutektisches Gefüge

Die untenstehenden Bilder sollen die Entstehung des Gefügebildes mit einer Ag-Cu-Legierung mit x_{Cu} = 60 % verdeutlichen. Die Legierung wird von hohen Temperaturen aus abgekühlt. Bei 850° beginnt die feste (Cu)-Phase aus der Schmelze

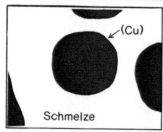

auszukristallisieren: S → (Cu). Bei 830° ist der (Cu)-Gehalt in der Legierung noch recht gering ($x^{Cu} \approx$ 12 %). Das Gefüge mag etwa so wie im nebenstehenden Bild aussehen.

Die zuerst ausgeschiedenen Kristalle nennt man Primärkristalle. Bei 780°, dicht oberhalb der eutektischen Temperatur, ist der (Cu)-Gehalt auf $\approx$ 65 % gewachsen (mittleres Bild).

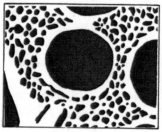

Bei 779° zerfällt während der eutektischen Reaktion S → (Ag) + (Cu) die Restschmelze in eine feinkörnige Mischung von (Ag)- und (Cu)-Kristallen. Diese Mischung nennt man **eutektisches Gefüge** (Eutektikum = das Wohlgebaute oder auch das Gutschmelzende).

Die untere Abbildung zeigt das Gefüge bei tiefen Temperaturen. Die großen dunklen (Cu)-Primärkristalle sind während der Reaktion S → (Cu) im Temperaturbereich zwischen 840° und 779° entstanden. Die eutektische Mischung aus kleinen dunklen Körnern [(Cu)-Phase] und hellen Bereichen [(Ag)-Phase] ist bei der eutektischen Reaktion S → (Ag) + (Cu) bei 779° entstanden.

Gefüge einer Ag-Cu-Legierung mit x_{Cu} = 60 %; M: 1200 x.

L:

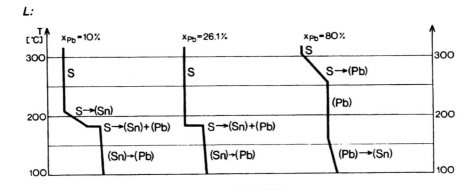

Zusammenfassung

Stellen Sie die wichtigsten Erkenntnisse dieser Studieneinheit kurz zusammen, indem Sie die folgenden Fragen beantworten:

1. Was ist eine eutektische Reaktion? ....
....

2. Was ist ein eutektischer Punkt? ....
....

3. Wie sieht der Dreiphasenraum des Ag-Cu-Systems (s. S. 52) aus? ....
....

4. Wann zeigt eine Abkühlkurve einen thermischen Effekt? ....
....

5. Wann einen Haltepunkt? ....
....

6. Wann eine verzögerte Abkühlung? ....
....

7. Was ist ein eutektisches Gefüge? ....
....

Zur Antwortenkontrolle lesen Sie bitte auf den entsprechenden Seiten nach:
L 1 + 2: S. 45; L 3: S. 47; L 4 bis 6: S. 48 ff.; L 7: S. 52.

Ergänzungen

Dendriten

Im Normalfall wird die flüssige Legierung in einer Kokille abgekühlt, in der die Wärme hauptsächlich durch die Kokillenwände abgeführt wird. Deshalb sind die Kokillenwände die kältesten Bereiche, so daß dort die Erstarrung einsetzt. In dem Beispiel der Ag-Cu-Legierung mit x_{Cu} = 60 % kristallisieren nach Erreichen der Liquiduslinie bei 850° (s. S. 52) (Cu)-Kristalle aus. Da diese Kristalle Cu-reicher sind als die Schmelze, müssen zum Wachstum der Kristalle Cu-Atome aus der Schmelze zu den Kristalloberflächen wandern und sich dort anlagern. Dadurch verarmt die Schmelze in einer Schicht um die Kristalle an Cu und die Diffusionswege für die Cu-Atome werden länger.

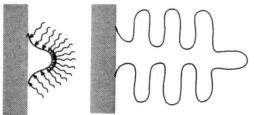

Die Skizze soll verdeutlichen, daß mehr Cu-Atome an vorspringenden Kristallspitzen ankommen können, als an den übrigen Flächen. Hierdurch wachsen die Spitzen schneller in die Schmelze hinein. Das hat zur Folge, daß sich das Kristall immer mehr verästelt. Man nennt diese Kristallform **Dendriten** (= Tannenbaum-Kristalle).

Der Raum zwischen den Dendriten-Ästen ist mit Restschmelze gefüllt, die bei weiterer Abkühlung immer mehr zu Gunsten der Dendriten abnimmt. Wenn die eutektische Temperatur erreicht wird, hört das Dendritenwachstum auf und die noch vorhandene Schmelze zerfällt in ein feinkörniges Mischgefüge, das eutektische Gefüge.

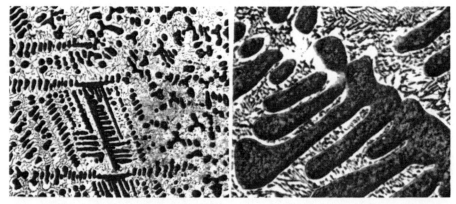

Ag-Cu-Legierung mit x_{Cu} = 60 %; links M = 80 x, rechts M = 400 x. Beide Gefügebilder zeigen Dendriten bzw. Dendritenäste. Zwischen den Dendritenästen befindet sich das eutektische Gefüge.

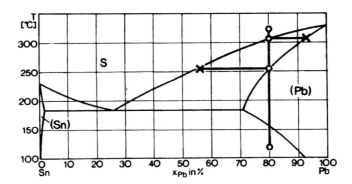

Kornseigerung

Die Abbildung zeigt den Abkühlvorgang einer Sn-Pb-Legierung mit x_{Pb} = 80 % im Zustandsdiagramm. Von 305° bis 255° läuft der Zustandspunkt der festen (Pb)-Phase auf seiner Phasengrenze nach links herunter. Die Phase wird also ständig zinnreicher und bleiärmer. Für ein aus der Schmelze kristallisiertes (Pb)-Korn bedeutet dies, daß es ständig seinen Komponentengehalt ändern muß: Aus der Schmelze müssen Zinnatome in das Teilchen hinein diffundieren (= hineinwandern) und Bleiatome müssen aus dem Teilchen heraus in die Schmelze diffundieren. Diese Atomdiffusion braucht Zeit, je länger der Diffusionsweg, desto mehr Zeit. So stellt sich der Gleichgewichtszustand in der Mitte des Teilchens langsamer ein als am Rande des Teilchens. Wird die Legierung zu rasch abgekühlt, so kann sich der Gleichgewichtszustand in den (Pb)-Teilchen nicht mehr einstellen: Die (Pb)-Körner sind in der Mitte bleireicher als an ihren Oberflächen.

Diese Erscheinung, daß in einem Korn eine Gehaltsänderung von Kornmitte zum Rand hin auftritt, nennt man Kornseigerung. Sie ist Folge einer schnellen Abkühlung. Es sei hervorgehoben, daß die Kornseigerung nur im Ungleichgewichtszustand auftreten kann.

Auswirkung der Kornseigerung auf das Gefüge:
Bei 255° sollte der Pb-Gehalt der (Pb)-Phase 80 % betragen und damit, laut Hebelgesetz, die Schmelze restlos umgewandelt sein. Durch die Kornseigerung ist aber bei 255° der mittlere Pb-Gehalt der (Pb)-Körner größer als 80 %. Nach dem Hebelgesetz kann noch nicht alle Schmelze verbraucht sein. Der Phasenzustandspunkt dieser Restschmelze läuft bei weiterer Abkühlung noch ein Stück auf der Liquiduslinie herunter. Er kann sogar bis in den eutektischen Punkt laufen, wo die Restschmelze eutektisch zerfällt. Das Gefüge zeigt dann zwischen den (Pb)-Körnern mit Kornseigerung noch eutektisches Gefüge, was nach dem Gleichgewichtszustandsdiagramm nicht zu erwarten wäre.
Man kann die Kornseigerung der Probe dadurch beseitigen, daß man sie dicht unterhalb 255° so lange auslagert, bis sich die Gehaltsunterschiede ausgeglichen haben.

STUDIENEINHEIT IV

Einordnung der Studieneinheit in den Gesamtzusammenhang:

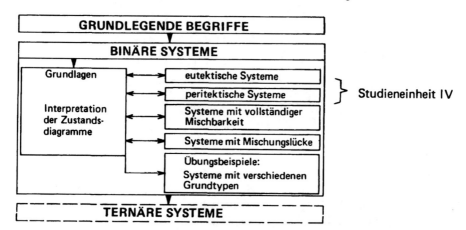

Zu Beginn der vorigen Studieneinheit wurde hervorgehoben, daß sich auch die kompliziertesten binären Zustandsdiagramme in vier Grundtypen zerlegen und dadurch interpretieren lassen. Als erster Grundtyp wurde das eutektische System behandelt.

Den Kern dieses Typs bildete die eutektische Dreiphasenreaktion ($\alpha \rightarrow \beta + \gamma$, bei Abkühlung). In dieser Studieneinheit folgt nach einer Wiederholung der nächste Grundtyp, das peritektische System, bei dem eine peritektische Dreiphasenreaktion ($\beta + \gamma \rightarrow \alpha$, bei Abkühlung) auftritt. Die beiden letzten Grundtypen bilden den Inhalt der Studieneinheit V.

Inhaltsübersicht

Wiederholungsaufgaben		57
2.3	Thermische Analyse	60
2.4	System mit zwei eutektischen Punkten	63
2.4.1	Einphasenräume	63
2.4.2	Magnesium-Kalzium-System	64
2.5	Peritektisches System	69
2.5.1	Gold-Wismut-System	69
2.5.2	Abkühlung charakteristischer Legierungen	71
	Dreiphasenraum (75)	
Ergänzungen		76
Silber-Strontium-System (76); Gold-Blei-System (78)		

Wiederholungsaufgaben

Zwei Legierungen mit x_{Pb} = 60 % und x_{Pb} = 80 % werden von hohen Temperaturen aus abgekühlt.

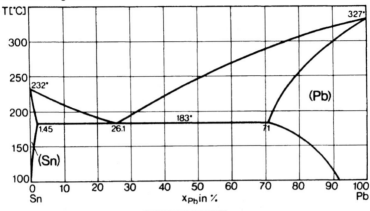

A 1: Zeichnen Sie die Wege der Zustandspunkte der Legierungen und der auftretenden Phasen ein.

A 2: Konstruieren Sie die schematischen Abkühlkurven. Beschriften Sie die Kurvenstücke (stabile Phasen bzw. Phasenreaktionen).

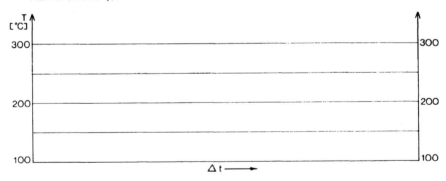

A 3: Die Gefüge von vier Sn-Pb-Legierungen werden untersucht:
Legierung 1: x_{Pb} = 26,1 %; 2: x_{Pb} = 40 %; 3: x_{Pb} = 65 %; 4: x_{Pb} = 80 %.

a) Die Legierung ...... zeigt kein eutektisches Gefüge.
b) Die Legierung ...... zeigt wenig eutektisches Gefüge.
c) Die Legierung ...... zeigt viel eutektisches Gefüge.
d) Die Legierung ...... zeigt nur eutektisches Gefüge.

L 1 und L 2: s. Abb.

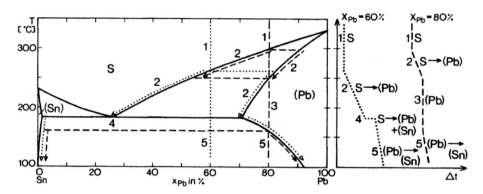

Beide Legierungen kühlen im Bereich 1 bis zum Erreichen der Liquiduslinie ohne thermischen Effekt ab.

Im Bereich 2 scheidet sich die feste (Pb)-Phase aus. Der Zustandspunkt der Schmelze läuft mit verzögerter Abkühlung auf der Liquiduslinie, der der festen Phase auf seiner Phasengrenze nach unten.

Die Schmelze der 80 %-Legierung ist bereits bei Beginn des Bereiches 3 vollständig verbraucht, die Legierung ist einphasig fest geworden und kühlt im Bereich 3 ohne thermischen Effekt ab.

Die Schmelze der 60 % Legierung erreicht im Bereich 2 den eutektischen Punkt und zerfällt in Punkt 4 eutektisch in die (Sn)- und (Pb)-Phasen, wobei ein Haltepunkt auftritt.

Im Bereich 5 sind beide Legierungen zweiphasig [(Sn)- und (Pb)-Phase]. Bei Ab-Abkühlung wächst die (Sn)-Phase auf Kosten der (Pb)-Phase, wodurch in diesem Bereich die Abkühlung verzögert wird.

L 3 a) Legierung 4; b: 3; c: 2; d: 1.

A: Auf der nächsten Seite sind drei Gefügebilder von Cd-Zn-Legierungen mit den Gehalten $x_{Zn} = 90\ \%$, $x_{Zn} = 70\ \%$ und $x_{Zn} = 20\ \%$ abgebildet.

Setzen Sie die Gehaltsangaben in die Texte neben den Bildern ein.

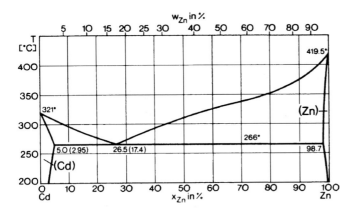

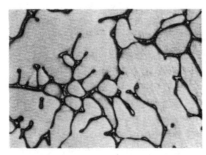

Legierung mit x_{Zn} = ... %

Zwischen den (Zn)-Primärkristallen befinden sich geringe Mengen mit eutektischem Gefüge.

M : 300 x

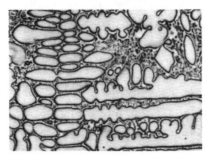

Legierung mit x_{Zn} = ... %

Die (Zn)-Primärkristalle sind dendritisch gewachsen (s. S. 54). Der Anteil an eutektischem Gefüge ist erheblich größer als auf dem oberen Bild.

M : 300 x

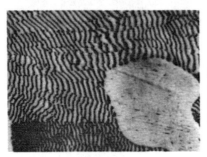

Legierung mit x_{Zn} = ... %

Hier hat das eutektische Gefüge den größten Anteil. Das gerippte Muster ist durch langsames Abkühlen entstanden. Im eutektischen Gefügeanteil sind (Cd)-Primärkristalle eingelagert.

M : 1200 x

L: Bild oben: $x_{Zn} = 90$ %; Mitte: $x_{Zn} = 70$ %; unten: $x_{Zn} = 20$ %.

2.3 THERMISCHE ANALYSE

Im vorigen Heft wurde besprochen, wie aus dem Zustandsdiagramm eine Abkühlkurve abgeleitet werden kann. Bei Legierungen aus einem unbekannten System wird umgekehrt aus den experimentell ermittelten Abkühlkurven das Zustandsdiagramm entwickelt. Das soll am Cd-Zn-Beispiel gezeigt werden:

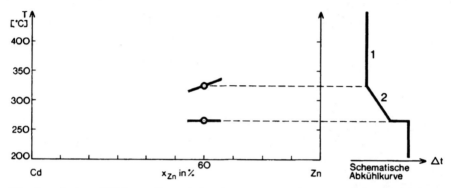

Die thermischen Effekte während der Abkühlung erzeugen Knickstellen auf der Abkühlkurve. Die höchste Knickstelle (hier zwischen Bereich 1 und 2) gibt die Temperatur der Liquiduslinie an. Eine Knickstelle mit anschließendem Haltepunkt zeigt an, daß eine Phasenreaktion bei diesem Temperaturpunkt auftritt (z.B. eine eutektische Reaktion). In entsprechender Weise liefern auch andere Legierungen charakteristische Punkte, mit deren Hilfe man das Zustandsdiagramm entwickeln kann.

A: Im oberen Teil der Abbildung auf der folgenden Seite sind eine Reihe schematischer Abkühlkurven dargestellt. Versuchen Sie, aus diesen Kurven das Zustandsdiagramm im unteren Bildteil der folgenden Seite zu entwickeln.

→ Wenn Sie Schwierigkeiten mit dieser Aufgabe haben, benutzen Sie die Hilfestellung auf der folgenden Seite.

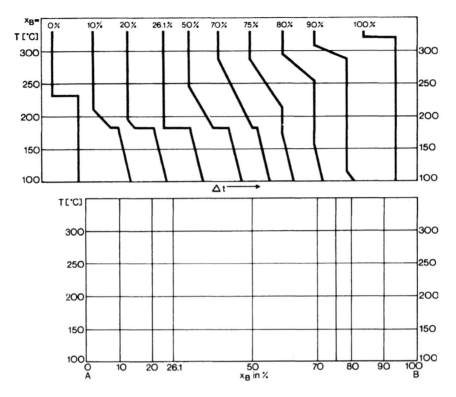

Hilfestellung:

Die oberen senkrechten Kurvenstücke zeigen die Abkühlung im Bereich des Schmelzphasenraumes. Das untere Ende dieser Stücke gibt die Lage der Liquiduslinien an.
A: Skizzieren Sie die Liquiduslinien.

Daran schließen sich Kurvenstücke mit verzögerter Abkühlung oder mit Haltepunkten an. Bei verzögerter Abkühlung folgt ein Bereich mit der Phasenumwandlung S → feste Phase. Die Haltepunkte bei $x_B = 0$ und 100 % geben die Schmelzpunkte der reinen Komponenten an. Die anderen Haltepunkte geben die Lage des Dreiphasenraumes an.
A: Skizzieren Sie den (entarteten!) Dreiphasenraum.

Bei $x_B = 26,1$ % stoßen die Liquiduslinien im eutektischen Punkt auf den Dreiphasenraum.
A: Markieren Sie den eutektischen Punkt und korrigieren Sie gegebenenfalls die Liquiduslinien.

Die Legierungen mit $x_B = 75$ % bis 90 % zeigen im Anschluß an die verzögerte Abkühlung wieder senkrechte Kurvenstücke. Sie gehören zur Abkühlung im Bereich des (B)-Phasenraumes.
A: Skizzieren Sie den (B)-Phasenraum.

Auf der A-reichen Seite ist kein senkrechtes Kurvenstück zu erkennen. Über den (A)-Phasenraum läßt sich also nichts aussagen; jedenfalls reicht er nicht bis zum Punkt $x_B = 10$ %. Alle Kurven zwischen 10 und 90 % zeigen als letzten Kurvenabschnitt verzögerte Abkühlungen. Das liegt daran, daß der (B)-Phasenraum mit abnehmender Temperatur schmaler wird. Es erfolgt dabei eine teilweise Phasenumwandlung (B) → (A).

L: s. Abb.

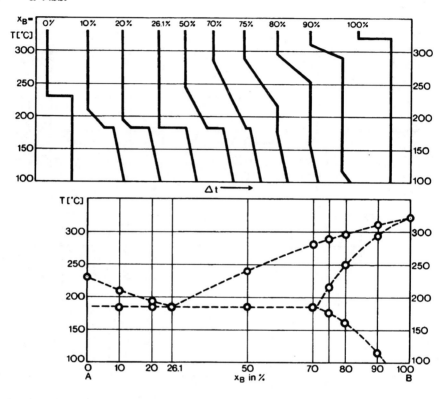

An dieser Aufgabe sollte gezeigt werden, wie aus einer Reihe von Abkühlkurven ein Zustandsdiagramm entwickelt werden kann.

A: In den Gelben Blättern finden Sie auf Seite XVII die Inhalts-Struktur dieses Programmes. Bitte verdeutlichen Sie sich den Einbau des soeben behandelten Lern-Blocks „thermische Analyse" in dieser Struktur.

2.4 SYSTEM MIT ZWEI EUTEKTISCHEN PUNKTEN

2.4.1 Einphasenräume

In den bisher behandelten binären Systemen traten nur die Schmelzphase und die beiden festen Randphasen auf. Eine **Randphase** wird von einer Komponente mit gewisser Löslichkeit für die andere Komponente gebildet. Bei vielen Systemen treten zusätzlich noch weitere feste Phasen auf, die sogenannten **intermetallischen Phasen**. **Jede Phase besitzt im Zustandsdiagramm einen Einphasenraum**. Die Phasenräume der Randphasen liegen, wie der Name sagt, an den Rändern des Diagramms. Die Phasenräume der intermetallischen Phasen liegen mitten im System. *

An dieser Stelle sei noch erwähnt, daß sich nach dem Gesetz der wechselnden Phasenzahl (wird später behandelt) zwei Einphasenräume höchstens in Punkten berühren dürfen.

Weil in einer Phase die Gehalte der Komponenten in gewissen Grenzen geändert werden können, ohne daß die Phase ihre Stabilität verliert, spricht man von **Mischbarkeit** der Komponenten in den Phasen. **
Je stärker die Mischbarkeit ist, desto breiter ist der zugehörige Einphasenraum im Zustandsdiagramm. Ist die Mischbarkeit sehr klein, entartet der Einphasenraum zu einem senkrechten Strich.

---

* In intermetallischen Phasen ordnen sich die Atome in Gittertypen an, die von denen der Randphasen oft wesentlich verschieden sind. Die Stabilität einer intermetallischen Phase hängt von verschiedenen Forderungen an den Gittertyp ab, wie z.B. der Forderung nach höchster Dichte.

** Legiert man zu einer festen Phase noch Atome einer Komponente, so können diese entweder in den Lücken zwischen den Wirtsatomen eingelagert werden (Einlagerungsmischkristall), oder sie können Wirtsatome auf deren Gitterplätzen ersetzen (Substitutionsmischkristall).

Beispiel:
Silber und Zinn (s. S. 33) bilden eine β- und eine γ-Phase. Beide Phasen besitzen flächenhafte Phasenräume. Die Komponenten können in beiden Phasen innerhalb bestimmter Grenzen (den Phasengrenzen) Mischkristalle bilden.

2.4.2 Magnesium-Kalzium-System

Magnesium (Mg) und Kalzium (Ca) bilden die intermetallische Verbindung Mg_2Ca. Sie ist bis 714° stabil, darüber wird sie flüssig und zersetzt sich. Mg und Ca verbinden sich nur im Verhältnis 2 : 1 (Mg_2Ca). Ein Überschuß von Mg oder Ca würde sich als reines Mg oder Ca ausscheiden. Der (Mg_2Ca)-Phasenraum ist daher zu einem Strich entartet. Es ergibt sich ein Zustandsdiagramm der folgenden Gestalt:

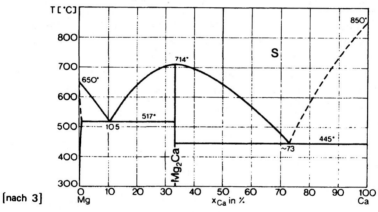

[nach 3]

Durch die zu einem Strich entartete Mg_2Ca-Phase wird das Zustandsdiagramm in zwei Teile geteilt. Auf der linken Seite mit weniger als x_{Ca} = 33,3 % wird zwischen Mg und Mg_2Ca ein eutektisches Teilsystem gebildet. Ebenso wird auf der rechten Seite bei Ca-Gehalten über x_{Ca} = 33,3 % zwischen Mg_2Ca und Ca ein eutektisches Teilsystem gebildet.

Die Behandlung der Zweistoff- (und später der Dreistoff-)Systeme erfolgt immer nach den gleichen Prinzipien. Es ist nicht Ziel dieses Programmes, Ihnen möglichst viele verschiedene Zustandsdiagramme zu zeigen, sondern Sie sollen das Anwenden dieser Prinzipien lernen, damit Sie später in der Lage sind, jedes Ihnen unbekannte Diagramm lesen zu können. Versuchen Sie deshalb, an diesem Zustandsdiagramm diese Fähigkeit zu üben. Beantworten Sie die Aufgaben dieser und der nächsten Seite, soweit Sie können.

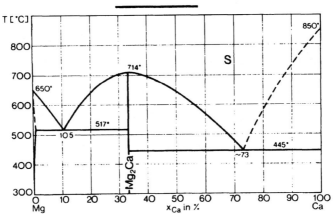

A 1: Was könnten die gestrichelten Linien im Zustandsdiagramm bedeuten?
....
....

A 2: Schreiben Sie in bzw. an alle Ein- und Mehrphasenräume des Zustandsdiagrammes oben die im Gleichgewicht stehende(n) Phase(n).

L 1: Eine Linie wird gestrichelt, wenn ihr Verlauf nicht genau bekannt ist.

L 2: s. Abb.

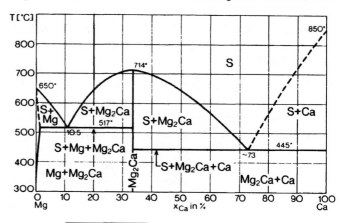

A 1: Sie untersuchen das Gefüge einer Legierung mit $x_{Ca} = 40\,\%$ und $x_{Ca} = 70\,\%$. Die Legierung mit $x_{Ca} = \ldots\ldots\ldots\ldots\,\%$ besitzt mehr eutektisches Gefüge als die andere Legierung.

A 2: Welche stabilen Phasen besitzt die Legierung $x_{Ca} = 33{,}3\,\%$ bei

$T = 715°\ C$ ....

$T = 714°\ C$ ....

$T = 713°\ C$ ....

$T = 517°\ C$ ....

$T = 445°\ C$ ....

L 1 und 2: s. nächste Seite.

A 3: Versuchen Sie bitte, für die Legierungen

1. $x_{Ca} = 0\,\%$, 2. $x_{Ca} = 20\,\%$, 3. $x_{Ca} = 33{,}3\,\%$,
4. $x_{Ca} = 50\,\%$, 5. $x_{Ca} = 73\,\%$

die schematischen Abkühlkurven zu entwickeln und in das T-Δt-Diagramm einzutragen. Zeichnen Sie die Kurvenstücke mit verzögerter Abkühlung aus Platzgründen nicht zu flach. Schreiben Sie an die einzelnen Kurvenstücke die im Gleichgewicht stehenden Phasen oder die auftretenden Reaktionen (z.B. $S \rightarrow Ca$; $S \rightarrow Mg + Mg_2Ca$).

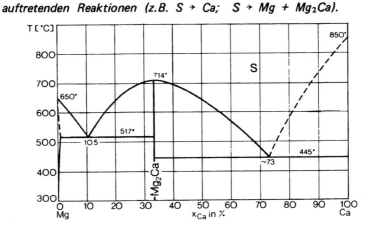

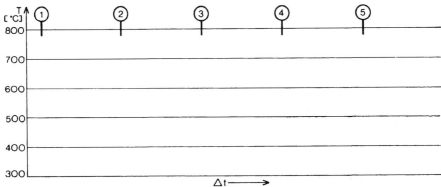

L 1: $x_{Ca} = 70\%$ besitzt mehr eutektisches Gefüge, da der Anteil der zerfallenden Restschmelze größer ist.

L 2: $T = 715°$: S; $\quad T = 714°$: S + Mg_2Ca; $\quad T = 713°, 517°, 445°$: Mg_2Ca

L 3: s. Abb.

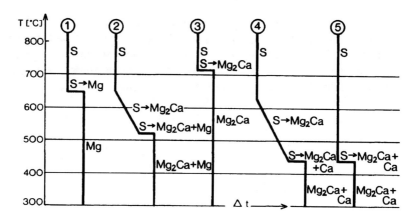

Bemerkungen:

1. Zur Vereinfachung sind alle Haltepunkte gleich lang gezeichnet, was sie in Wirklichkeit nicht sind.

2. Die Legierung 3 besitzt genau die Zusammensetzung Mg_2Ca. Diese Verbindung erstarrt direkt aus der Schmelze bei 714° C: Hier zeigt die Abkühlkurve nur einen Haltepunkt.

3. Die Legierung 2 zeigt genaugenommen zu Anfang des letzten Bereiches Mg_2Ca + Mg eine ganz gering verzögerte Abkühlung [(Mg) → Mg_2Ca], da die Mischbarkeit der (Mg)-Phase ab 517° mit fallender Temperatur geringer wird.

4. Da die Randphasen nur sehr geringe Mischbarkeit besitzen, sie also praktisch aus reinen Komponenten bestehen, werden die Phasen durch Mg bzw. Ca ohne Klammern abgekürzt.

2.5 PERITEKTISCHES SYSTEM

2.5.1 Gold-Wismut-System

Auch das System Gold-Wismut (Au-Bi) zeigt eine intermetallische Phase: Au_2Bi. Diese Phase zerfällt allerdings schon bei 373°. Dadurch läuft die Liquiduslinie, die vom reinen Au bei 1063° ausgeht, über den Zerfallspunkt der Phase hinweg. Hierdurch entsteht ein neuer System-Typ, das peritektische System.

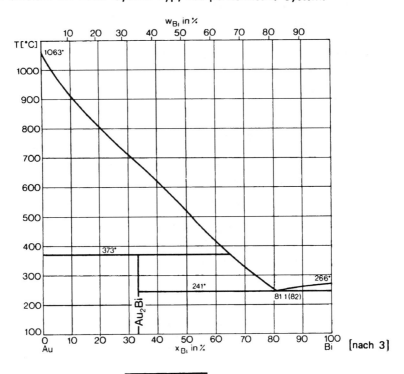

[nach 3]

A 1: Schreiben Sie in bzw. an die Ein- und Zweiphasenräume des Zustandsdiagrammes oben die im Gleichgewicht stehende(n) Phase(n).

A 2: Wenn man eine Au_2Bi-Phase erhitzt, zerfällt sie bei ....° C in die Phase(n) ....

A 3: Sie kühlen eine Legierung mit x_{Bi} = 33,3 % (sie hat genau die Zusammensetzung Au_2Bi) von hohen Temperaturen aus ab:

a) Welche Gleichgewichtszustände herrschen in der Legierung bei 374° C? .... 373° C? .... 372° C? ....

b) Welche Reaktion erwarten Sie bei 373° C? .... → ....

L 1: s. Abb. unten.

L 2: Die Au_2Bi-Verbindung zerfällt bei 373° in die Au- und S-Phase.

L 3: a) 374° C: Au + S; 373° C: Au + S + Au_2Bi; 372° C: Au_2Bi.

b) Au + S → Au_2Bi (s. folgender Text).

Da die Liquiduslinie über den Zerfallspunkt der Au_2Bi-Phase hinwegläuft, kann die Phase bei 373° C nicht direkt beim Aufheizen in die Schmelze übergehen. Sie zerfällt in die feste Au-Phase und in Au-ärmere Schmelze.
Als Reaktion geschrieben: Au_2Bi → Au + S (Aufheizen).
Der Abkühlvorgang einer Legierung mit x_{Bi} = 33,3 % verläuft entsprechend umgekehrt. Zuerst scheidet sich Au aus der Schmelze aus (S → Au). Bei 373° C reagiert das bereits ausgeschiedene Au mit der Restschmelze und bildet Au_2Bi (Au + S → Au_2Bi).

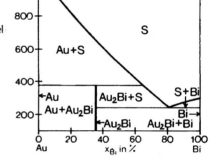

Erst wenn Au und S vollständig verbraucht sind, ist die sogenannte **peritektische Reaktion** abgeschlossen. Es liegt alleine Au_2Bi vor. Da die gesamte Umwandlungswärme dieser Reaktion bei 373° frei wird, zeigt die Abkühlkurve bei dieser Temperatur einen Haltepunkt.

A: Auf den nächsten Seiten wird die Abkühlung einer Legierung mit x_{Bi} = 20 % und einer mit x_{Bi} = 40 % besprochen. Welche Gleichgewichtsbereiche durchlaufen diese Legierungen beim Abkühlen von 1000° C bis 200° C?

a) x_{Bi} = 20 %: ....

b) x_{Bi} = 40 %: ....

L a: x_{Bi} = 20 %: S; S + Au; S + Au + Au_2Bi; Au + Au_2Bi
b: x_{Bi} = 40 %: S; S + Au; S + Au + Au_2Bi; S + Au_2Bi; S + Au_2Bi + Bi; Au_2Bi + Bi.

Die Lösungen werden im folgenden Text erläutert.

2.5.2 Abkühlung charakteristischer Legierungen

Im folgenden werden die Abkühlungen zweier charakteristischer Au-Bi-Legierungen (x_{Bi} = 20 % und x_{Bi} = 40 %) besprochen. Dabei soll die peritektische Dreiphasenreaktion und ihr Einfluß auf Abkühlkurve und Gefüge erläutert werden.

Legierung mit x_{Bi} = 20 %

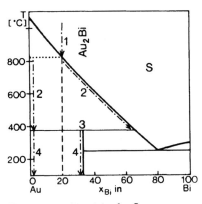
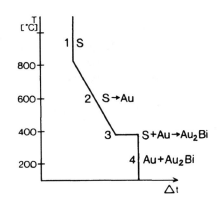

Temperaturbereich 1: S

Die Legierung kühlt einphasig als Schmelze ohne thermischen Effekt ab, bis sie bei ca. 800° C die Liquiduslinie erreicht.

Temperaturbereich 2: S → (Au)

Die Au-Phase kristallisiert aus. Während der Abkühlung wächst die Au-Phase ständig. Die hierbei freiwerdende Schmelzwärme erzeugt eine verzögerte Abkühlung.

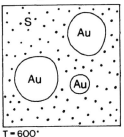
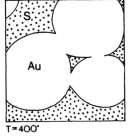

In den Abbildungen ist das Gefüge der Probe bei verschiedenen Temperaturen dargestellt. Durch die Punktierungen sollen die verschiedenen Wismut(Bi)-Gehalte angedeutet werden.

Legierung mit x_{Bi} = 20 %

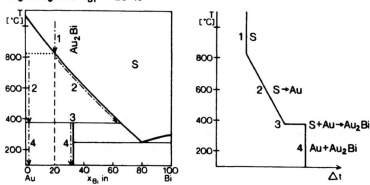

Temperaturpunkt 3:

Au + S → Au_2Bi (Abb. unten). Bei 373° C wird die Au_2Bi-Phase stabil. Jetzt reagieren die Restschmelze und die Au-Phase zusammen und bilden Au_2Bi. Diese neue Phase entsteht dort, wo S- und Au-Phase sich berühren, d.h. die Au-Kristalle werden mit einer Au_2Bi-Schicht überzogen. Von diesem Überzug stammt der Name: **Peritektikum** = „das Herumgebaute". Mit fortlaufender Reaktion wächst die Au_2Bi-Phase auf Kosten der Au- und Schmelz-Phase. Erst wenn die gesamte Schmelze verbraucht ist, ist die Reaktion abgeschlossen. Es liegen dann nur noch Au- und Au_2Bi-Phasen vor. Die während der Reaktion freiwerdende Wärme führt in der Abkühlkurve zu einem Haltepunkt.

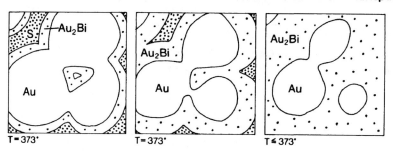

Temperaturbereich 4: Au + Au_2Bi

Nach Abschluß der peritektischen Reaktion liegen nur noch Au- und Au_2Bi-Phase vor. Da keine Phasenumwandlung mehr erfolgt, verläuft die weitere Abkühlung ohne thermischen Effekt.

Legierung mit x_{Bi} = 40 %

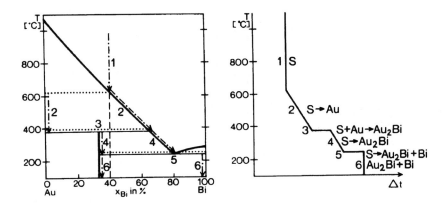

Temperaturbereich 1: S

Temperaturbereich 2: S → Au

Temperaturbereich 3: S + Au → Au_2Bi

Es tritt wieder eine peritektische Umwandlung von Schmelz- und Au-Phase in die Au_2Bi-Phase auf, die einen Haltepunkt erzeugt. In diesem Fall ist der Schmelzanteil größer. Die peritektische Reaktion endet dadurch, daß die gesamte Au-Phase verbraucht wird.

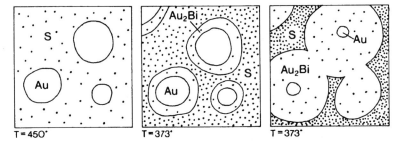

Legierung mit $x_{Bi} = 40\ \%$

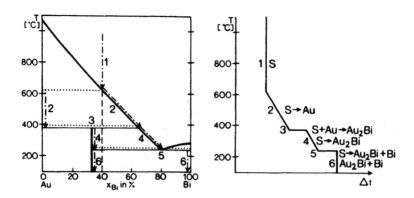

Temperaturbereich 4: $S \rightarrow Au_2Bi$

Die noch vorhandene Schmelze scheidet weiter das Bi-ärmere Au_2Bi aus. Sie reichert sich dabei immer mehr mit Bi an. Der Bereich 4 zeigt eine verzögerte Abkühlung

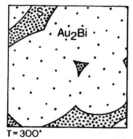
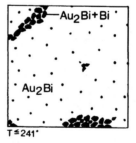

Temperaturbereich 5: $S \rightarrow Au_2Bi + Bi$

Die Restschmelze läuft in einen eutektischen Punkt und zerfällt dort eutektisch in die Au_2Bi- und Bi-Phase. Die Abkühlkurve zeigt einen Haltepunkt.

Temperaturbereich 6: $Au_2Bi + Bi$

Nach Beendigung der eutektischen Reaktion stehen nur noch Au_2Bi und Bi im Gleichgewicht. Sie können ohne thermischen Effekt abgekühlt werden.

A: Alle Legierungen zwischen $x_{Bi} = 0\ \%$ und $x_{Bi} = 64\ \%$ durchlaufen im Abkühlvorgang bei 373° C die peritektische Dreiphasenreaktion $S + Au \rightarrow Au_2Bi$. Die Reaktion endet dann, wenn entweder S oder Au oder beide verbraucht sind.

a) S ist verbraucht bei den Legierungen von $x_{Bi} = $ ...... % bis $x_{Bi} = $ ...... %.
b) Au ist verbraucht bei den Legierungen von $x_{Bi} = $ ...... % bis $x_{Bi} = $ ...... %.
c) Beide sind verbraucht bei den Legierungen von $x_{Bi} = $ ...... % bis $x_{Bi} = $ ...... %.

L a: S verbraucht: x_{Bi} = 0 % bis 33,3 %.
b: Au verbraucht: x_{Bi} = 33,3 % bis 64 %.
c: beide verbraucht: x_{Bi} = 33,3 %.

Dreiphasenraum

Im Abkühlvorgang durchlaufen alle Legierungen zwischen x_{Bi} = 0 % und x_{Bi} = 64 % bei 373° das Dreiphasengleichgewicht S + Au + Au$_2$Bi.

Somit enthält das Zustandsdiagramm bei 373° zwischen x_{Bi} = 0 % und x_{Bi} = 64 % einen linienförmigen Dreiphasenraum.

Wenn ein Legierungszustandspunkt bei Abkühlung durch diesen Dreiphasenraum wandert, tritt die peritektische Reaktion S + Au → Au$_2$Bi auf.

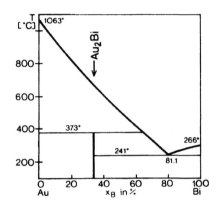

> Eine **peritektische Reaktion** ist eine Dreiphasenreaktion, bei der bei Abkühlung zwei Phasen in eine dritte Phase übergehen: β + γ → α

> Ein **peritektischer Punkt** ist der Phasenzustandspunkt der bei Abkühlung sich neu bildenden Phase.

> Jede obere Spitze eines Einphasenraumes, die nicht einen anderen Einphasenraum berührt, ist ein peritektischer Punkt.

In dem Au-Bi-System ist die obere Spitze des Au$_2$Bi-Phasenraumes ein peritektischer Punkt.

A: Lesen Sie sich jetzt bitte die Zusammenfassung für diese Studieneinheit auf den Gelben Blättern S. XXII ff. durch.

Ergänzungen

Silber-Strontium-System

Das Silber-Strontium-Zustandsdiagramm weist gleich vier intermetallische Verbindungen auf. Dadurch sieht es kompliziert aus. Es ist aber nur eine Zusammensetzung aus fünf eutektischen Systemen.

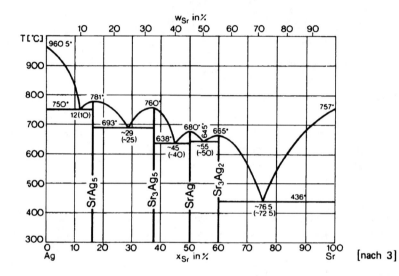

[nach 3]

Als Beispiel zum Ag-Sr-System soll die Abkühlung einer Legierung mit x_{Sr} = 40 % besprochen werden:

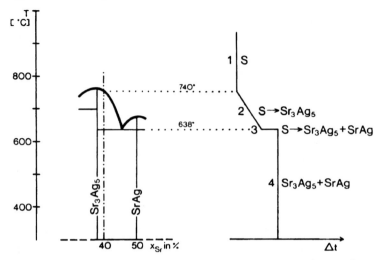

Ausschnitt aus dem Ag-Sr-Zustandsdiagramm und Abkühlkurve für eine Legierung mit x_{Sr} = 40 %.

1. Bei Temperaturen über 740° sind Ag und Sr in der Schmelze vollständig mischbar. Nur die Schmelzphase ist stabil, Abkühlung ohne thermischen Effekt.

2. Bei 740° wird die Liquiduslinie erreicht, es scheidet sich die Phase Sr_3Ag_5 aus. Die beiden Phasen, Schmelze und Sr_3Ag_5 stehen im Gleichgewicht. Durch Ausscheiden der festen Phase und Freiwerden der Schmelzwärme ergibt sich bis zum Erreichen des eutektischen Punktes eine verzögerte Abkühlung.

3. Im eutektischen Punkt bei 638° zerfällt die Restschmelze in Sr_3Ag_5 und SrAg. Drei Phasen stehen im Gleichgewicht: Schmelze, Sr_3Ag_5 und SrAg. Durch die freiwerdende Schmelzwärme entsteht ein Haltepunkt.

4. Unterhalb des eutektischen Punktes stehen die beiden festen Phasen im Gleichgewicht, die weitere Abkühlung verläuft ohne thermischen Effekt.

Das Gefügebild wird bei geeigneter Abkühlung Sr_3Ag_5-Dendriten zeigen. Zwischen den Dendritenästen befindet sich eutektisches Gefüge aus Sr_3Ag_5- und SrAg-Phase.

Gold-Blei-System

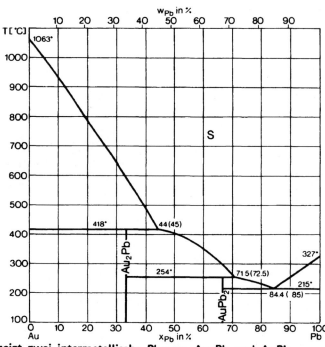

[nach 3]

Das Gold-Blei-System zeigt zwei intermetallische Phasen: Au_2Pb und $AuPb_2$.

A 1: Wo liegen eutektische und peritektische Punkte? ....

....

A 2: Schreiben Sie an alle Zwei- und Dreiphasenräume die stabilen Phasen.

A 3: Geben Sie an, welche Phasengleichgewichte bzw. Reaktionen die drei folgenden Legierungen bei Abkühlung von 1000° bis 100° C durchlaufen. Schreiben Sie zu den einzelnen Zuständen die auftretenden thermischen Effekte. (Abkürzungen: o.E. = ohne Effekt; v.A. = verzögerte Abkühlung; H.P. = Haltepunkt).

a) x_{Pb} = 20 %:   1. S (o.E.);   2. ....

....

....

b) x_{Pb} = 40 %:   1. S (o.E.);   2. ....

....

....

c) x_{Pb} = 75 %:   1. S (o.E.);   2. ....

....

....

L 1: 1 eutektischer Punkt: x_{Pb} = 84,4 %, T = 215°.

2 peritektische Punkte: x_{Pb} = 33,3 %, T = 418° und x_{Pb} = 66,7 %, T = 254°.

L 2: s. Abb.

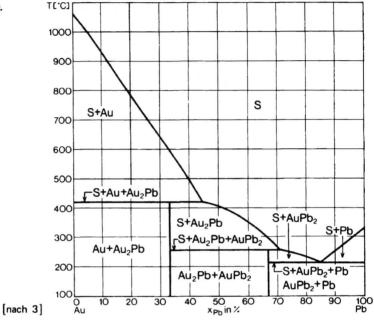

[nach 3]

L 3 a) x_{Pb} = 20 %: S(o.E.); S → Au(v.A.); S + Au → Au_2Pb(H.P.); Au + Au_2Pb(o.E.).

b) x_{Pb} = 40 %: S(o.E.); S → Au(v.A.); S + Au → Au_2Pb(H.P.); S → Au_2Pb(v.A.); S + Au_2Pb → $AuPb_2$(H.P.); Au_2Pb + $AuPb_2$(o.E.).

c) x_{Pb} = 75 %: S(o.E.); S → $AuPb_2$(v.A.); S → $AuPb_2$ + Pb(H.P.); $AuPb_2$ + Pb(o.E.).

STUDIENEINHEIT V

Nachdem Sie in den beiden vorigen Studieneinheiten das eutektische und peritektische System kennengelernt haben, werden Ihnen in diesem Heft die beiden letzten Grundtypen binärer Systeme vorgestellt: System mit vollständiger Mischbarkeit und System mit Mischungslücken.

Die Wiederholung soll diesmal in einem kleinen Test erfolgen, mit dessen Hilfe Sie Ihre Kenntnisse überprüfen können.

Am Schluß des Heftes stehen das Al-Zn- und das Pd-Ti-Diagramm als Beispiele eines Systems mit verschiedenen Grundtypen.

Inhaltsübersicht

Wiederholung zum Lesen eines Zustandsdiagramms 81
Erfolgstest 81
2.6   System mit vollständiger Mischbarkeit 86
2.7   System mit Mischungslücke 88
2.8   Systeme mit verschiedenen Grundtypen 90
        Aluminium-Zink-System (90); Palladium-Titan-System (95)
Ergänzungen 97
    Gibbs'sche Phasenregel, Anwendung auf binäre Systeme (97);
    Zur thermischen Analyse (98)

Studieneinheit V — 2/20

Wiederholung zum Lesen eines Zustandsdiagramms

Wenn man ein unbekanntes Zustandsdiagramm lesen will, ist es zweckmäßig, mit einer gewissen Systematik vorzugehen:

1. Wie sind die **Achsen** beschriftet? Um welche Komponenten, Gehalts- und Temperaturbereiche handelt es sich?
2. Wo liegen die **Einphasenräume**, d.h. die Schmelz-, Rand- und intermetallischen Phasen?
   Beim Aufsuchen der Einphasenräume sollte man beachten, daß sich zwei Einphasenräume höchstens in Punkten berühren dürfen.
   Oft ist es auch eine Hilfe, wenn man die Einphasenräume durch Tönung oder Schraffur kenntlich macht.
3. Wo liegen **eutektische** bzw. **peritektische Punkte**? Mit anderen Worten, wo liegen untere bzw. obere Spitzen von Einphasenräumen, die nicht andere Einphasenräume berühren?

Erfolgstest

→ Nachdem Sie die ersten vier Studieneinheiten durchgearbeitet haben, können Sie Ihren Erfolg anhand eines Testes prüfen. Lösen Sie hierzu die fünf Aufgaben auf dieser und auf den nächsten Seiten. Die Lösungen finden Sie auf der Seite 84 einschließlich eines Punkte- und Bewertungsschemas.

→ Auch wenn Sie sich nicht testen wollen, bearbeiten Sie bitte die Aufgaben!

A 1: *Konstruieren Sie auf der folgende Seite anhand des Ag-Sn-Zustandsdiagramms die schematischen Abkühlkurven der Legierungen:*
$x_{Sn} = 10\ \%$; $x_{Sn} = 30\ \%$; $x_{Sn} = 60\ \%$; $x_{Sn} = 96{,}5\ \%$; $x_{Sn} = 100\ \%$. *Schreiben Sie an die Kurvenäste die stabilen Phasen und die Phasenreaktionen.*

A 2: *Zeichnen Sie in das Zustandsdiagramm die Bahnen der Legierungs- und Phasenzustandspunkte für die Legierungen $x_{Sn} = 10\ \%$ und $x_{Sn} = 30\ \%$ bei der Abkühlung.*

A 3: *Alle Legierungen zwischen $x_{Sn} = \ldots\ldots\ \%$ und $x_{Sn} = \ldots\ldots\ \%$ durchlaufen bei ihrer Abkühlung eine peritektische und eine eutektische Reaktion.*

A 4: *Wie sieht eine eutektische, wie eine peritektische Reaktion zwischen der Schmelzphase S und zwei festen Phasen α und β aus?*
   Eutektische Reaktion: $\ldots\ldots \rightarrow \ldots\ldots$;
   Peritektische Reaktion: $\ldots\ldots \rightarrow \ldots\ldots$ *oder* $\ldots\ldots \rightarrow \ldots\ldots$.

Studieneinheit V — 3/20

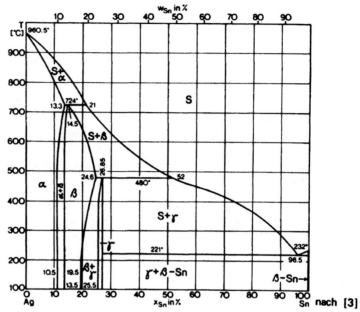

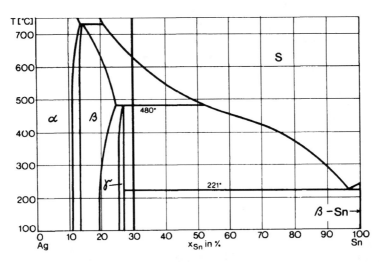

A 5: Stellen wir uns vor, daß bei hohen Temperaturen die unten abgebildeten Gefügebilder hergestellt worden sind. Leider sind sie durcheinander geraten! Können Sie sie ordnen? Welche fünf Bilder gehören zu der Legierung mit x_{Sn} = 30 %? Schreiben Sie diese Bilder in der richtigen Reihenfolge auf, und schätzen Sie die jeweilige Beobachtungstemperatur ab.

1. ....; $T \approx$ ....°; 2. ....°; $T \approx$ ....°; 3. ....; $T \approx$ ....°; 4. ....; $T \approx$ ....°; 5. ....; $T \approx$ ....°.

(≋ = S-Phase; ▨ = β-Phase; ☐ = γ-Phase; ■ = β-Sn-Phase)

a

b

c

d

e

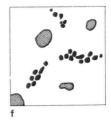

f

Studieneinheit V – 5/20

Auswertung:

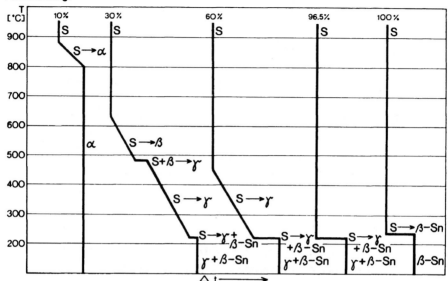

L 1: s. Abb. Geben Sie sich für jede richtige Abkühlkurve (bis zu) 10 Punkten .... Punkte

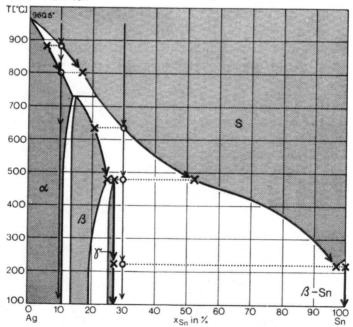

L 2: s. Abb. Geben Sie sich für jede Legierung bis zu 5 Punkten
.... Punkte

Aufgabe 1: .... Punkte
Aufgabe 2: .... Punkte

L 3: von x_{Sn} = 27 % bis x_{Sn} = 52 % Maximal 10 Punkte: .... Punkte

L 4: Eutektisch: $S \rightarrow \alpha + \beta$, peritektisch: $S + \alpha \rightarrow \beta$ oder $S + \beta \rightarrow \alpha$.
Maximal 10 Punkte .... Punkte

L 5: 1. d, $T \approx 600°$; 2. e, $T \approx 500°$; 3. c, $T = 480°$; 4. b, $T \approx 400°$; 5. a, $T < 232°$

d) zeigt Schmelze mit β-Primärkristallen. Die Aufnahme mag etwa bei 600° entstanden sein.

e) Der Anteil der β-Primärkristalle ist auf Kosten der Schmelze gewachsen. Die Aufnahme zeigt den Zustand bei etwa 500°.

c) Die Abbildung zeigt die drei Phasen S, β und γ, sie muß also bei 480° im S-β-γ-Dreiphasenraum entstanden sein.
Die geometrische Verteilung der Phasen im Gefüge weist darauf hin, daß eine peritektische Reaktion abläuft (γ liegt zwischen β und S).

b) Das Gefüge zeigt nur noch: γ und wenig S, die β-Phase ist verbraucht. Die Aufnahmetemperatur mag etwa 400° betragen.

a) Die restliche Schmelze ist eutektisch in γ- und β-Sn zerfallen. $T <$ 232°.
Auch die Aufnahme f zeigt eutektisches Gefüge. Die noch vorhandenen β-Reste zeigen aber, daß die peritektische Reaktion nicht vollständig abgelaufen ist. Die Probe ist also nicht im Gleichgewichtszustand.

Maximal 20 Punkte .... Punkte

Summe: .... Punkte

Wenn Sie sich selbst eine Note geben wollen:

sehr gut	95 —	100 Punkte
gut	85 —	94 Punkte
befriedigend	70 —	84 Punkte
ausreichend	60 —	69 Punkte
nicht ausreichend	0 —	59 Punkte

2.6 SYSTEM MIT VOLLSTÄNDIGER MISCHBARKEIT

Auf Seite 63 wurde die Mischbarkeit besprochen:
Die Atome der zulegierten Komponente können in den Lücken zwischen den Wirtsatomen eingelagert werden (Einlagerungsmischkristall) oder können Wirtsatome auf deren Gitterplätzen ersetzen (Substitutionsmischkristall). Im allgemeinen sind die eingebauten Atome regellos verteilt.
Die Mischkristallbildung tritt mit mehr oder weniger großer Löslichkeit sehr häufig auf. Im Zustandsdiagramm ist eine Mischkristallbildung an der flächenhaften Ausdehnung des zugehörigen Phasenraumes abzulesen. Seltener ist der Fall der durchgehenden Mischkristallbildung, wie sie das abgebildete System zeigt (Substitutionsmischkristall). Sie tritt bei etwa gleichgroßen und chemisch ähnlichen Atomen auf.

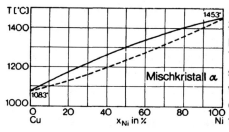

In dem Zustandsdiagramm fällt auf, daß zwischen der Schmelz- und Mischkristallphase ein Zweiphasenraum liegt. (Die Thermodynamik liefert hierfür eine plausible Erklärung.) Der Zweiphasenraum wird zur Schmelze hin durch die Liquiduslinie begrenzt. Die Grenzlinie mit der festen Phase nennt man **Soliduslinie**.

A 1: *Warum ist die Soliduslinie gestrichelt gezeichnet?* ....
....

→ Auf der nächsten Seite wird die Abkühlkurve einer Legierung x_{Ni} = 50 % besprochen. Versuchen Sie, die folgende Aufgabe zu lösen. Wenn Sie beide Teile richtig beantworten, können Sie die nächste Seite überblättern.

A 2 a) Versuchen Sie, für die Legierung x_{Ni} = 50 %, die Tabelle auszufüllen:

stabile Phase(n)	von Temperatur	bis Temperatur	thermischer Effekt
....	....	....	....
....	....	....	....
....	....	....	....

b) *Sobald die Legierung in den Zweiphasenraum tritt, spaltet sie sich in zwei Phasen auf. Zeichnen Sie in das Zustandsdiagramm oben den Weg ein, den die Zustandspunkte beider Phasen durchwandern.*

L 1: Weil der genaue Verlauf der Soliduslinie nicht bekannt ist.

L 2 a)

stabile Phase(n)	von Temperatur	bis Temperatur	thermischer Effekt
S	hohe T	1305° C	keiner
S + α	1305° C	ca. 1240° C	verzög. Abkühlung
α	ca. 1240° C	tiefe T	keiner

b) s. Zustandsdiagramm unten: Pfeile, die von P_S und P_K ausgehen.

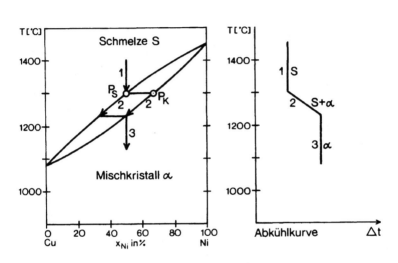

Bei Abkühlung erreicht die Schmelze im Punkt P_S die Liquiduslinie. Es scheidet sich die feste Phase mit dem Zustandspunkt P_K aus. Da die feste Phase Ni-reicher ist als die Schmelze, muß die Schmelze an Ni verarmen, um ein Gleichgewicht herzustellen. Ihr Zustandspunkt bewegt sich nach links auf der Liquiduslinie nach unten. Wie P_S auf der Liquiduslinie, so wandert P_K auf der Soliduslinie nach unten. Mit dem Hebelgesetz erkennt man, daß die Menge der Schmelzphase immer mehr abnimmt und die der festen Phase zunimmt. Wenn die feste Phase den Komponentengehalt der Legierung erreicht hat, ist die gesamte Schmelze verbraucht, und die Legierung ist einphasig fest. Während dieses Umwandlungsprozesses wird ständig Schmelzwärme frei, die zu einer verzögerten Abkühlung führt.

Daß es noch andere Formen dieses Zustandstyps gibt, soll das Au-Ni-Diagramm auf der nächsten Seite zeigen. Hier berühren sich Liquidus- und Soliduslinie in einem Temperaturminimum. Außerdem enthält dieses System eine Mischungslücke.

2.7 SYSTEM MIT MISCHUNGSLÜCKE

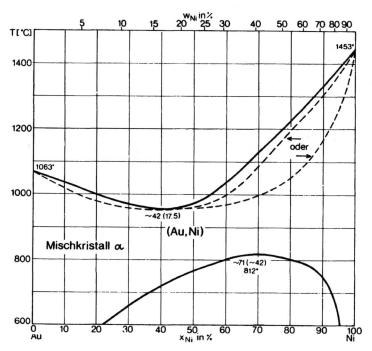

Das Au-Ni-Zustandsdiagramm kann als Beispiel für eine Mischungslücke in der festen Phase dienen: Unterhalb von 812° sind die Komponenten nicht mehr in allen Gehalten mischbar, mit sinkender Temperatur nimmt der Bereich der Mischbarkeit immer mehr ab.

A 1: Ist im Au-Ni-System der Zustandspunkt $[x_{Ni} \approx 42\%, T \approx 960°]$ als tiefster Punkt des S-Phasenraumes ein eutektischer Punkt? (vgl. Definition S. 46) ja ☐; nein ☐.

Auf der nächsten Seite wird die Abkühlung einer Legierung mit $x_{Ni} = 40\%$ besprochen. Versuchen Sie auch hier als Vorgriff die folgende Aufgabe zu lösen:

A 2: Zeichnen Sie den Zustandspunkt der Legierung mit $x_{Ni} = 40\%$ als Kreuzchen und die Zustandspunkte der auftretenden Phasen als Kreise und, soweit möglich, die dazugehörenden Konoden in das Zustandsdiagramm oben für $T = 800°$ und $T = 600°$ ein.

L 1: nein ⊠, denn der S-Phasenraum stößt in diesem Punkt direkt an einen anderen Einphasenraum.

L 2: s. Zustandsdiagramm.

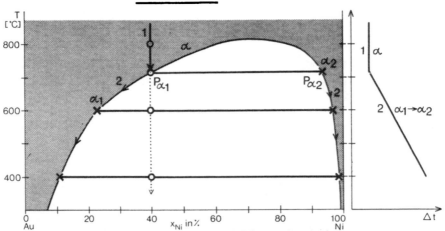

Abb: Teil des Au-Ni-Zustandsdiagramms und Abkühlkurve einer Legierung

Eine Legierung, die bei der Abkühlung im Zustandspunkt P_{α_1} auf die Mischungslücke stößt, spaltet auf in die Mischkristalle P_{α_1} und in P_{α_2}. Beide werden α genannt, da sie im Zustandsdiagramm zum gleichen Phasenraum gehören, d.h. das gleiche Kristallgitter haben. Die Indizes 1 und 2 sollen ausdrücken, daß es sich trotzdem um zwei verschiedene Phasen handelt, weil die jeweiligen Komponentengehalte verschieden sind. Bei weiterer Abkühlung wächst die α_2-Phase auf Kosten der α_1-Phase. Die hierbei freiwerdende Umwandlungswärme führt zu einer verzögerten Abkühlung.

Mischungslücken treten nicht nur im festen, sondern häufig auch im flüssigen Zustand auf. (Bei der Behandlung der ternären Systeme wird auf S. 245 eine Mischungslücke im flüssigen Zustand besprochen.)

2.8 SYSTEME MIT VERSCHIEDENEN GRUNDTYPEN

Zustandsdiagramme von Zweistoff-Systemen sehen teilweise recht kompliziert aus. Sie lassen sich aber einfach in die vier Grundtypen „Eutektisches System", „Peritektisches System", „System mit vollständiger Mischbarkeit" und „System mit Mischungslücke" zerlegen.

Diese vier Grundtypen sind jetzt durchgesprochen. Die nächste Aufgabe besteht darin, kompliziertere Systeme zu interpretieren. Hierzu werden — als Abschluß dieser Studieneinheit — die Systeme Al-Zn und Pd-Ti behandelt.

Aluminium-Zink-System

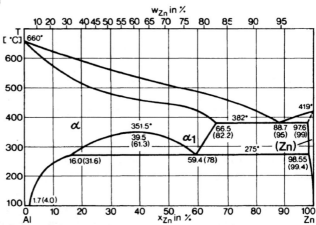

[nach 3]

A 1: Lesen Sie sich bitte noch einmal den Abschnitt „Wiederholung zum Lesen eines Zustandsdiagrammes" (S. 81) durch und füllen Sie die Lücken aus:

a) Das Al-Zn-Diagramm besitzt die Einphasenräume: ....

b) Das System besitzt folgende eutektischen Punkte: ....

....

A 2: Alle Legierungen von x_{Zn} = ... % bis ...... % erleiden bei Abkühlung bei 382° die eutektische Reaktion .... → ....

Alle Legierungen von x_{Zn} = ... % bis ...... % erleiden bei Abkühlung bei 275° die eutektische Reakton .... → ....

A 3: Zeichnen Sie in das Zustandsdiagramm die Zustandspunkte, Phasenzustandspunkte und Konoden für folgende Legierungen ein:

x_{Zn} = 50 %, T = 500°; $\quad$ x_{Zn} = 50 %, T = 300°
x_{Zn} = 50 %, T = 275°; $\quad$ x_{Zn} = 50 %, T = 200°

L 1 a) S, α, (Zn);
  b) x_{Zn} = 88,7 %, T = 382° (untere Spitze des S-Phasenraumes);
  x_{Zn} = 59,4 %, T = 275° (eine untere Spitze des α-Phasenraumes).

L 2: von x_{Zn} = 66,5 % bis 97,6 % bei 382°: S → α + (Zn);
  von x_{Zn} = 16,0 % bis 98,55 % bei 275°: α₁ → α + (Zn)

L 3: s. Abb.

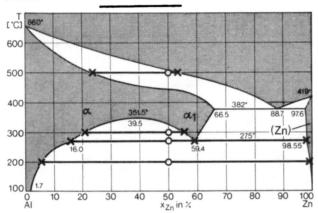

Die Schwierigkeit dieses Systems liegt in der Form des α-Phasenraumes: Er zeigt, daß Al eine sehr große Löslichkeit für Zn besitzt (bei 382° ist sie mit x_{Zn} = 66,5 % maximal). Zu tieferen Temperaturen hin fällt die Löslichkeit ab. Zusätzlich wird der α-Phasenraum durch eine Mischungslücke geformt, die sich in den α-Phasenraum hineinwölbt. Hierdurch entsteht bei [x_{Zn} = 59,4 %, T = 275°] eine untere Spitze des Phasenraumes.

Kühlt man eine Legierung mit x_{Zn} = 50 % ab, erreicht sie bei 330° die Mischungslücke. Die α-Phase zerfällt in eine Al-reichere α-Phase und eine Zn-reichere α-Phase (= α₁).

Bei 275° ist der α-Zustandspunkt in der α₁-Spitze des α-Phasenraumes angelangt. Bei weiterem Wärmeentzug zerfällt die α₁-Phase in die Al-reichere α-Phase und in die (Zn)-Phase: α₁ → α + Zn. Diese Reaktion ist die bekannte eutektische Reaktion *, die Spitze ist ein eutektischer Punkt.

---

* Da hier eine feste Phase in zwei andere feste Phasen zerfällt, wird diese Reaktion von anderen Autoren häufig zur Unterscheidung auch als eutektoide Reaktion bezeichnet.

Auf Seite 81 wurde ein Schema zum Lesen eines unbekannten Zustandsdiagrammes gegeben, wonach ein Zustandsdiagramm nach folgenden Gesichtspunkten analysiert wird: 1. Achsen, 2. Einphasenräume, 3. eutektische und peritektische Punkte.
Dieses Schema wird nun erweitert durch: 4. Zweiphasenräume, 5. Dreiphasenräume.
Lesen Sie hierzu die folgende Zusammenfassung:

Einphasenräume:

> Liegt der Zustandspunkt einer Legierung innerhalb eines Einphasenraumes, ist die Legierung einphasig, und die Zustandspunkte von Legierung und Phase fallen zusammen.

In allen binären Systemen treten ein Schmelzphasenraum und zwei Phasenräume fester Phasen an den Rändern des Zustandsdiagrammes auf. Wenn ein System **intermetallische Phasen** bilden kann, sind auch ihnen Einphasenräume im Zustandsdiagramm zugeordnet. Wenn Mischbarkeiten auftreten, zeigt sich dies in einer flächenhaften Ausdehnung der Einphasenräume. Eine Besonderheit bei Einphasenräumen ist die **Mischungslücke**, die sich durch Einwölbungen in Einphasenräumen zeigt. Die Grenzen der Einphasenräume heißen **Phasengrenzen**. **Liquiduslinien** sind die unteren Phasengrenzen des Schmelzphasenraumes. **Soliduslinien** heißen die oberen Phasengrenzen von festen Phasen, wenn sie Liquiduslinien gegenüberliegen.

Zweiphasenräume:

> Liegt der Zustandspunkt einer Legierung zwischen zwei Einphasenräumen, so muß die Legierung in zwei Phasen aufspalten. Die Zustandspunkte beider Phasen liegen bei gleicher Temperatur auf den Phasengrenzen der links und rechts benachbarten Einphasenräume.

Entsprechend werden die Zweiphasenräume nach den links und rechts liegenden Einphasenräumen benannt.

Dreiphasenräume:

> Jede obere bzw. untere Spitze eines Einphasenraumes, die nicht einen anderen Einphasenraum berührt, führt zu einem Dreiphasenraum. Die Zustandspunkte der drei Phasen liegen in dieser Spitze und bei gleicher Temperatur auf den Phasengrenzen der links und rechts benachbarten Einphasenräume.
> Der Dreiphasenraum ist (bei Zweistoffsystemen) als ein waagerechter Strich entartet, der die drei Phasenzustandspunkte miteinander verbindet.

Der Dreiphasenraum wird nach den drei stabilen Phasen benannt.

Aufgaben:

A 1: Welche Phasen stehen bei den folgenden Legierungen im Gleichgewicht?

System	Seite	Legierung	Temperatur	stabile Phasen
Ag–Sn	82	x_{Sn} = 30 %	480°	
Ag–Sn	82	x_{Sn} = 30 %	221°	
Au–Ni	88	x_{Ni} = 42 %	950°	
Al–Zn	s. unten	x_{Zn} = 0 %	660°	
Al–Zn	s. unten	x_{Zn} = 70 %	275°	

A 2: Eine Al-Zn-Legierung mit x_{Zn} = 50 % wird abgekühlt.

a) Zeichnen Sie die Wege der Zustandspunkte von Legierung und auftretenden Phasen.

b) Konstruieren Sie die schematische Abkühlkurve.

c) Schreiben Sie die auftretenden Phasengleichgewichte oder Reaktionen an die Kurve.

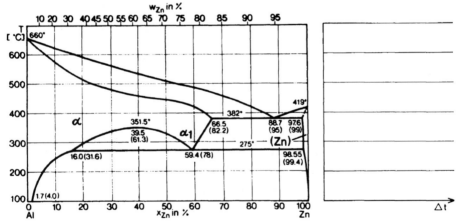

A 3: Beschreiben Sie vollständig den Gleichgewichtszustand einer Al-Zn-Legierung mit x_{Zn} = 80 % bei T = 200° (lesen Sie die Zahlenwerte ab bzw. schätzen Sie sie). ....
....
....
....

L 1:

System	Legierungen	Temperatur	stabile Phasen
Ag–Sn	x_{Sn} = 30 %	480°	$S + \beta + \gamma$
Ag–Sn	x_{Sn} = 30 %	221°	$S + \gamma + \beta$-Sn
Au–Ni	x_{Ni} = 42 %	950°	$S + \alpha$ *
Al–Zn	x_{Zn} = 0 %	660°	$S + \alpha$ **
Al–Zn	x_{Zn} = 70 %	275°	$\alpha + \alpha_1 + (Zn)$

* S- und α-Einphasenräume berühren sich, unter S liegt also kein Mehrphasenraum.

** Über der α-Spitze liegt kein Mehrphasenraum, also auch hier kein Dreiphasengleichgewicht.

L 2:   s. Abb.

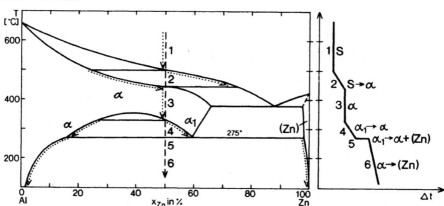

L 3:   Gleichgewichtszustand der Al-Zn-Legierung mit x_{Zn} = 80 % bei T = 208°:
— Die Legierung ist in die Phasen α und (Zn) aufgespalten.
— Die Gehalte der Phasen in der Legierung betragen: x^{α} = 20 %, $x^{(Zn)}$ = 80 %.
— Die Gehalte der Komponenten in den Phasen betragen:
x^{α}_{Zn} = 5 %; x^{α}_{Al} = 95 %; $x^{(Zn)}_{Zn}$ = 99 %; $x^{(Zn)}_{Al}$ = 1 %.

Wenn Ihnen die Definitionen nicht mehr geläufig sind, lesen Sie bitte die Seiten 5 und 6 noch einmal durch.

Palladium(Pd)-Titan(Ti)-System

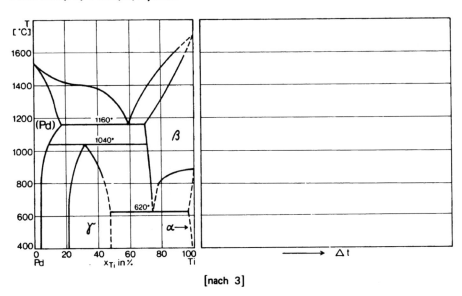

[nach 3]

Gehen Sie bei der Interpretation dieses Systems so vor, wie auf Seite 81 bzw. 92 vorgeschlagen wurde:

A 1: **Achsen:** *Pd, Ti, x_{Ti} = 0 % bis 100 %; T = 400° bis 1700°.*

A 2: **Einphasenräume:** ....

A 3: **Eutektische und peritektische Punkte:** ....
....

A 4: **Zweiphasenräume:** *Wie groß ist die Anzahl der Zweiphasenräume?* ....
....

A 5: **Dreiphasenräume:**
Stabile Phasen: ...., *von* x_{Ti} = ... *% bis* .... *% bei*
T = ...
....

A 6: *Konstruieren Sie die schematischen Abkühlkurven der Legierungen mit x_{Ti} = 20 %, 60 % und 80 %. Beschriften Sie die Abkühlkurven.*

Studieneinheit V – 17/20

L 2: S, (Pd), β, γ, α

L 3: Eutektische Punkte: $x_{Ti} = 59\%$, $T = 1160°$; $x_{Ti} = 74\%$, $T = 620°$;
peritektischer Punkt: $x_{Ti} = 33\%$, $T = 1040°$

L 4: 7 Zweiphasenräume: (Pd) + S; β + S; (Pd) + β; (Pd) + γ; γ + β;
β + α; γ + α

L 5: Dreiphasenräume: (Pd) + S + β: $x_{Ti} = 18\%$ bis 69%, $T = 1160°$.
(Pd) + γ + β: $x_{Ti} = 9\%$ bis 70%, $T = 1040°$.
γ + β + α: $x_{Ti} = 47\%$ bis 96%, $T = 620°$.

L 6: s. Abb.

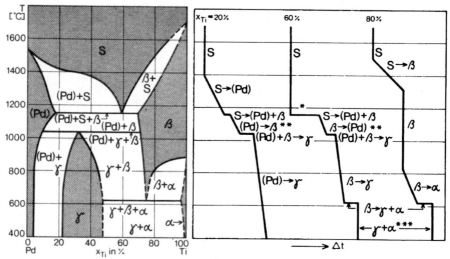

Bemerkungen:

* Wenn der Legierungspunkt nicht genau durch den eutektischen Punkt läuft, müßte die Abkühlkurve vor dem Haltepunkt ein kleines Stück verzögerte Abkühlung zeigen (hier weggelassen.)

** Ob die Reaktion (Pd) → β oder β → (Pd) abläuft, hängt davon ab, in welchem Verhältnis sich die Konoden-„Hebelarme" ändern. Hierzu betrachtet man am besten die Hebelarme zu Beginn und am Ende der Reaktion.

*** Da die Phasengrenzen von γ- und α-Phasenraum fast senkrecht nach unten verlaufen, erfolgt praktisch keine Phasenreaktion in diesem Bereich.

Ergänzungen

Gibbs'sche Phasenregel, Anwendung auf binäre Systeme

In den Ergänzungen auf Seite 32 haben Sie die Gibbs'sche Phasenregel (aus der Thermodynamik) kennengelernt. Sie dient zur Bestimmung der Zahl der im Gleichgewicht stehenden Phasen:

$$f = k - \varphi + 2$$

f = Zahl der Freiheitsgrade = Zahl der frei wählbaren Variablen

k = Zahl der Komponenten

φ = Zahl der im Gleichgewicht stehenden Phasen.

Jetzt soll die Anwendung auf binäre Systeme gezeigt werden:
Jede Phase besitzt drei Variablen: Temperatur, Druck und Gehalt. Da Temperatur und Druck bei allen Phasen gleich groß sind, ergibt sich die Gesamtzahl der Variablen mit T, p, x_A^α, x_A^β, ... zu 2 + Anzahl der Phasen φ. Wieviele von diesen Variablen frei wählbar sind, gibt die Zahl der Freiheitsgrade f an. Sie wird mit Hilfe der Gibbs'schen Phasenregel berechnet.

Da im allgemeinen bei Druck p = 1 atm = konstant gearbeitet wird, verringert sich die Zahl der Freiheitsgrade für p = const. um 1, und die Gibbs'sche Phasenregel nimmt die Form an:

$$f = k - \varphi + 1 \quad (p = \text{const.})$$

Betrachten Sie den Fall des Al-Zn-Zweistoffsystems (S. 94) bei p = const.

A 1: *Eine Legierung liegt im Phasenraum der S-Phase:*
   a) Welche Variablen treten auf? ....
   b) Wie groß ist f? ....
   c) Welche Variablen sind frei wählbar? ....

A 2: *Eine Legierung liegt im Zweiphasenraum α + S:*
   a) Welche Variablen treten auf? ....
   b) Wie groß ist f? ....
   c) Welche Variablen sind frei wählbar? ....

A 3: *Eine Legierung liegt im Dreiphasenraum α + S + (Zn):*
   a) Welche Variablen treten auf? ....
   b) Wie groß ist f? ....
   c) Welche Variablen sind frei wählbar? ....

A 4: *Ist in einem beliebigen Zweistoffsystem für p = const. ein Vierphasengleichgewicht zu erwarten?* ....
....

L 1: a) T, x_{Zn}; b) $f = 2$; c) T, x_{Zn}.

L 2: a) T, x_{Zn}^{α}, x_{Zn}^{S}; b) $f = 1$; c) T oder x_{Zn}^{α} oder x_{Zn}^{S}

Da die Zustandspunkte der S- und α-Phase auf Liquidus- und Soliduslinie liegen, ist nur eine der drei Variablen wählbar.

L 3: a) T, x_{Zn}^{α}, x_{Zn}^{S}, $x_{Zn}^{(Zn)}$; b) $f = 0$; c) keine

Alle Variablen liegen fest: $T = 382°$, $x_{Zn}^{\alpha} = 66,5\%$, $x_{Zn}^{S} = 88,7\%$, $x_{Zn}^{(Zn)} = 97,6\%$.

L 4: nein, da $f = 2 - 4 + 1 = -1$ gelten würde. Negative Freiheitsgrade treten nicht auf.

Zur thermischen Analyse

A: Versuchen Sie, aus den abgebildeten schematischen Abkühlkurven den entsprechenden Ausschnitt aus dem Eisen(Fe)-Kohlenstoff(C)-Zustandsdiagramm zu entwickeln.

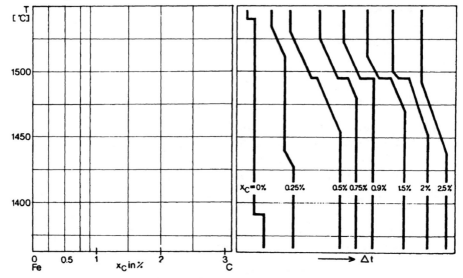

L: s. Abb.

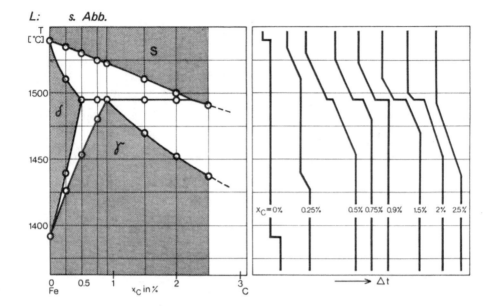

STUDIENEINHEIT VI

In den ersten fünf Studieneinheiten wurden die grundlegenden Begriffe zu den Heterogenen Gleichgewichten und die binären Systeme behandelt.
Diese Studieneinheit bringt keinen neuen Stoff, sondern hat zum Ziel:

1. den sachlogischen Zusammenhang des Stoffes im Überblick zu zeigen,
2. anhand von Übungsaufgaben den Stoff zu festigen und
3. Ihnen die Möglichkeiten zu geben, das Erreichen der Lernziele der ersten sechs Studieneinheiten zu überprüfen.

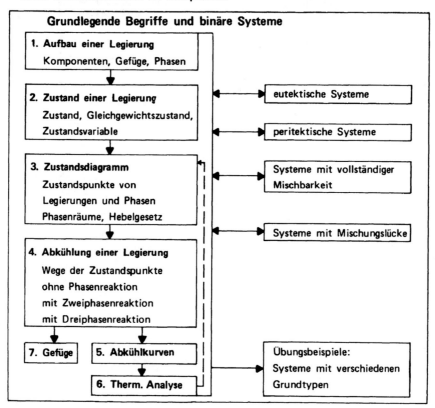

Inhaltsübersicht

2.9	Sachlogischer Zusammenhang der binären Systeme	101
	Übungsaufgaben zu den binären Systemen	102
	Erfolgstest zu den binären Systemen	110
	Ergänzung: Eisen-Kohlenstoff-System	113

2.9 SACHLOGISCHER ZUSAMMENHANG DER BINÄREN SYSTEME

Unter den Überschriften „Grundlegende Begriffe der heterogenen Gleichgewichte" und „Binäre Systeme" haben wir in den ersten 5 Studieneinheiten dieses Programms sieben Punkte zur Interpretation von binären Systemen erarbeitet, deren sachlogischer Zusammenhang auf der Vorseite gezeigt ist.

A: *Bitte lesen Sie jetzt in aller Ruhe die Zusammenfassung zu diesen 7 Punkten auf den Gelben Blättern von S. XVII bis S. XXIV durch.*
NEHMEN SIE SICH DAZU MINDESTENS 15 MINUTEN ZEIT!!
Danach werden Sie in der Lage sein, die folgenden Anwendungsaufgaben zu lösen.

Übungsaufgaben zu den binären Systemen

A 1: Konstruieren Sie für die Fe-C-Legierung mit $x_C = 0{,}6\ \%$ die **Abkühlkurve**, und schreiben Sie an die verschiedenen Kurvenstücke die im Gleichgewicht stehenden Phasen oder die auftretenden Reaktionen.
Zeichnen Sie in das Zustandsdiagramm die Wege von Legierungs- und Phasenzustandspunkten und die wichtigsten Konoden ein.

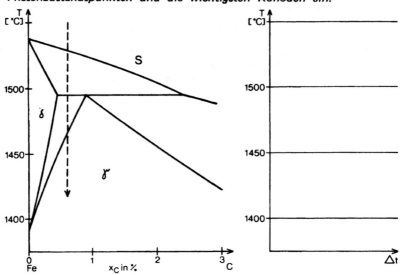

In den folgenden Aufgaben wird das Hebelgesetz angewendet. Insbesondere werden die Anteile der verschiedenen Phasen an einer **eutektischen Mischung** behandelt werden, deshalb sind die Aufgaben besonders wichtig.

A 2: Betrachten Sie die Abkühlung zweier Cd-Zn-Legierungen mit $x_{Zn} = 40\ \%$ und $80\ \%$.

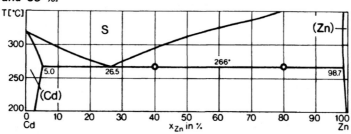

Beide bestehen dicht **oberhalb** 266° aus S- und (Zn)-Phase. Das Gefüge besteht aus den (Zn)-Primärkristallen, zwischen denen sich Schmelze befindet.
a) Welche der beiden Legierungen besitzt einen größeren Anteil an Schmelze? Die ....-% Legierung.
b) Die Schmelze hat bei beiden Legierungen einen Zinkgehalt von $x_{Zn}^S = $ .... %.

L 1: s. Abb.

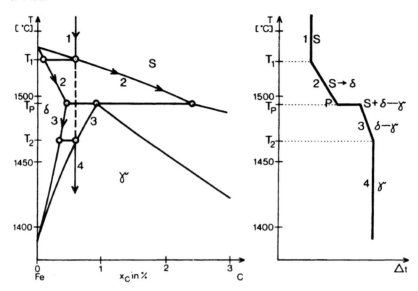

Bis zur Temperatur T_1 läuft die Abkühlung ohne thermischen Effekt.
Ab T_1 scheidet sich δ-Eisen aus der Schmelze aus, es ergibt sich eine verzögerte Abkühlung. Bei T_P zersetzen sich δ-Eisen und Schmelze peritektisch zu γ-Eisen solange, bis die gesamte Restschmelze verbraucht ist. Es entsteht ein Haltepunkt.
Unterhalb T_P liegen δ- und γ-Eisen nebeneinander vor. Bei Abkühlung wandelt sich die δ-Phase in die γ-Phase um und erzeugt eine verzögerte Abkühlung.
Bei Temperatur T_2 ist die δ-Phase vollständig zersetzt, ab hier kühlt die Legierung einphasig (γ-Fe) ohne thermischen Effekt weiter ab (bis ca. 850°).

L 2: a) Die 40 %-Legierung besitzt mehr Schmelze.
b) $x_{Zn}^S = 26{,}5\ \%$. Auch der Zinkgehalt der (Zn)-Primärkristalle ist in beiden Legierungen gleichgroß ($x_{Zn}^{(Zn)} = 48{,}7\ \%$). Die Legierungen unterscheiden sich nur in den Anteilen beider Phasen.

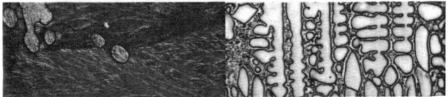

Gefüge von Cd-Zn-Legierungen mit $x_{Zn} = 40\ \%$ (links) und $x_{Zn} = 80\ \%$ (rechts)
$M = 300\ x$.

A: Betrachten Sie wieder die beiden Legierungen (x_{Zn} = 80 % und 40 %):

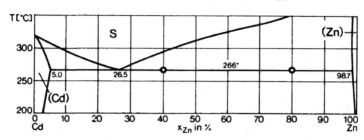

a) Beide bestehen dicht oberhalb 266° aus S- und (Zn)-Phase. Wie groß sind die Phasengehalte in beiden Legierungen?
→ Sie brauchen nicht zu rechnen, sondern können von den unten angegebenen Zahlenwerten die richtigen auswählen.
80 %-Legierung: x^S = ... %; $x^{(Zn)}$ = ... %
40 %-Legierung: x^S = ... %; $x^{(Zn)}$ = ... %

b) Dicht unterhalb 266° ist die Schmelze eutektisch zerfallen.
Welche Legierung besitzt mehr eutektisches Gefüge? Die ...... %-Legierung.
Wie groß ist der Anteil von eutektischem Gefüge und Primärkristallen in beiden Legierungen?
80 %-Legierung: eutektisches Gefüge: .... %; Primärkristalle: .... %
40 %-Legierung: eutektisches Gefüge: .... %; Primärkristalle: .... %

c) Das eutektische Gefüge besteht aus einer Mischung von (Cd) und (Zn).
Untersuchen Sie die Anteile beider Phasen in dem eutektischen Gefüge:
80 %-Legierung: (Cd): .... %, (Zn): .... % im eutektischen Gefüge.
40 %-Legierung: (Cd): .... %, (Zn): .... % im eutektischen Gefüge.

d) In beiden Legierungen bestehen sowohl die Primärkristalle wie ein Teil des eutektischen Gefüges aus (Zn)-Phase. Wie groß sind jetzt die Phasenanteile in der Legierung?
80 %-Legierung: $x^{(Cd)}$ = ... %, $x^{(Zn)}$ = ... %
40 %-Legierung: $x^{(Cd)}$ = ... %, $x^{(Zn)}$ = ... %

Zahlenwerte:
$(98,7 - 26,5) \cdot 23 = (26,5 - 5,0) \cdot 77$; $(98,7 - 80) \cdot 74 = (80 - 26,5) \cdot 26$;
$(98,7 - 80) \cdot 80 = (80 - 5,0) \cdot 20$; $(98,7 - 40) \cdot 19 = (40 - 26,5) \cdot 81$;
$(98,7 - 40) \cdot 37 = (40 - 5,0) \cdot 63$

L a) 80 %-Legierung: $x^S = 26$ %, $x^{(Zn)} = 74$ %
    40 %-Legierung: $x^S = 81$ %, $x^{(Zn)} = 19$ %

b) Die 40 %-Legierung.
    80 %-Legierung: eutektisches Gefüge: 26 %, Primärkristalle: 74 %
    40 %-Legierung: eutektisches Gefüge: 81 %, Primärkristalle: 19 %
    Da das eutektische Gefüge aus der zerfallenen Schmelze besteht, müssen in a) und b) die gleichen Anteile auftreten.

c) 80 %-Legierung und 40 %-Legierung: (Cd) = 77 %, (Zn) = 23 %.
    Die Phasenanteile an dem eutektischen Gefüge sind also unabhängig von den Komponentengehalten in den Legierungen.

d) 80 %-Legierung: $x^{(Cd)} = 20$ %, $x^{(Zn)} = 80$ %
    40 %-Legierung: $x^{(Cd)} = 63$ %, $x^{(Zn)} = 37$ %

Magnesium-Zink-System

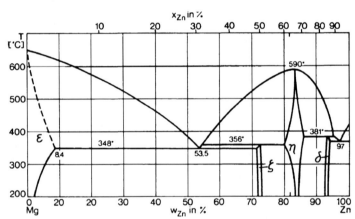

A 1: Ist die Achsenbeschriftung dieses Zustandsdiagrammes anders als die der bisher behandelten Diagramme?

A 2: Welche Phase besitzt praktisch keine Mischbarkeit?   ....-Phase.

A 3: Wieviele eutektische und peritektische Punkte besitzt das System?
    .... eutektische Punkte und .... peritektische Punkte.

L 1: Bei diesem System sind an der unteren Abzisse die Massengehalte und an der oberen Abzisse die Stoffmengengehalte aufgetragen.

L 2: Zn-Phase (rechter Rand)

L 3: 2 eutektische und 2 peritektische Punkte.

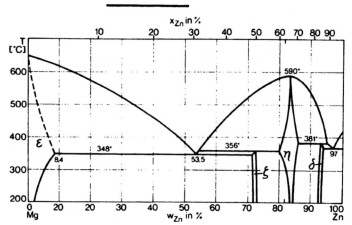

A 1: Warum ist die oberste Spitze des η-Phasenraumes kein peritektischer Punkt? ....
....

A 2: Konstruieren und beschriften Sie zu den folgenden Mg-Zn-Legierungen die schematischen Abkühlkurven. Zeichnen Sie für die Legierung mit $w_{Zn} = 90\,\%$ die Wege der Zustandspunkte bei Abkühlung in das Zustandsdiagramm ein.

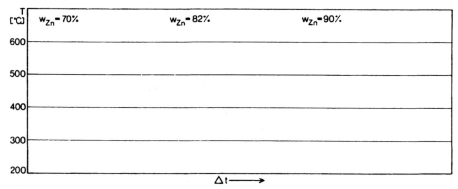

L 1: Da der η-Phasenraum einen anderen Einphasenraum, den S-Phasenraum berührt.

L 2: s. Abb.

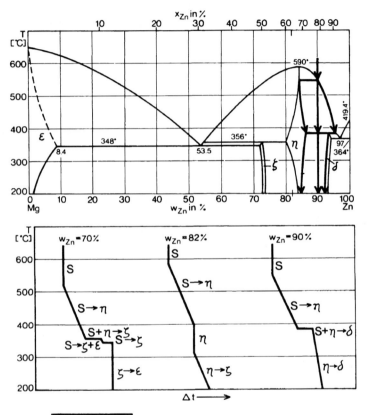

A: Die Abbildung zeigt schematisch das Gefüge einer Probe mit w_{Zn} = 40 % im Gleichgewichtszustand.

a) Zu welcher Temperatur gehört die Abbildung? T = ...°.

b) Beschriften Sie die verschiedenen Phasen.

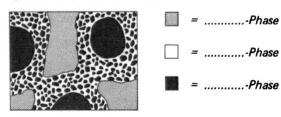

▨ = ...-Phase

☐ = ...-Phase

■ = ...-Phase

L: a) T = 348°; b) ■ = S-Phase, □ = ξ-Phase, ■ = ε-Phase.
Die Abbildung zeigt das Gefüge bei der eutektischen Reaktion bei 348°. Die großen dunklen Bereiche sind ε-Primärkristalle, ein Teil der Schmelze (gerastert) ist bereits eutektisch in ε- und ξ-Phase zerfallen.

Kupfer-Silizium-System

Dieses System zählt zu den kompliziertesten Zustandsdiagrammen. Versuchen Sie, sich in dem Diagramm zurechtzufinden:

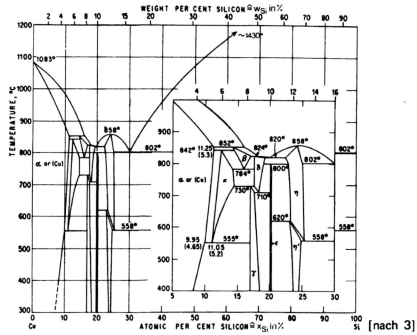

[nach 3]

A 1: Welche Einphasenräume weist das Diagramm auf? ....
....

Markieren Sie, wenn notwendig, die Einphasenräume. Berühren sich die Einphasenräume gegenseitig? ....

Die ....-Phase zeigt praktisch keine Mischbarkeit.

A 2: Wieviele eutektische und peritektische Punkte besitzt das System?
.... eutektische Punkte und .... peritektische Punkte.

L 1: S, a oder (Cu), κ, β, γ, δ, ε, η, η', Si; die Si-Phase besitzt keine Mischbarkeit.

L 2: 6 eutektische Punkte (2 untere Spitzen des S-Phasenraumes, schlecht zu erkennen; untere Spitzen der Einphasenräume: κ, β, δ, η)
6 peritektische Punkte (obere Spitzen der Einphasenräume: κ, β, γ, δ, ε, η')

Als Abschluß zu den „Grundlegenden Begriffen" und „Binären Systemen" können Sie selbst überprüfen, ob Sie die Lernziele zu diesem Programmabschnitten erreicht haben. Sie lauten:

1. Ein beliebiges binäres Zustandsdiagramm interpretieren können, indem
   — alle Ein- und Mehrphasenräume benannt und
   — für die Abkühlung einer Legierung
     — die jeweiligen Phasengehalte ermittelt,
     — die auftretenden Phasenreaktionen angegeben und
     — die schematische Abkühlkurve konstruiert werden.

2. Angaben über das Gefüge der einfachsten Legierungstypen machen können.

3. Wissen, daß man aus schematischen Abkühlkurven mit Hilfe der thermischen Analyse ein Zustandsdiagramm entwickeln kann.

Der folgende Test gibt Ihnen Gelegenheit, Ihren Lernerfolg zu überprüfen. Viel Erfolg!

Erfolgstest zu den binären Systemen

Beweisen Sie Ihr Können an dem relativ komplizierten Kupfer-Zinn-System, indem Sie die folgenden Fragen als Erfolgstest beantworten. (Die Lösungen und die Beurteilung finden Sie auf Seite 112.)

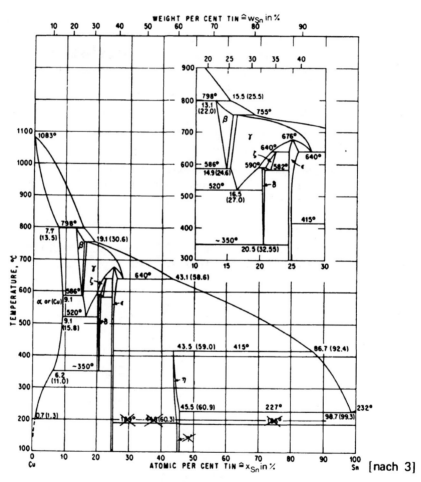

[nach 3]

A 1: Welche Einphasenräume zeigt das Diagramm? ....
....

A 2: Welche Phase besitzt praktisch keine Mischbarkeit? ....-Phase.

A 3: Wieviele eutektische und peritektische Punkte besitzt das System?
.... eutektische Punkte; .... peritektische Punkte.

A 4: Das Zustandsdiagramm unten zeigt einen Ausschnitt aus dem Cu-Sn-Diagramm. Konstruieren Sie für die Legierung mit $x_{Sn} = 15$ % die Abkühlkurve mit Beschriftung von 900° bis 300°.

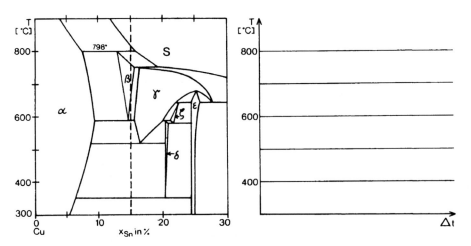

A 5: Die vier schematischen Abbildungen sind Gefügebilder der Legierung mit $x_{Sn} = 15$ %. Sie sind entstanden bei
805° im Bereich S + α;
798° im Bereich S + α → β;
780° im Bereich S + β und
740° im Bereich β
Schreiben Sie die zugehörigen Temperaturen an die Abbildungen, und geben Sie an, um welche Phasen es sich handelt.

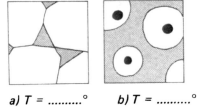

a) T = ...°   b) T = ...°   c) T = ...°   d) T = ...°

■ = ...-Phase,   ▨ = ...-Phase,   □ = ...-Phase.

Auswertung:

L 1: S, α oder (Cu), β, γ, ζ, δ, ε, η, Sn
Jeder richtige Einphasenraum 1 Punkt: .... Punkte.

L 2: Sn-Phase .... 3 Punkte: .... Punkte.

L 3: 6 eutektische Punkte (untere Spitzen der Einphasenräume): S, β, 2 mal γ, ζ S,

5 peritektische Punkte (obere Spitzen der Einphasenräume): β, γ, ζ S, η.
Jede richtige Angabe ergibt 2 Punkte .... Punkte.

L 4:

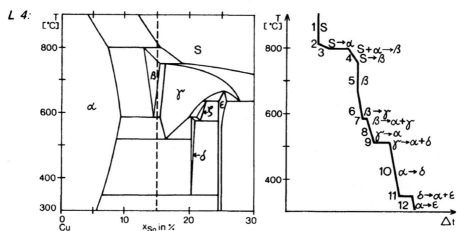

Die Kurve besitzt 12 Abschnitte;
für jeden richtig gezeichneten Abschnitt 1 Punkt .... Punkte
für jedes richtig angegebene Phasengleichgewicht 1 Punkt .... Punkte
für jede richtig angegebene Reaktion 1 Punkt .... Punkte

L 5: a) T = 780°; b) T = 798°; c) T = 805°; d) T = 740°.
für jede richtige Temperatur 5 Punkte .... Punkte

■ = α-Phase; ▨ = S-Phase; ☐ = β-Phase.
für jede richtige Phase 4 Punkte .... Punkte

Summe .... Punkte

Wenn Sie sich selbst eine Note geben wollen:

Sehr gut   95–100 Punkte   ausreichend: 60–69 Punkte
gut   85– 94 Punkte   nicht ausreichend: 0–59 Punkte
befriedigend: 70– 84 Punkte

Ergänzung: Eisen-Kohlenstoff-System

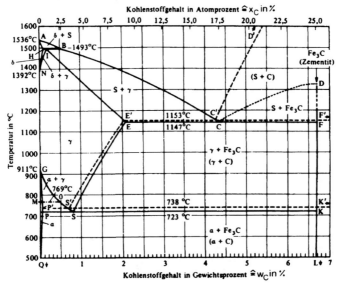

Der hier abgebildete Teil des Eisen-Kohlenstoff-Diagramms ist für die Technik außerordentlich wichtig. Stähle besitzen (neben anderen Komponenten) einen Kohlenstoffgehalt von $w_c \approx 0{,}1$ bis $\approx 1{,}7$ %, d.h. bis zum Punkt E. Gußeisen hat einen Kohlenstoffgehalt von $w_c \approx 2$ % bis $\approx 4{,}5$ %.
Von diesem System wurde bereits die linke obere Ecke (Seite 98) und das reine Eisen (Seite 19) behandelt.
Die Abbildung zeigt zwei Zustandsdiagramme übereinander. Die durchgezogenen Linien geben das Zustandsdiagramm für einen metastabilen Zustand an. Das Zustandsdiagramm des Gleichgewichtszustandes (durchgezogene und gestrichelte Linien) weicht von dem metastabilen in den gestrichelten Linien ab.
Je nach thermischer Behandlung kann ein Werkstück im metastabilen oder stabilen Zustand vorliegen. Bei den üblichen technischen Wärmebehandlungen stellt sich der metastabile Zustand ein. Das graue Gußeisen liegt im stabilen Zustand vor.
Der größte Unterschied zwischen beiden Zustandsdiagrammen besteht im Auftreten der metastabilen Zementit-Phase im metastabilen Zustandsdiagramm. Das Gleichgewichtsdiagramm zeigt diese Phase nicht, sondern auf der rechten Seite nur reinen Kohlenstoff (Graphit).
Daß die Zementit-Phase überhaupt auftritt, hat seinen Grund in der leichteren Keimbildung und Kristallisation des Zementits verglichen mit der Graphit-Phase.
Wenn Werkstücke im metastabilen Zustand einer langen Hochtemperaturbeanspruchung ausgesetzt werden, kann der Zementit in Kohlenstoff und γ-Eisen zerfallen. Dadurch kann es zum Bruch des Werkstückes kommen, der wegen der Ablagerung von freiem Kohlenstoff auf der Bruchfläche Schwarzbruch genannt wird.

STUDIENEINHEIT VII

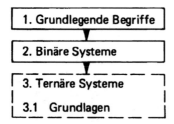

Nach Abschluß der binären Systeme in Studieneinheit VI werden wir in dieser und den folgenden Einheiten die ternären Systeme behandeln. Die Erarbeitung erfolgt wieder — analog den binären Systemen — anhand verschiedener Grundtypen. In dieser Studieneinheit werden Sie lernen,

— wie ein ternäres System in einem dreidimensionalen Zustandsdiagramm dargestellt wird (**ternärer Körper**),
— wie man zweidimensionale **isothermische Schnitte** des ternären Körpers erhält und
— wie man bei Kenntnis der Aufspaltung einer Legierung in Phasen die Mengen der Phasen bestimmen kann (**Schwerpunktgesetz**).

Inhaltsübersicht

3.	TERNÄRE (DREISTOFF-)SYSTEME	115
3.1	Grundlagen	115
3.1.1	Zustandsvariablen	115
3.1.2	Gehaltsdreieck	116
3.1.3	Ternärer Körper	121
3.1.4	Randsysteme	124
3.1.5	Isotherme Schnitte	125
3.1.6	Schwerpunktgesetz	127
Zusammenfassung		129
Ergänzungen		130

Wiederholung zu binären Systemen(130);
Ableitung des Schwerpunktgesetzes (131)

3. TERNÄRE (DREISTOFF-)SYSTEME

3.1 GRUNDLAGEN

3.1.1 Zustandsvariablen

Wenn eine Legierung aus drei Komponenten besteht, wird ihr Zustand durch drei Variablen festgelegt: die Temperatur und zwei Gehaltsangaben. Damit liegt auch der Gehalt der dritten Komponente fest. Der Druck soll wieder konstant sein, andere möglichen Variablen brauchen in diesem Zusammenhang nicht betrachtet zu werden.

Bei den binären Systemen war die Darstellung der Phasenräume leicht im T-x_B-Zustandsdiagramm möglich. Bei den ternären Systemen ist wegen der drei Variablen die Darstellung in der Ebene nicht möglich, sie wird räumlich durchgeführt: Auf einer Grundfläche werden die Gehalte festgelegt. Nach oben in den Raum über der Grundfläche wird die Temperatur aufgetragen. In dieser Darstellung bilden die Ein- und Mehrphasenräume dreidimensionale Körper.

Die stabilen Phasen sind wegen der oft kompliziert geformten Phasenräume schwieriger zu erkennen. Es gibt auch viel mehr verschiedene Zustandstypen verglichen mit den Zweistoff-Systemen. Deshalb muß in diesem Abschnitt ein anderer Weg eingeschlagen werden als bei den Zweistoff-Systemen. Dort konnten alle Typen der Reihe nach behandelt werden, hier können nur die wichtigsten unterschiedlichen Typen vorgestellt werden, an denen gezeigt wird, wie man allgemein bei der Interpretation eines Dreistoff-Systems vorgeht.
Dies soll wieder an einigen praktischen Beispielen geübt werden.

3.1.2 Gehaltsdreieck

A, B und C seien die Komponenten einer Legierung mit den Gehalten x_A, x_B und x_C (bzw. w_A, w_B, w_C). Da nur zwei Gehalte einer Legierung unabhängig sind ($x_A + x_B + x_C = 100\ \%$), lassen sich die drei als ein Punkt in einer Fläche darstellen. Als Fläche wählt man ein gleichseitiges Dreieck, das sogenannte Gehaltsdreieck.

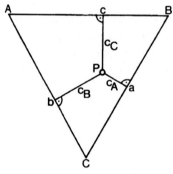

Gehaltsdreieck

In der Abbildung möge der Punkt P eine Legierung repräsentieren, dann entsprechen die drei Abstände des Punktes P von den Seiten den drei Gehalten. Diese erstaunlich einfache Darstellung hat ihren Grund in einem Gesetz der Geometrie:

„Für jeden Punkt in einem gleichseitigen Dreieck ist die Summe der drei Abstände von den Seiten gleich der Höhe des Dreiecks."

Die Höhe des Dreiecks setzt man gleich 100 %. Zum leichteren Ablesen der Gehalte benutzt man ein **Dreieckskoordinatennetz**.

A: *Diese Aufgabe soll Sie mit der Benutzung der Dreieckskoordinaten vertraut machen. Lesen Sie bitte die zu den Punkten P_1 bis P_4 gehörenden x_A-, x_B-, x_C-Werte aus dem linken, mittleren und rechten Gehaltsdreieck ab, und füllen Sie die Liste unten aus.*

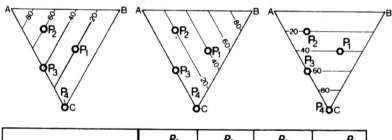

	P_1	P_2	P_3	P_4
x_A [%]				
x_B [%]				
x_C [%]				
$x_A + x_B + x_C$ [%]				

L:

	P_1	P_2	P_3	P_4
x_A [%]	20	60	40	0
x_B [%]	40	20	0	0
x_C [%]	40	20	60	100
$x_A + x_B + x_C$ [%]	100	100	100	100

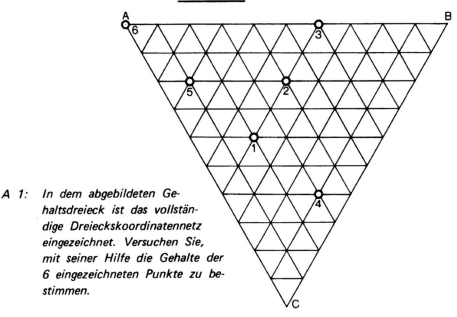

A 1: In dem abgebildeten Gehaltsdreieck ist das vollständige Dreieckskoordinatennetz eingezeichnet. Versuchen Sie, mit seiner Hilfe die Gehalte der 6 eingezeichneten Punkte zu bestimmen.

Punkt	1	2	3	4	5	6	7	8	9	10
x_A [%]							20	......	......	60
x_B [%]							50	50	70	20
x_C [%]							......	50	0	40

A 2: Tragen Sie bitte in das Gehaltsdreieck die Punkte 7 bis 10 ein.

A 3: Die Punkte 1, 2 und 3 liegen auf einer Parallelen zu der A gegenüberliegenden Seite. Wie drückt sich diese Tatsache in den Gehalten aus? ....
....

A 4: Die Punkte 1, 4 und 5 liegen auf einer Geraden durch A. Wie drückt sich diese Tatsache in den Gehalten aus? (Bilden Sie bitte das Verhältnis $x_B : x_C$) ....
....

L 1:

Punkt	1	2	3	4	5	6
x_A [%]	40	40	40	10	70	100
x_B [%]	20	40	60	30	10	0
x_C [%]	40	20	0	60	20	0

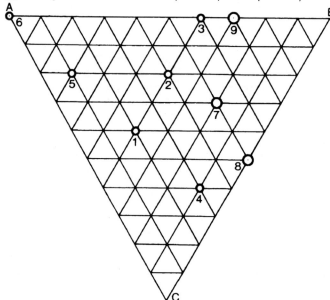

L 2: Punkt 7 bis 9 s. o., Punkt 10: Die Gehaltsangaben enthalten einen Widerspruch, da $x_A + x_B + x_C > 100\,\%$ ist.

L 3: Ihre Gehalte x_A sind gleich.

L 4: Das Verhältnis $x_B : x_C$ ist gleich.

A: Zu einer bestimmten Mischung von B und C (etwa 10 kg B und 20 kg C) wird von einer dritten Komponente A immer mehr Stoff zulegiert. Wie bewegt sich der Zustandspunkt der Legierung dabei im Gehaltsdreieck? (Bezogen auf Massengehalte)

Bitte rechnen Sie nicht, sondern überlegen Sie nur, und antworten Sie in einem Satz. ....
....
....

L: Er bewegt sich von Punkt [w_B = 33,3 %, w_C = 66,7 %, w_A = 0 %] auf der Seite BC aus gradlinig auf den Punkt A zu. Vergleichen Sie mit der Aufgabe 4 auf Seite 117.

Bemerkung: Obwohl die Massen der B- und C-Komponenten unverändert bleiben, nehmen doch ihre Gehalte ab, da durch das Zulegieren die Gesamtmasse der Legierung vergrößert wird.

A: Lassen Sie sich nicht durch den folgenden „Schnittmusterbogen" verwirren! Einen Teil der Linien kennen Sie bereits als Dreieckskoordinatennetz, die anderen Linien werden Sie später auch noch lesen können.

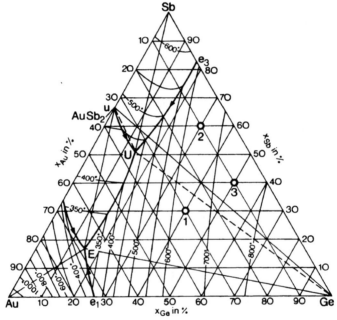

Realdiagramm mit Schmelzisothermen [vgl. G. Zwingmann, Z. Metallkde, Bd. 55 (1964), S. 193]

Welche Gehalte besitzen die drei Legierungen 1, 2 und 3?

1: x_{Au} = ... %; x_{Ge} = ... %; x_{Sb} = ... %

2: x_{Au} = ... %; x_{Ge} = ... %; x_{Sb} = ... %

3: x_{Au} = ... %; x_{Ge} = ... %; x_{Sb} = ... %

Studieneinheit VII — 7/18

L 1: $x_{Au} = 30\%$; $x_{Ge} = 40\%$; $x_{Sb} = 30\%$

L 2: $x_{Au} = 10\%$; $x_{Ge} = 30\%$; $x_{Sb} = 60\%$

L 3: $x_{Au} = 10\%$; $x_{Ge} = 50\%$; $x_{Sb} = 40\%$

Die Darstellung der Gehalte im Gehaltsdreieck führt zu folgenden wichtigen Einzelheiten:

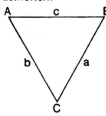

— Der Eckpunkt A liegt auf den Seiten b und c; x_B und x_C sind also Null. Der Abstand x_A zu a ist gleich 100 %, das bedeutet, daß der Eckpunkt A nur aus der reinen Komponente A besteht. Entsprechend bestehen die Eckpunkte B und C nur aus den reinen Komponenten B bzw. C.

— Für alle Punkte auf der Seite b ist $x_B = 0$, die zugehörigen Legierungen enthalten also keine Komponente B.

— Je dichter ein Punkt an einer Ecke liegt, desto größer ist sein Gehalt an der zur Ecke gehörenden Komponente.

Lösung zur Seite 130:

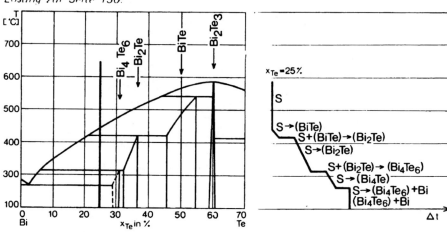

3.1.3 Ternärer Körper

Zur Darstellung des Dreistoffsystems trägt man über dem Gehaltsdreieck die dritte Variable, die Temperatur, nach oben auf. Dadurch wird ein gleichseitiges Prisma gebildet, der sogenannte **ternäre Körper**. Durch drei Zustandsvariablen (zwei Gehaltsangaben und eine Temperatur) wird im ternären Körper der Zustandspunkt einer Legierung festgelegt. Wie bei den Zweistoffdiagrammen gilt hier:

Der ternäre Körper setzt sich zusammen aus Ein- und Mehrphasenräumen. Legierungen, die mit ihren Zustandspunkten in den Mehrphasenräumen liegen, müssen in zwei oder mehrere Phasen aufspalten, deren Phasenzustandspunkte auf den Phasengrenzen der benachbarten Einphasenräume liegen.

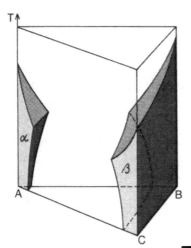

Die nebenstehende Abbildung zeigt den noch fast leeren ternären Körper eines Systems ABC. Eingezeichnet sind nur die zwei Einphasenräume zweier fester Phasen α und β.

Der α-Phasenraum zeigt unter anderem, daß die Komponente A nur etwas B und etwas C lösen kann.

Der β-Phasenraum zeigt, daß die Komponenten B und C vollständig mischbar sind und nur etwas A lösen können.

A 1:   *Die Oberfläche des α-Phasenraumes besteht aus .... Teilflächen.*

A 2:   *Die Oberfläche des β-Phasenraumes besteht aus .... Teilflächen.*

Bemerkung: Es ist sicher für manchen schwierig, sich von einer flächenhaften Darstellung eine räumliche Vorstellung zu machen. Leider ist dies aber bei der Behandlung der ternären Systeme oft unumgänglich. Wer hier Schwierigkeiten hat, sei auf die Anmerkung auf Seite 14 verwiesen.

L 1: 5 Teilflächen;   *L 2:* 6 Teilflächen

Wichtig sind aber nur die jeweils „inneren" Teilflächen: 2 und 4 des α-Phasenraumes und 1 und 5 des β-Phasenraumes, s. Abb. unten links.

Zur Vervollständigung des ternären Körpers wird in der Abbildung unten der noch fehlende Einphasenraum der Schmelze „eingepaßt".

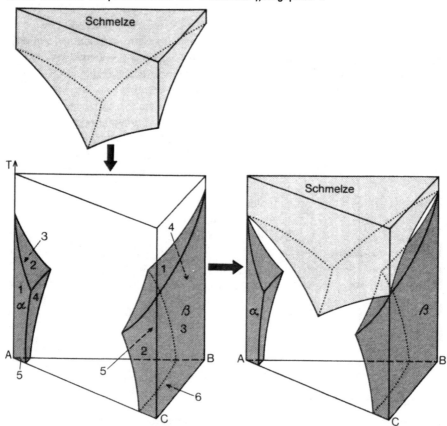

A 1: Die Oberfläche des Schmelz-Phasenraumes besteht aus .... Teilflächen.

A 2: Schmelz- und β-Phasenraum berühren sich in .... Punkten.

L 1: 6 Teilflächen, s. Abb. unten;   *L 2:* 2, in der Abb. Punkt P_1 und P_2.

An dieser Stelle seien einige Bemerkungen gemacht: Da bei allen Analysen nur das Zustandsdiagramm bis zum Schmelz-Einphasenraum betrachtet wird, werden die ternären Körper oberhalb des höchsten Schmelzpunktes glatt abgeschnitten.

In Analogie zu den binären Systemen nennt man die unteren Begrenzungsflächen des Schmelz-Einphasenraumes **Liquidusflächen**. (In der Abbildung sind dies die Flächen 5 und 6.)

Die Schnittlinie zweier Liquidusflächen soll **Liquidusschnittlinie** genannt werden *

Die Flächen der festen Phasenräume, die den Liquidusflächen gegenüberliegen, werden, auch in Analogie zu den binären Systemen, Solidusflächen genannt. (In der Abbildung liegt die Fläche 7 des α-Einphasenraumes der Liquidusfläche 5 und die Fläche 8 des β-Einphasenraumes der Liquidusfläche 6 gegenüber.)

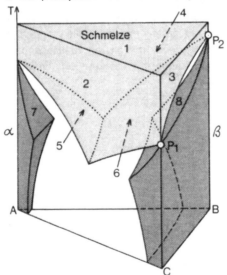

---

* Diese Definition steht für die in der Literatur häufig verwendeten Begriffe „Linien doppelt gesättigte Schmelzen" oder „eutektische Rinne" und „peritektische Kurve". Letztere sind in manchen Systemen aber nur schwer gegeneinander abgrenzbar. (Vgl. z.B. System in Studieneinheit XV.)

3.1.4 Randsysteme

Die Legierungen, die auf den Seiten des Gehaltsdreiecks liegen, enthalten nur zwei Komponenten. Der Gehalt der dritten Komponente ist ja Null. So bildet jede Seite des ternären Körpers ein binäres Zustandsdiagramm, ein sogenanntes (binäres) Randsystem. In der unteren Abbildung sind zur Verdeutlichung die beiden Randsysteme AC und BC heruntergeklappt. Man erkennt, daß das erste System vom Typ des eutektischen Systems ist. Das Randsystem BC ist eines mit vollständiger Mischbarkeit.

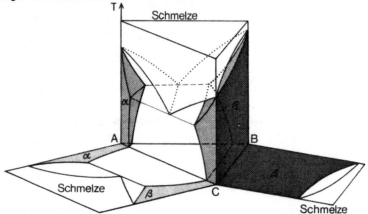

Aus methodischen Gründen haben wir „das Pferd vom Schwanz her aufgezäumt".
In der Praxis wird man jedoch nie vom Dreistoffsystem auf die binären Randsysteme schließen, sondern genau umgekehrt: man „klappt die Randsysteme hoch" und fragt sich, wie sie sich in den ternären Körper fortsetzen werden.

A 1: Das binäre Randsystem AC ist vom Typ ....
....

A 2: Das binäre Randsystem BC ist vom Typ ....
....

A 3: Das binäre Randsystem AB ist vom Typ ....
....

L 1: *eutektisches System.*
L 2: *System vollständiger Mischbarkeit im festen und flüssigen Zustand.*
L 3: *eutektisches System.*

3.1.5 Isotherme Schnitte

Die bisher benutzte Form der Darstellung der ternären Körper war die perspektivische Abbildung. Sie ist für einfache Körper recht anschaulich, für kompliziertere Körper und zum Ablesen von Werten allerdings ungeeignet. Hierzu benutzt man andere Darstellungsarten:

1. Zur Gehaltsebene senkrechte Schnitte, kurz „Gehaltsschnitte" genannt (sie werden später bei den einzelnen Beispielen behandelt).
2. Isotherme Schnitte.

Bei den isothermen Schnitten handelt es sich, wie der Name schon sagt, um Schnitte des ternären Körpers in Ebenen gleicher Temperatur. Man erhält für die entsprechende Temperatur „Höhenschichtlinien" der Phasenräume. Die Abbildung zeigt mehrere verschiedene isotherme Schnitte, die allerdings zum leichteren Erkennen noch perspektivisch gezeichnet sind.

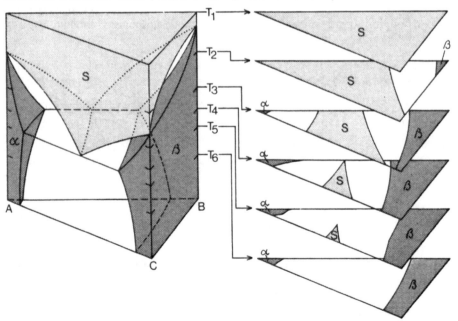

Der isotherme Schnitt T_5 ist hier noch einmal (nicht perspektivisch) gezeigt:

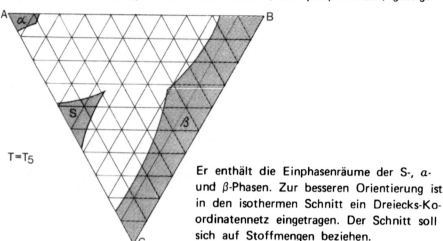

Er enthält die Einphasenräume der S-, α- und β-Phasen. Zur besseren Orientierung ist in den isothermen Schnitt ein Dreiecks-Koordinatennetz eingetragen. Der Schnitt soll sich auf Stoffmengen beziehen.

A 1: Schreiben Sie bitte zu den folgenden Legierungen, welche Phase jeweils bei T_5 stabil ist:

a) $x_A = 50$ %; $x_B = 10$ %; $x_C = 40$ %; ....-Phase

b) $x_A = 10$ %; $x_B = 60$ %; $x_C = 30$ %; ....-Phase

c) $x_A = 100$ %; $x_B = 0$ %; $x_C = 0$ %; ....-Phase

A 2: Welche Legierung, die bei T_5 nur aus S-Phase besteht, hat den größten Gehalt an B? $x_A = $ .... %, $x_B = $ .... %, $x_C = $ .... %

A 3: Welche Legierung, die bei T_5 nur aus β-Phase besteht, hat den größten Gehalt an A? $x_A = $ .... %, $x_B = $ .... %, $x_C = $ .... %

A 4: Legierungen, die mit ihren Zustandspunkten in Mehrphasenräumen liegen, müssen in zwei oder mehr Phasen aufspalten, deren Phasenzustandspunkte auf Phasengrenzen der benachbarten Einphasenräume liegen. Die Legierung X ($x_A = 60$ %, $x_B = 20$ %, $x_C = 20$ %) spaltet zum Beispiel bei T_5 in die drei folgenden Phasen auf:
α-Phase: $|x_A^\alpha = 87$ %, $x_B^\alpha = 9$ %, $x_C^\alpha = 4$ %$|$,
β-Phase: $|x_A^\beta = 21$ %, $x_B^\beta = 47$ %, $x_C^\beta = 32$ %$|$ und
S-Phase: $|x_A^S = 46$ %, $x_B^S = 21$ %, $x_C^S = 33$ %$|$. (Die Werte lassen sich — wie Sie später sehen werden — aus dem isothermen Schnitt ablesen.) Tragen Sie die Zustandspunkte oben ein, und verbinden Sie die Phasenzustandspunkte miteinander. Die Verbindungslinien sind die **Konoden** des Zustandspunktes der Legierung bei T_5.

L 1: a) S-Phase; b) β-Phase; c) α-Phase s. Abb.

L 2: $x_A = 46\%$, $x_B = 21\%$, $x_C = 33\%$

L 3: $x_A = 21\%$, $x_B = 47\%$, $x_C = 32\%$

L 4: s. Abb. unten

3.1.6 Schwerpunktgesetz

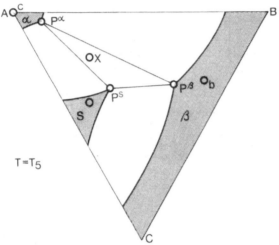

Die Abbildung zeigt den isothermen Schnitt bei T_5 von Seite 125. Eingetragen ist als Kreuzchen der Zustandspunkt einer Legierung. Die Legierung ist in die S-, α- und β-Phase (P^S, P^α, P^β) aufgespalten (vgl. letzte Aufgabe).

Zur Berechnung der Phasengehalte in der Legierung (x^S, x^α, x^β) dient das Schwerpunktgesetz. Dieses Gesetz ist die Erweiterung des Hebelgesetzes auf ternäre Systeme.

Schwerpunktgesetz

$$(x_i^S - x_i)x^S + (x_i^\alpha - x_i)x^\alpha + (x_i^\beta - x_i)x^\beta = 0$$
$$(w_i^S - w_i)w^S + (w_i^\alpha - w_i)w^\alpha + (w_i^\beta - w_i)w^\beta = 0$$

i = beliebige Komponente

Ableitung s. Ergänzungen S. 131

Das Gesetz hat seinen Namen von dem formelgleichen Schwerpunktgesetz aus der Mechanik, mit dessen Hilfe sich die Verteilung der Mengen auf die Phasen anschaulich machen läßt:

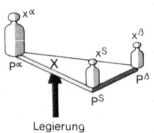

- Die Konoden, die die Zustandspunkte der stabilen Phasen einer Legierung verbinden, umranden eine Fläche.
- An den **Ecken** der Fläche liegen die Phasenzustandspunkte, in der Fläche liegt der Legierungszustandspunkt.
- Mit den jeweiligen Phasengehalten werden die Phasenzustandspunkte belastet.
- Damit liegt der Legierungszustandspunkt im **Schwerpunkt** der Fläche.

Wählt man innerhalb der Fläche eine andere Legierung, so wird die Dreiecksfläche an einer anderen Stelle unterstützt. Damit die Fläche wieder in Balance bleibt, müssen jetzt andere Gewichte (andere Phasengehalte in der Legierung) auf die Ecken gestellt werden.

Auch das Schwerpunktgesetz eignet sich gut zum Abschätzen der Mengenverhältnisse:

- Je dichter der Legierungszustandspunkt an einem Phasenzustandspunkt liegt, desto größer ist der zugehörige Phasengehalt in der Legierung.
- Wenn der Legierungszustandspunkt auf einer Konode liegt (die Verbindungslinien der drei Phasenzustandspunkte sind ja Konoden), ist die Menge der gegenüberliegenden Phase gleich Null.
- Der Legierungszustandspunkt muß innerhalb seiner Konodenfläche liegen.

A 1: *Welche der in Abbildung unten eigezeichneten Legierungen sind in die drei Phasen mit den Zustandspunkten P^α, P^β und P^S aufgespalten?*
....

A 2: *Welche von ihnen hat die größte Menge an α-Phase (wenn die Gesamtmengen der Legierungen gleich groß sind)?* ....

A 3: *Welche Legierungen bestehen nur aus zwei der drei Phasen?*
....

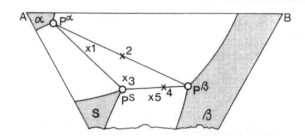

L 1:   *1 und 3;*   *L 2:*   *1;*   *L 3:*   *2 und 4.*

Am Ende dieses Lernheftes soll eine Zusammenfassung des Stoffes stehen, den Sie gerade durchgearbeitet haben. Versuchen Sie, die Lücken im Text auszufüllen. Wenn Ihnen etwas unklar ist, lesen Sie noch einmal im Heft nach.

Zusammenfassung

1. **Zustandsvariablen** *eines Dreistoffsystems:*

    a) Druck p (i. allg. konstant)

    b) ....

    c) ....

    d) dabei gilt: $x_A + x_B + x_C$ = ... %.

2. **Gehaltsdreieck**
    Darstellung der Gehalte einer Legierung als Punkt in einem gleichseitigen Dreieck. Abstand des Punktes von der Seite a entspricht dem Komponentengehalt ....

3. **Ternäre Körper**

    a) Über dem Gehaltsdreieck wird die Variable .... aufgetragen. Dadurch entsteht der ternäre Körper.

    b) Bereiche, in denen eine Phase stabil ist, nennt man ....

    c) Die unteren Phasengrenzflächen eines S-Phasenraumes heißen ....
    ....

4. **Randsysteme**

    a) In dem ternären Körper des Systems ABC sind die Aussagen über die Zweistoffsysteme ...., ... und .... enthalten.

    b) Da ihre Gehalte auf dem .... des Gehaltsdreiecks liegen, nennt man sie (binäre) Randsysteme.

5. **Isotherme Schnitte**
    Zur zweidimensionalen Darstellung des ternären Körpers benutzt man

    a) ....

    b) ....

6. **Schwerpunktgesetz**

    Wenn eine Legierung in mehrere Phasen aufgespalten ist, kann man die verschiedenen .... in der Legierung mit dem Schwerpunktgesetz bestimmen.

L 1 b) Temperatur *T;* *c)* Gehalte x_A, x_B, x_C *(bzw.* w_A, w_B, w_C);
d) 100 %;

L 2: x_A *(bzw.* w_A);

L 3 a) T; *L 3 b) Einphasenräume;* *L 3 c) Liquidusflächen;*

L 4 a) AB, BC und CA; *L 4 b) Rand;*

L 5 a) Gehaltsschnitte; *L 5 b) isotherme Schnitte;*

L 6: Phasengehalte

Ergänzungen

Wiederholung zu Zweistoffsystemen

A: *Konstruieren und beschriften Sie die schematische Abkühlkurve einer Wismut(Bi)-Tellur(Te)-Legierung mit* x_{Te} = 25 %.

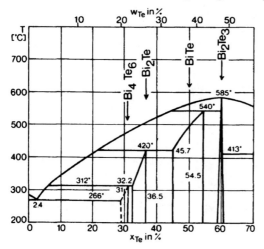
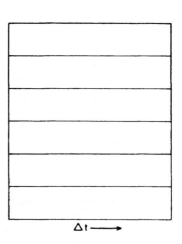

Die Lösung finden Sie auf Seite 120.

Studieneinheit VII – 18/18

Ableitung des Schwerpunktgesetzes (s. S. 127)

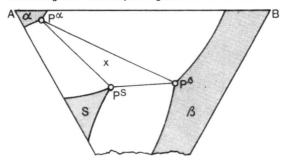

Formelzeichen siehe Gelbe Blätter S. XXXIV.
Diese Ableitung wird genauso durchgeführt wie die des Hebelgesetzes auf Seite 35:

Es gilt:

① $1 = x^S + x^\alpha + x^\beta$ ② $n_B = n_B^S + n_B^\alpha + n_B^\beta$

③ $x_B = \dfrac{n_B}{n}; \; x_B^S = \dfrac{n_B^S}{n^S}; \; x^S = \dfrac{n^S}{n}; \; x_B^\alpha = \dfrac{n_B^\alpha}{n^\alpha}; \; x^\alpha = \dfrac{n^\alpha}{n}; \; x_B^\beta = \dfrac{n_B^\beta}{n^\beta}; \; x^\beta = \dfrac{n^\beta}{n}$

damit folgt:

② wird durch n geteilt: $\quad \dfrac{n_B}{n} = \dfrac{n_B^S}{n} + \dfrac{n_B^\alpha}{n} + \dfrac{n_B^\beta}{n}$

mit n^S bzw. n^α bzw. n^β erweitert: $\quad \dfrac{n_B}{n} = \dfrac{n_B^S}{n^S} \cdot \dfrac{n^S}{n} + \dfrac{n_B^\alpha}{n^\alpha} \cdot \dfrac{n^\alpha}{n} + \dfrac{n_B^\beta}{n^\beta} \cdot \dfrac{n^\beta}{n}$

③ eingesetzt: $\quad x_B = x_B^S \cdot x^S + x_B^\alpha \cdot x^\alpha + x_B^\beta \cdot x^\beta$ ⓐ

① mit x_B multipliziert: $\quad x_B = x_B \cdot x^S + x_B \cdot x^\alpha + x_B \cdot x^\beta$ ⓑ

ⓐ minus ⓑ : $\quad 0 = (x_B^S - x_B)x^S + (x_B^\alpha - x_B) x^\alpha + (x_B^\beta - x_B)x^\beta$

Man hätte die Rechnung ebenso für Komponente A oder C durchführen können:
$(x_i^S - x_i)x^S + (x_i^\alpha - x_i)x^\alpha + (x_i^\beta - x_i)x^\beta = 0; \quad i = A, B \text{ oder } C.$

STUDIENEINHEIT VIII

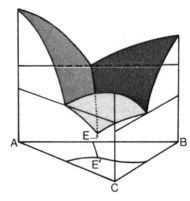

In der vorigen Studieneinheit wurden als Grundlagen der ternären Systeme die Punkte Gehaltsdreieck, ternärer Körper, Randsysteme, isotherme Schnitte und Schwerpunktgesetz behandelt.

Aufbauend auf diesen Grundlagen soll nach einer kurzen Wiederholung das erste ternäre System bearbeitet werden. Sein ternärer Körper ist oben abgebildet. Weil dieses System zu den einfachsten ternären Systemen zählt, ist es zur einführenden Behandlung von Abkühlungen und Phasenreaktionen verschiedener Legierungen besonders gut geeignet.

Inhaltsübersicht

Wiederholung 133
Vergleich von binären und ternären Systemen 134
3.2 Ternäres System mit drei eutektischen Randsystemen 135
3.2.1 Ternärer Körper 135
3.2.2 Einphasenraum der Schmelze 136
3.2.3 Randsysteme 136
3.2.4 Isotherme Schnitte 137
3.2.5 Abkühlung einer Legierung 141
3.2.6 Isotherme Schnitte mit Konoden 146

Wiederholung

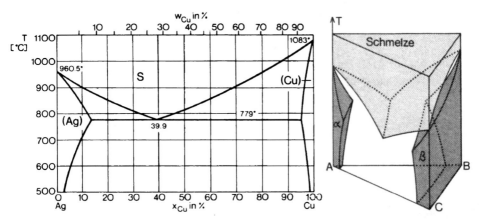

Die Behandlung der Dreistoffsysteme ist schwieriger als die Behandlung der Zweistoffsysteme. Sie werden aber sehen, daß auch hier die gleichen oder zumindest ähnliche Prinzipien zugrunde liegen wie die, die Sie bei der Behandlung der binären Systeme bereits kennengelernt haben. Das Ziel der folgenden Studieneinheiten besteht darin, Sie mit der Anwendung der wichtigsten Prinzipien auf ternäre Systeme vertraut zu machen.

A: Die nebenstehende Abbildung zeigt ein Gehaltsdreieck. Welche Gehalte haben die beiden Legierungen 1 und 2?

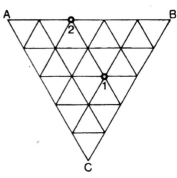

Legierung 1: x_A = ... %,
x_B = ... %,
x_C = ... %.

Legierung 2: x_A = ... %,
x_B = ... %,
x_C = ... %.

Tragen Sie bitte Legierung 3 und 4 in die Abbildung ein.
Legierung 3: x_B = 20 %, x_C = 20 %
Legierung 4: x_A = 20 %, x_B = 0 %.

L: Legierung 1: $x_A = 20\,\%$, $x_B = 40\,\%$, $x_C = 40\,\%$
2: $x_A = 60\,\%$, $x_B = 40\,\%$, $x_C = 0\,\%$
3: s. Abb.
4: s. Abb.

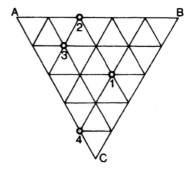

Vergleich von binären und ternären Systemen

	Binäre Systeme	Ternäre Systeme
Komponenten	A, B	A, B, C
Variablen	T, x_A, x_B (bzw. w_A, w_B) p (i. allg. p = konst.) $x_A + x_B = 100\,\%$	T, x_A, x_B, x_C (bzw. w_A, w_B, w_C) p (i. allg. p = konst.) $x_A + x_B + x_C = 100\,\%$
Darstellung	Zustandspunkt im x-T-Zustandsdiagramm	Zustandspunkt im x-T-Zustandsdiagramm: ternärer Körper mit Gehaltsdreieck als Grundfläche
Randsysteme	Einstoffsysteme A und B bei $x_A = 100\,\%$ und $x_B = 100\,\%$	Einstoffsysteme A, B, C in den Ecken des Gehaltsdreiecks Zweistoffsystem AB, BC, CA auf den Rändern des Gehaltsdreiecks
Einphasenräume	treten i. allg. als Flächen auf	treten i. allg. als räumliche Körper auf
Mehrphasenräume	Flächen zwischen Einphasenräumen	Räume zwischen Einphasenräumen
	Liegt ein Legierungszustandspunkt in einem Mehrphasenraum, spaltet die Legierung in mehrere Phasen auf mit Phasenzustandspunkten auf den Phasengrenzen der benachbarten Einphasenräume	
Berechnen der Phasengehalte in der Legierung	mit dem Hebelgesetz: $(x_B^\alpha - x_B)x^\alpha + (x_B^\beta - x_B) \cdot x^\beta = 0$	mit dem Schwerpunktgesetz: $(x_B^\alpha - x_B)x^\alpha + (x_B^\beta - x_B)x^\beta + (x_B^\gamma - x_B)x^\gamma = 0$

3.2 TERNÄRES SYSTEM MIT DREI EUTEKTISCHEN RANDSYSTEMEN

3.2.1 Ternärer Körper

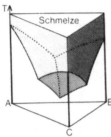

Die nebenstehende Abbildung zeigt den ternären Körper des Systems, das jetzt besprochen werden soll. Die Komponenten A, B und C sind im festen Zustand nicht mischbar, so erscheinen ihre Einphasenräume als senkrechte Striche über den Eckpunkten des Gehaltsdreiecks. Auf diesen drei „Säulen" ruht oben der Phasenraum der Schmelze.

Da die festen Phasen jeweils nur aus einer Komponente bestehen, werden ihre Bezeichnungen ohne Klammer geschrieben: A-Phase statt (A)-Phase.

Damit Sie ein räumliches Vorstellungsvermögen für diesen Körper entwickeln, versuchen Sie bitte, diese Fragen zu beantworten:

A 1: Die Oberfläche des Schmelz-Phasenraumes besteht aus .... Teilflächen. Von diesen sind .... Teilflächen gewölbt.

A 2: Das System besitzt ...... Liquidusflächen (Liquidusfläche s. S. 123).

A 3: Das System besitzt ...... Liquidusschnittlinien (Liquidusschnittlinie s. S. 123).

A 4: Von den drei Komponenten A, B und C besitzt die Komponente .... den niedrigsten Schmelzpunkt.

L 1: 7 Teilflächen, davon sind 3 gewölbt (5, 6 und 7) (s. Abb. unten)

L 2: 3 Liquidusflächen (5, 6 und 7)

L 3: 3 Liquidusschnittlinien (zwischen 5 und 6, 6 und 7, 7 und 5)

L 4: Komponente C

3.2.2 Einphasenraum der Schmelze

Bisher wurde der Schmelzphasenraum als Körper dargestellt, der **oben** glatt abgeschnitten war. Für die meisten Anwendungen sind allerdings nur seine **unteren** Begrenzungsflächen, die Liquidusflächen, von Bedeutung. In den folgenden Abbildungen, z.B. in der Abbildung auf der nächsten Seite, werden darum nur noch die Liquidusflächen dargestellt. Den Schmelzphasenraum kann man sich darüber vorstellen.

Die drei Liquidusschnittlinien des Systems stoßen in einem Punkt E (s. Abb.) zusammen. E bildet die untere Spitze des Schmelzphasenraumes und wird deshalb **ternärer eutektischer Punkt** genannt.

3.2.3 Randsysteme

Die Legierungen, die auf den Seiten des Gehaltsdreiecks liegen, enthalten nur zwei Komponenten. Der Gehalt der dritten Komponente ist ja Null. So bildet jede Seite des ternären Körpers ein Zweistoff-Zustandsdiagramm, ein sogenanntes (binäres) Randsystem. In der Abbildung sind zur Verdeutlichung die beiden Randsysteme AC und BC heruntergeklappt. Man erkennt, daß alle drei Randsysteme eutektische Systeme sind, wie es die Überschrift dieses Abschnittes (Pkt. 3.2) verspricht.

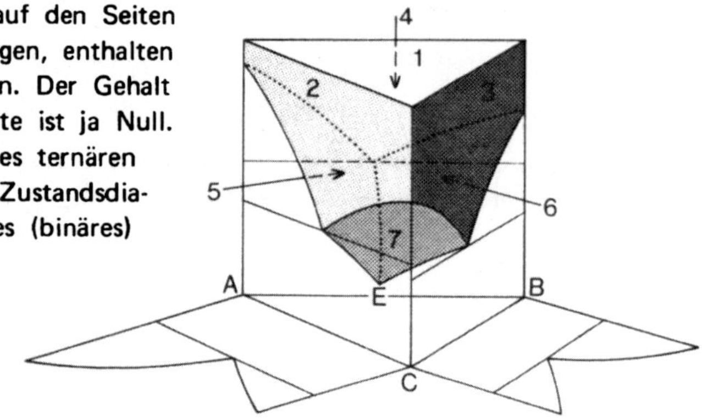

Es sei noch einmal darauf hingewiesen, daß man in der Praxis von den Randsystemen ausgeht und sich fragt, wie die Systeme sich ins Innere des ternären Körpers fortsetzen können.

A: *Überzeugen Sie sich davon, daß die Liquidusschnittlinien in den eutektischen Punkten der Randsysteme beginnen. Die Liquidusschnittlinie, die vom eutektischen Punkt im Randsystem AB ausgeht, ist die Schnittlinie der Liquidusflächen Nr.: .... und Nr.: ....*

L: Fläche Nr. 5 und 6

3.2.4 Isotherme Schnitte

Sie wissen bereits: Die perspektivische Darstellung ternärer Körper ist zwar recht anschaulich, für kompliziertere Körper und zum Ablesen von Werten allerdings ungeeignet. Hierzu benutzt man andere Darstellungsarten, und zwar:

1. zur Gehaltsebene senkrechte Schnitte, kurz „Gehaltsschnitte" genannt (sie werden in der nächsten Studieneinheit behandelt);
2. isotherme Schnitte.

Bei den isothermen Schnitten handelt es sich um Schnitte des ternären Körpers in isothermen Ebenen. Man erhält für die entsprechende Temperatur „Höhenschichtlinien" der Phasenräume, sogenannte Isothermen (s. S. 125).

A: Bitte versuchen Sie selber einmal, die isothermen Schnitte für T_1 und T_2 zu konstruieren.

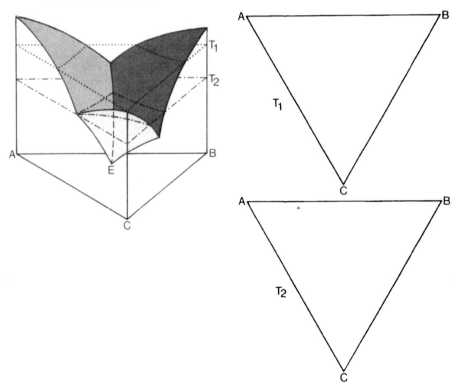

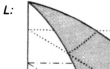
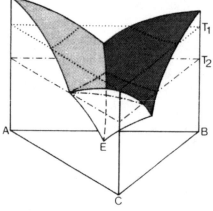
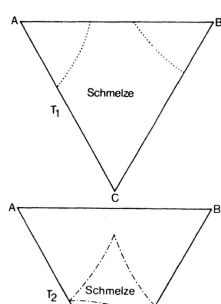

Auf der folgenden Abbildung sehen Sie einen ganzen Satz von isothermen Schnitten, die zum besseren Verständnis noch einmal perspektivisch gezeichnet sind:

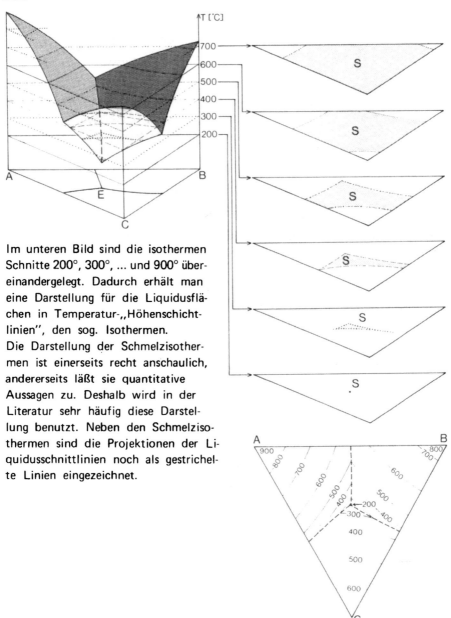

Im unteren Bild sind die isothermen Schnitte 200°, 300°, ... und 900° übereinandergelegt. Dadurch erhält man eine Darstellung für die Liquidusflächen in Temperatur-„Höhenschichtlinien", den sog. Isothermen.

Die Darstellung der Schmelzisothermen ist einerseits recht anschaulich, andererseits läßt sie quantitative Aussagen zu. Deshalb wird in der Literatur sehr häufig diese Darstellung benutzt. Neben den Schmelzisothermen sind die Projektionen der Liquidusschnittlinien noch als gestrichelte Linien eingezeichnet.

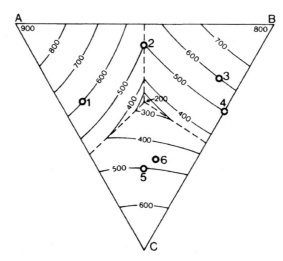

Bitte lösen Sie mit Hilfe der Schmelzisothermen folgende Aufgaben:

A 1: Die sechs Legierungen, deren Zustandspunkte oben eingezeichnet sind, werden von 1000° aus abgekühlt. Bei welchen Temperaturen stoßen sie auf die Liquidusflächen?

Legierung 1: ....°; Legierung 2: ....°; Legierung 3: ....°;
Legierung 4: ....°; Legierung 5: ....°; Legierung 6: ....°.

A 2: Welche Legierung hat

a) – den größten Gehalt an Komponente C? ....
b) – den geringsten Gehalt an Komponente A? ... .

L 1: Legierung 1: 600°; 2: 500°; 3: 600°; 4 und 5: 500°; 6: etwa 450°, da 6 zwischen der 400°- und 500°-Linie liegt, muß man die Temperatur zwischen beiden Werten abschätzen.

L 2: a) Legierung 5; b) Legierung 4, da die Legierung auf dem BC-Rand liegt, ist $x_A = 0\,\%$.

3.2.5 Abkühlung einer Legierung

Temperaturbereich 1: einphasiges Gleichgewicht. Die Legierung X wird im Schmelzzustand solange abgekühlt, bis sie die Liquidusfläche bei T_1 erreicht. Bis hierher liegt die Legierung einphasig als Schmelze vor. Die Abkühlkurve zeigt keinen thermischen Effekt. Die Projektion des Zustandspunktes X auf das Gehaltsdreieck bleibt während der Abkühlung unverändert im Punkt X' liegen.

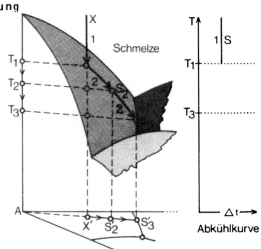

Abkühlkurve

Temperaturbereich 2: zweiphasiges Gleichgewicht. Sobald die Liquidusfläche erreicht wird, beginnt sich die feste A-Phase auszuscheiden. Hierdurch verarmt die Schmelze an A, und ihr Zustandspunkt wandert mit fortschreitender Abkühlung und A-Ausscheidung von A weg auf der Liquidusfläche nach unten zu tieferen Temperaturen.

Bei der Temperatur T_2 als Beispiel ist die Legierung in die feste Phase A und Schmelze mit dem Zustandspunkt S_2 aufgespalten. Nach dem Schwerpunktgesetz muß die Konode, die A und S_2 verbindet, durch X laufen. Projiziert man die Zustandspunkte auf das Gehaltsdreieck, so heißt das, S' wandert auf der Geraden AX' von X' aus so, daß S' sich von A entfernt.

A 1: Wann ist der Bereich 2 zu Ende? ....

....

A 2: Bitte ergänzen Sie die Abkühlkurve in der Abbildung oben um den Bereich 2. Schreiben Sie die Phasenreaktion an den Kurvenabschnitt.

A 3: Welche Reaktion erwarten Sie, wenn der Zustandspunkt der Schmelze die Liquidusschnittlinie erreicht hat? ....

L 1: S wandert bei Abkühlung solange auf der Liquidusfläche, bis S im Punkt S_3 die Liquidusschnittlinie erreicht.

L 2: Während der Abkühlung im Bereich 2 stehen die feste A-Phase und die Schmelze nebeneinander im Gleichgewicht. Da sich ständig die A-Phase ausscheidet und dabei Schmelzwärme frei wird, zeigt die Abkühlkurve eine verzögerte Abkühlung. S → A (s. Abb. unten).

L 3: s. folgenden Text.

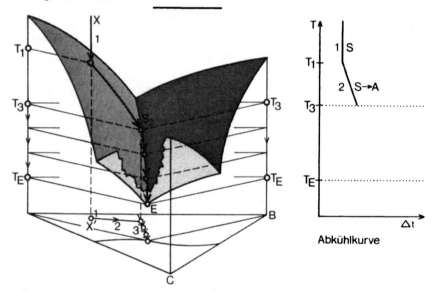

Abkühlkurve

Temperaturbereich 3: dreiphasiges Gleichgewicht
Wenn der Zustandspunkt der Schmelze bei S_3 die Liquidusschnittlinie erreicht hat, befindet er sich sowohl auf der Liquidusfläche, die zu A gehört, als auch auf der Liquidusfläche, die zu B gehört.

Die Schmelze kann also, wie bisher, die A-Phase ausscheiden und jetzt zusätzlich die B-Phase ausscheiden. Es liegt ein Gleichgewicht von S-, A- und B-Phase vor. Durch das Ausscheiden von A und B verarmt die Schmelze an den Komponenten A und B bzw. reichert sich an C an. Der Zustandspunkt läuft auf der Liquidusschnittlinie in Richtung C, bis der ternäre eutektische Punkt E erreicht ist.

A 1: Bitte ergänzen Sie wieder die Abkühlkurve oben um den Bereich 3. (Ist ein Unterschied zwischen Bereich 2 und 3 zu erwarten?)

A 2: Welche Reaktion erwarten Sie, wenn der Zustandspunkt der Schmelze den eutektischen Punkt erreicht hat? ....

L 1: s. Abb. unten rechts.

L 2: s. folgenden Text.

Während der Abkühlung im Bereich 3 wird wieder durch das A- und B-Ausscheiden Schmelzwärme frei, und die Abkühlkurve zeigt wieder eine verzögerte Abkühlung. Da aber im Bereich 2 bisher nur A, jetzt aber A und B ausgeschieden werden, unterscheiden sich die Steigungen der Abkühlkurve in den beiden Bereichen, und man erhält zwischen Bereich 2 und 3 einen **Knick**.

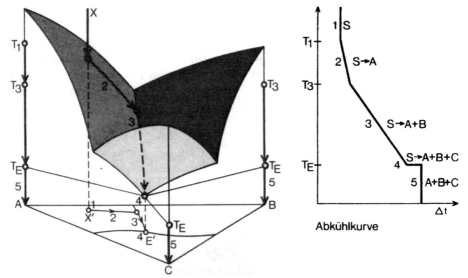

Abkühlkurve

Temperaturbereich 4: vierphasiges Gleichgewicht
Im eutektischen Punkt liegt der Zustandspunkt der Schmelze auf allen drei Liquidusflächen. In diesem Punkt zersetzt sich die Restschmelze in die A-, B- und C-Phase. Es herrscht ein Vierphasen-Gleichgewicht. Die Abkühlung wird bei der eutektischen Temperatur so lange verzögert, bis die ganze Restschmelze zersetzt ist. Die Abkühlkurve zeigt hier einen Haltepunkt.

Temperaturbereich 5: dreiphasiges Gleichgewicht
Nachdem sich die Schmelze zersetzt hat, liegen nur noch die A-, B- und C-Phase im Gleichgewicht vor. Da bei weiterer Abkühlung keine Phasenreaktion mehr stattfindet, zeigt die Abkühlkurve auch keinen thermischen Effekt mehr.

Es sei noch einmal auf den Knick zwischen den Bereichen 2 und 3 hingewiesen, hier läßt sich erkennen:

> Folgen zwei Phasenreaktionen nacheinander mit verzögerten Abkühlungen, so zeigt die Abkühlkurve einen Knick.

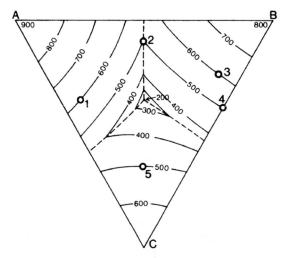

Bearbeiten Sie anhand des Gehaltsdreiecks die folgenden Aufgaben:

A 1: *In dem Gehaltsdreieck sind die Liquidusschnittlinien eingetragen. Markieren Sie durch Pfeilspitzen die Richtungen, in denen sie zu tiefen Temperaturen hinlaufen.*

A 2: *Geben Sie an, welche festen Phasen die Legierungen auskristallisieren, wenn ihre Zustandspunkte die Liquidusflächen erreichen.*

   Legierung 1: ....; Legierung 2: ....; Legierung 3: ....;
   Legierung 4: ....; Legierung 5: ....

A 3: *Welche der eingezeichneten Legierungen sind bei 700° einphasig flüssig?*
   ....

A 4: *Welche Legierungen sind bei 550° einphasig flüssig?* ....
   ....

A 5: *Zeichnen Sie für die Legierungen 1, 2 und 3 die Wege ein, die die Schmelzzustandspunkte beim Abkühlen durchlaufen.*

Studieneinheit VIII — 14/21

L 1: s. Abb.   L 2: Legierung 1: A; Legierung 2: A + B;
Legierung 3: B; Legierung 4: B; Legierung 5: C.
L 3: alle.   L 4: 2, 4, 5.   L 5: s. Abb.

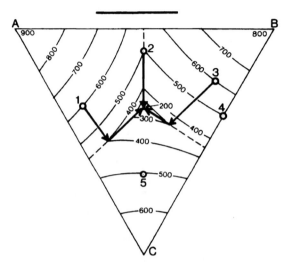

Mit Hilfe der Schmelzisothermen und Liquidusschnittlinien lassen sich die verschiedenen Bereiche der Abkühlkurven gut angeben.

A 1: Tragen Sie bitte wieder, wie bei der letzten Aufgabe, den Weg der Schmelz-Zustandspunkte beim Abkühlen der Legierungen 4 und 5 ein.

→ Passen Sie besonders bei der Legierung 4 auf! (Wieviel A enthält 4?)

A 2: Konstruieren Sie die schematischen Abkühlkurven in dem Diagramm unten. Schreiben Sie an die verschiedenen Bereiche der Kurven die im Gleichgewicht stehenden Phasen oder Phasenreaktionen.

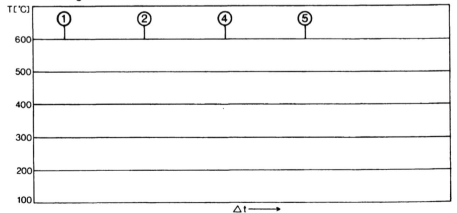

Studieneinheit VIII — 15/21   146

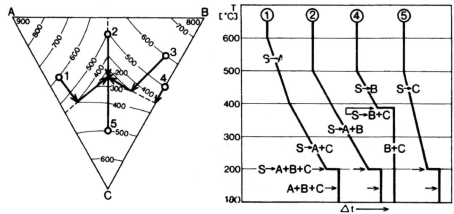

Bemerkung: Die Legierung 4 gehört zu dem binären Randsystem BC. Da sie kein A enthält, kann der Zustandspunkt ihrer Schmelze natürlich auch nicht in das Gehaltsdreieck hineinwandern.

3.2.6 Isotherme Schnitte mit Konoden

Bisher wurden in den isothermen Schnitten nur die verschiedenen Schnittlinien mit den auftretenden Einphasenräumen (Isothermen) gezeichnet. Mit den Kenntnissen über die Abkühlung einer Legierung lassen sie sich jetzt vervollständigen. Dazu gehören noch das Einzeichnen von Konoden und die Angabe über die Phasen, die in den verschiedenen Bereichen im Gleichgewicht stehen.

In das nebenstehende Gehaltsdreieck sind eine Reihe Legierungen eingezeichnet.

A 1: Welche Legierungen sind bei 600° noch einphasig flüssig?
Nr.: ....
....

A 2: Welche Legierungen sind bei 400° noch einphasig flüssig?
Nr.: ....
....

L 1: flüssig sind noch die Legierungen 3, 4, 5, 8, 9, 10, 11, 12, 13, 14.

L 2: flüssig sind noch die Legierungen 5, 10, 11, 12.

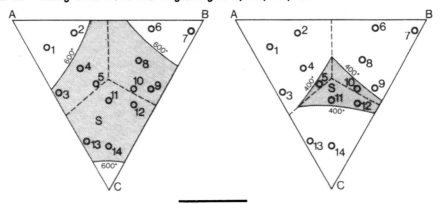

A 1: Zeichnen Sie in die Abbildung links oben die zu den einzelnen Legierungen gehörenden Konoden ein. (Brauchen Sie Hilfestellung? Dann siehe unten).

A 2: Zeichnen Sie in die rechte Abbildung die Wege ein, die die Schmelzzustandspunkte der Legierungen 2, 3, 4, 6, 9, 13 und 14 bei Abkühlung von hohen Temperaturen bis 400° zurückgelegt haben. Überlegen Sie dabei für die nächste Aufgabe, welche Gleichgewichtszustände die Legierungen dabei durchlaufen haben.

A 3: Welche der eingezeichneten Legierungen sind bei 400° aufgespalten in die Phasen:

a) S + A? ....; b) S + B? ....; c) S + C? ....;
d) S + A + B? ....; e) S + A + C? ....;

→ Hilfe zu Aufgabe 1: Eine Konode verbindet die Zustandspunkte der Phasen, die im Gleichgewicht stehen.
— In welche Phasen spalten die Legierungen auf?
— Wo liegen deren Zustandspunkte?
— Müssen die Konoden durch die Zustandspunkte ihrer Legierungen laufen?

L 1: s. obere Abb.   L 2: s. untere Abb., punktierte Linien.

L 3: a) S + A: 1, 4; b) S + B: 7, 8, 9; c) S + C: 14; d) S + A + B: 2, 6; e) S + A + C: 3, 13, Erklärung siehe Text.

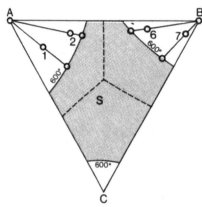

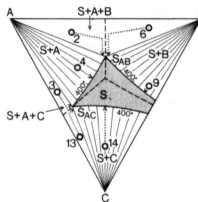

Alle Legierungen im Bereich der Schmelze sind noch einphasig. In den Bereichen außerhalb des Schmelzphasenraumes um A, B und C sind die Legierungen bereits aufgespalten in die festen Phasen A, B oder C und die Schmelzphasen mit Zustandspunkten auf den Schmelzisothermen. Die Konoden verbinden die Eckpunkte mit den Schmelzzustandspunkten, wobei sie durch die Zustandspunkte ihrer Legierung laufen müssen. Zur Kennzeichnung solcher Gebiete trägt man eine fächerartige Schar von Konoden ein, wie sie die untere Abbildung für die Bereiche „S + A", „S + B" und „S + C" zeigt.

Die Schmelzzustandspunkte aller Legierungen aus den Dreiecken „S + A + B" und „S + A + C" sind in ihrer Abkühlung bereits auf die Liquidusschnittlinien gewandert und im Punkt S_{AB} bzw. S_{AC} angelangt. So besitzen alle Legierungen aus dem ersten Dreieck drei stabile Phasen mit den Phasenzustandspunkten S_{AB}, A und B. Die Konoden für alle diese Legierungen sind die drei Strecken: $S_{AB}A$, AB, BS_{AB}, sie bilden ein Konodendreieck.

Alle Legierungen aus dem zweiten Dreieck besitzen auch drei stabile Phasen mit den Phasenzustandspunkten S_{AB}, A und C. Die Konoden für alle diese Legierungen sind die Strecken: $S_{AB}A$, AC, CS_{AB}. Auch sie bilden ein Konodendreieck.

A: Alle Legierungen aus dem Dreieck A, B, S_{AB} besitzen bei 400° die gleichen Phasen mit den gleichen Komponentengehalten in den Phasen. Worin unterscheiden sich die Legierungen bei dieser Temperatur? ....

L: Sie unterscheiden sich in den Phasengehalten und natürlich auch in den Komponentengehalten in der Legierung.

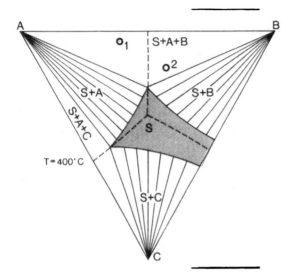

Die linke Abbildung zeigt die komplette Darstellung eines isothermen Schnittes. Dazu gehören:
- die Grenzen der verschiedenen Bereiche,
- die Angabe der stabilen Phasen und
- die charakteristischen Konoden.

A 1: Besitzt Legierung 1 oder 2 bei 400° einen größeren Schmelzphasengehalt in der Legierung? ....
→ Wenn Sie die Aufgabe nicht lösen können, oder Sie sich unsicher fühlen, lesen Sie bitte auf Seite 127 und 128 nach.

A 2: Betrachten Sie alle Legierungen im Bereich S + A. Unterscheiden Sie sich in:

a) den Komponentengehalten in den Legierungen?   ja ☐   nein ☐
b) den Komponentengehalten in den Phasen?   ja ☐   nein ☐
c) den Phasengehalten in den Legierungen?   ja ☐   nein ☐

A 3: Bitte vervollständigen Sie die isothermen Schnitte auf der nächsten Seite.
→ Wenn Sie glauben, daß Ihnen diese Aufgabe leichtfällt, bearbeiten Sie nur die Schnitte T = 300°, 200° und 100°.
→ Wenn Ihnen die Aufgabe schwerfällt, beginnen Sie mit dem Schnitt T = 400°. Sie können die Abbildung von dieser Seite übertragen.

Studieneinheit VIII — 19/21

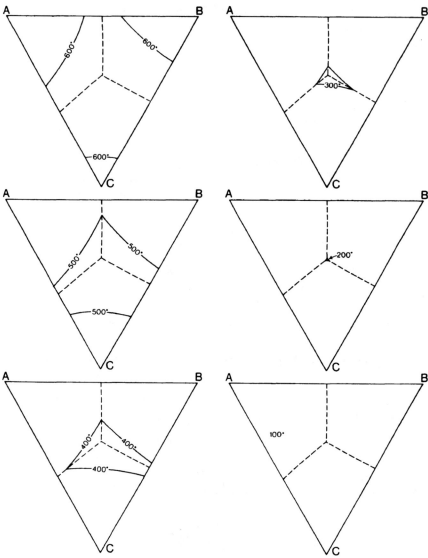

→ Lesen Sie noch einmal den Text auf der vorigen Seite neben der Abbildung. Sind Ihre isothermischen Schnitte vollständig?

L 1: Legierung 2, da der Legierungszustandspunkt dichter an der Schmelz-"Ecke" des Konodendreiecks liegt (Schwerpunktgesetz).

L 2: a) ja; b) ja; c) ja.

L 3: s. Abb. und Text unten.

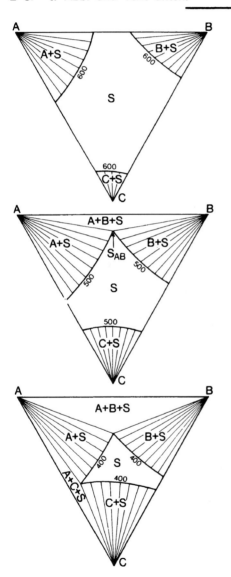

T = 600°: Die meisten Legierungen liegen noch einphasig als Schmelze vor, nur die Legierungen in den Eckbereichen sind in die feste Phase ihrer Ecke und Schmelzen mit Zustandspunkten auf den Schmelzisothermen aufgespalten. Die Konoden verbinden fächerförmig die Ecken mit den Schmelzisothermen.

T = 500°: Die zweiphasigen Gebiete haben sich ausgedehnt. Die Zustandspunkte der Schmelzen aus dem Gebiet „A + B + S" sind schon in die Liquidusschnittlinie gelaufen, so daß in diesem Gebiet bereits dreiphasiges Gleichgewicht mit den Zustandspunkten A, B und S_{AB} herrscht. Die Konoden sind: AB, BS_{AB} und $S_{AB}A$.

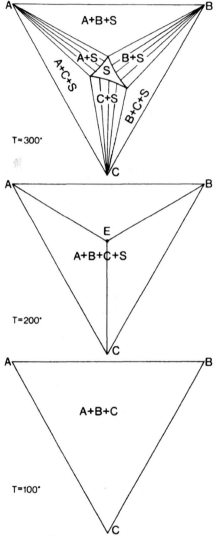

T = 300°: Die dreiphasigen Gebiete „A + C + S" und „B + C + S" sind gegenüber T = 500° hinzugekommen, und der Schmelzbereich ist noch kleiner geworden.

T = T_E = 200°: Bei der eutektischen Temperatur ist der Schmelzbereich auf einen Punkt (E) zusammengeschrumpft, alle vier Phasen stehen im Gleichgewicht. Im gesamten Gehaltsdreieck gilt also: „A + B + C + S". Die Konoden verbinden die vier Punkte.

T = 100°: Bei diesem Schnitt sind alle Legierungen in A, B und C aufgespalten. Die Konoden sind die Dreiecksseiten, die A, B und C miteinander verbinden.

Mit der Besprechung der isothermen Schnitte soll diese Studieneinheit abgeschlossen sein. Um einen Überblick über den behandelten Stoff zu gewinnen, sollten Sie noch einmal das Heft durchblättern.
Benutzen Sie hierzu die Stichworte:

Vergleich von binären und ternären Systemen, Randsysteme, Schmelzisothermen, Knick in Abkühlkurve, Konodenfächer.

In der nächsten Studieneinheit wird dieser Stoff wiederholt, um dann die schon erwähnten Gehaltsschnitte dieses Systems zu erarbeiten.

STUDIENEINHEIT IX

In der vorigen Studieneinheit wurde das Dreistoffsystem mit drei eutektischen Randsystemen behandelt. Das System wurde zunächst anschaulich als ternärer Körper dargestellt. An ihm wurde die Abkühlung einer Legierung besprochen. Danach wurde das System in isothermen Schnitten und mit Schmelzisothermen im Gehaltsdreieck dargestellt. Eine weitere wichtige Darstellungsart ist die der Gehaltsschnitte. Das sind Schnittflächen des ternärer Körpers, die auf dem Gehaltsdreieck senkrecht stehen. Das Lesen eines Gehaltsschnittes ist nicht schwierig. Komplizierter ist die Konstruktion eines solchen Schnittes. In dieser Studieneinheit wird die Konstruktion eines Gehaltsschnittes am Beispiel des ternären Systems aus der letzten Studieneinheit behandelt.

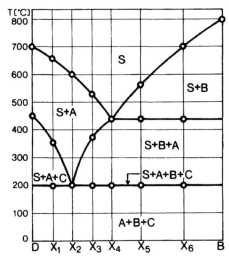

Inhaltsübersicht

Wiederholung 154
3.2.7 Gehaltsschnitte 158
3.2.8 Mehrphasenräume des ternären Körpers 160
3.2.9 Konstruktion eines Gehaltsschnittes 161
Ergänzungen 165
  Gesetz der wechselnden Phasenzahl (165);
  Übung zur Konstruktion von Gehaltsschnitten (166)

Wiederholung

Zunächst — wie immer — einige Aufgaben zur Wiederholung.

A 1: Welche stabilen Phasen haben die eingezeichneten Legierungen bei $T = 500°$?

D ....
X_1 ....
X_2 ....
X_3 ....
X_4 ....
X_5 ....
X_6 ....
B ....

A 2: Die eingetragenen Legierungen werden von hohen Temperaturen aus abgekühlt. Tragen Sie den Weg der Schmelzzustandspunkte für die Legierungen D, X_1 und B ein.

A 3: Konstruieren Sie die schematischen Abkühlkurven für die drei Legierungen. Mit Beschriftungen!

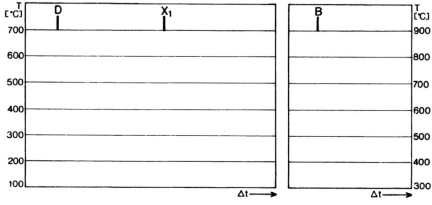

L 1: D: S + A
  X_1: S + A
  X_2: S + A
  X_3: S + A
  X_4: S
  X_5: S + B
  X_6: S + B
  B: B

L 2: s. Abb.

Beachten Sie, daß der Weg des Schmelzzustandspunktes der Legierung D im binären eutektischen Punkt endet! Da D keine Komponente B enthält, kann die Schmelze auch nicht in der Liquidusschnittlinie weiter in Richtung B laufen. Der Schmelzzustandspunkt der reinen Komponente B bleibt bei der Abkühlung natürlich in der Ecke.

L 3: s. Abb.

Die „Legierung" B besteht nur aus Komponente B. B kristallisiert bei 800° und ist bei allen tieferen Temperaturen einphasig fest.

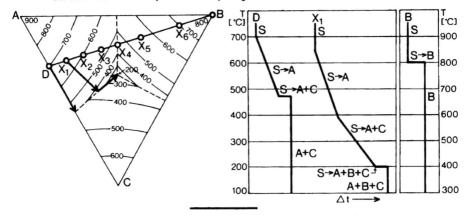

A: Konstruieren Sie bitte den vollständigen isothermen Schnitt T_2:

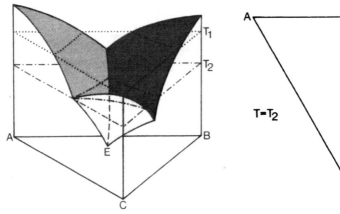

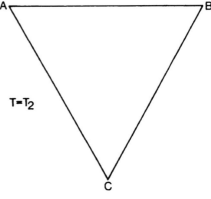

$T = T_2$

Studieneinheit IX — 4/15

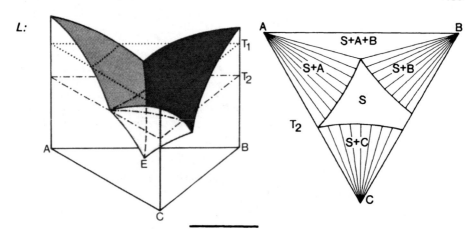

A 1: Zeichnen Sie in die nebenstehende Abbildung für alle Legierungen die Wege der Schmelzzustandspunkte beim Abkühlen von hohen Temperaturen aus ein. Arbeiten Sie bitte genau, denn die Wege brauchen Sie für die nächste Aufgabe.

A 2: Tragen Sie in die Tabelle unten für die verschiedenen Legierungen und Temperaturen die stabilen Phasen ein.

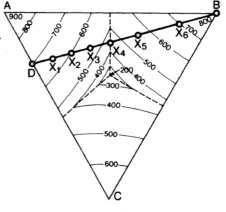

	750°	500°	400°	300°	200°	100°
D						
X_1						
X_2						
X_3						
X_4						
X_5						
X_6						
B						

L 1: s. Abb. unten.

L 2: Die Lösungsüberprüfung nehmen Sie dieses Mal bitte etwas „unkonventionell" vor:
Die rechte Abbildung unten zeigt ein Diagramm, das dem Zustandsdiagramm eines Zweistoffsystems sehr ähnlich ist:
Auf der Abszisse sind die Legierungen aufgetragen, die im Gehaltsdreieck auf der Strecke DB liegen. Die Ordinate zeigt die Temperaturskala. Die Bezeichnungen in den verschiedenen Feldern des Diagramms geben an, welche Phasen jeweils im Gleichgewicht stehen *.
Bitte vergleichen Sie Ihre Lösung mit diesem Diagramm.
Etwas schwieriger ist das Ablesen der beiden Randlegierungen D und B. D und B zeigen folgende Gleichgewichte:

D: oberhalb 700°: S; von 700° bis 450°: S + A; bei 450°: S + A + C; unterhalb 450°: A + C, die Legierung enthält kein B!

B: oberhalb 800°: S; bei 800° : S + festes B; unterhalb 800°: festes B.

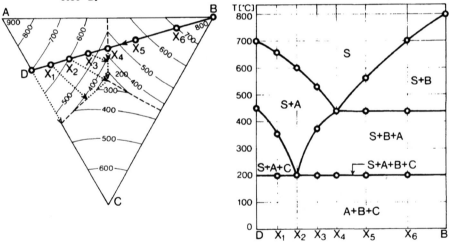

→ Zur Kontrolle finden Sie auf der nächsten Seite zusätzlich die ausgefüllte Tabelle.

---

* **Wichtiger Hinweis:** Die Phasenzustandspunkte der Legierungen liegen in der Regel nicht in der Ebene des Gehaltsschnittes; dies gilt offensichtlich z.B. für das Zweiphasengebiet S + A.

	750°	*500°*	*400°*	*300°*	*200°*	*100°*
D	S	S + A	A + C	A + C	A + C	A + C
X_1	S	S + A	S + A	S + A + C	S + A + B + C	A + B + C
X_2	S	S + A	S + A	S + A	S + A + B + C	A + B + C
X_3	S	S + A	S + A	S + A + B	S + A + B + C	A + B + C
X_4	S	S	S + A + B	S + A + B	S + A + B + C	A + B + C
X_5	S	S + B	S + A + B	S + A + B	S + A + B + C	A + B + C
X_6	S	S + B	S + A + B	S + A + B	S + A + B + C	A + B + C
B	B	B	B	B	B	B

3.2.7 Gehaltsschnitte

Das Diagramm, das auf der Vorseite benutzt wurde, nennt man einen **Gehaltsschnitt**, genauer den Gehaltsschnitt DB.

Der Gehaltsschnitt ist nach den isothermen Schnitten die zweite flächenhafte Darstellung eines Dreistoffsystems. Die Variablen dieses Schnittes sind x und T, wobei x = x (x_A, x_B, x_C) als eine Schnittlinie im Gehaltsdreieck gewählt wird.

Die Abbildung unten links zeigt den ternären Körper mit der Schnittlinie DB im Gehaltsdreieck. Die rechte Seite zeigt wieder gestrichelt den ternären Körper. In dem Körper ist perspektivisch der Gehaltsschnitt DB dargestellt. Der Gehaltsschnitt läßt ablesen, welche Phasengleichgewichte eine Legierung (auf DB) bei der Abkühlung durchläuft. Er gibt aber keine Auskunft über die Phasenzustandspunkte der Legierungen.

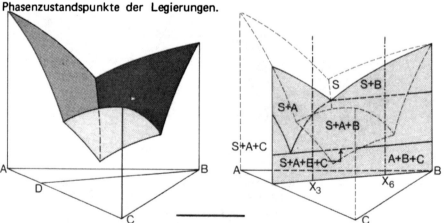

A: Lesen Sie direkt aus dem Gehaltsschnitt die Phasengleichgewichte ab, die die Legierungen X_3 und X_6 bei Abkühlung durchlaufen.

X_3: ....

X_6: ....

L: X_3: S; S + A; S + A + B; S + A + B + C; A + B + C
    X_6: S; S + B; S + A + B; S + A + B + C; A + B + C

In der Zusammenfassung der Zweistoffsysteme wurde bereits die thermische Analyse beschrieben:

Die **thermische Analyse** ist eine Methode, um das Zustandsdiagramm eines Systems experimentell zu ermitteln. Man ermittelt von einer Reihe von Legierungen des Systems die Abkühlkurven. Diese werden auf thermische Effekte untersucht. Knickstellen und Haltepunkte legen mit Temperatur und Gehalt der jeweiligen Legierung Punkte im Zustandsdiagramm fest. Mit Hilfe dieser Punkte können die Phasengrenzen konstruiert werden. Gefälle der verschiedenen Kurvenstücke und Länge der Haltepunkte geben zusätzliche Informationen über den Verlauf der Phasengrenzen.

Auf Seite 60 wurde an einem Beispiel gezeigt, wie man aus einer Reihe von Abkühlkurven das Zustandsdiagramm ermitteln kann.

Die **Ermittlung eines Dreistoff-Zustandsdiagrammes** verläuft sehr ähnlich:

— man legt durch das Gehaltsdreieck eine Reihe von Gehaltsschnitten;
— für jeden Gehaltsschnitt werden die Abkühlkurven verschiedener Legierungen gemessen;
— die Knickstellen und Haltepunkte werden ermittelt und
— in den Gehaltsschnitt übertragen. Mit ihrer Hilfe werden die Grenzen der Phasenräume konstruiert.

In der Literatur werden Dreistoffsysteme in der Regel mit den folgenden Darstellungen gezeigt:

— Liquidusflächen mit Isothermen und Liquidusschnittlinien,
— Randsysteme,
— charakteristische isotherme Schnitte und Gehaltsschnitte.

Diese Seite sollten Sie nur dann durchlesen, wenn Sie bisher zügig vorangekommen sind, sonst blättern Sie direkt um.

3.2.8 Mehrphasenräume des ternären Körpers

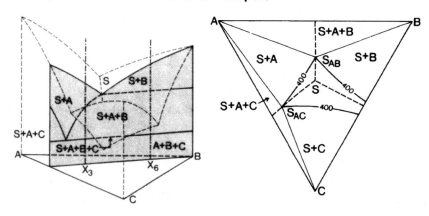

Bei den binären Zustandsdiagrammen wurde die gesamte Fläche in Ein- und die verschiedenen Mehrphasenräume aufgeteilt.
Auch der ternäre Körper wird vollständig in Ein- und verschiedene Mehrphasenräume aufgeteilt.

Der **Gehaltsschnitt** (= zum Gehaltsdreieck senkrechter Schnitt) zeigt die Schnittflächen der verschiedenen Räume des ternären Körpers.
Ebenso zeigt der **isotherme Schnitt** in seiner Aufteilung in verschiedene Bereiche die Schnittflächen der verschiedenen geschnittenen Räume des ternären Körpers.

Bisher haben wir nur die ternären Einphasenräume behandelt. Die verschiedenen Mehrphasenräume wurden und werden auch in den weiteren Studieneinheiten nicht behandelt, weil sie den Rahmen dieser Studieneinheiten sprengen würden. Da sie einerseits sehr kompliziert geformt und schwer vorstellbar sind, andererseits nichts grundsätzlich Neues zum Verständnis der Dreistoffsysteme beitragen, verweisen wir auf die einschlägige weiterführende Literatur, z.B. [7].

3.2.9 Konstruktion eines Gehaltsschnittes

Um ein Dreistoffsystem zu verstehen, muß man in der Lage sein, die verschiedenen Angaben, wie Liquidusflächen mit Isothermen, isotherme Schnitte, Randsysteme und Gehaltsschnitte, im Zusammenhang miteinander zu sehen.
An den Konstruktionen verschiedener Gehaltsschnitte aus den Liquidusflächen üben Sie, den Zusammenhang zwischen beiden zu erkennen und auszunutzen.

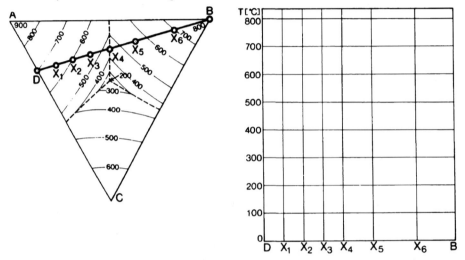

Die Schnittlinie DB wird mit verschiedenen Legierungszustandspunkten belegt (D, X_1 bis X_6, B). Alle Legierungen sind oberhalb der Liquidusfläche flüssig. Bei Abkühlung erreicht jede Legierung bei einer bestimmten Temperatur die Liquidusfläche.
Nachdem die Legierungen die Liquidusflächen erreicht haben, kristallisiert eine feste Phase aus.

A 1: Bestimmen Sie für jede Legierung die Temperatur, bei der die Liquidusfläche erreicht wird. Markieren Sie diese im Gehaltsschnitt rechts, und verbinden Sie die so gewonnenen Punkte. Damit liegt der S-Phasenraum fest, schreiben Sie „S" hinein.

A 2: Schreiben Sie dicht unter die Liquiduslinien die jeweiligen Zweiphasengleichgewichte.

A 3: Bei welcher Legierung kristallisieren gleich zwei feste Phasen aus? Legierung ....

L 1 und L 2: s. Abb.;

L 3: Legierung X_4.

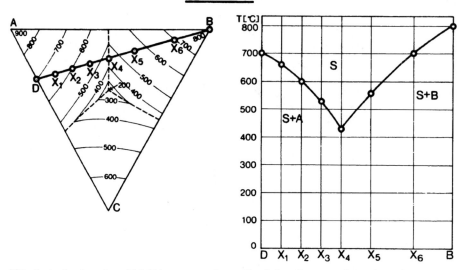

Mit fortschreitender Abkühlung wandern die Schmelzzustandspunkte der Legierungen auf den Liquidusflächen, bis sie auf eine Liquidusschnittlinie stoßen. Eine Ausnahme bildet die „Legierung" B. Da sie nur aus Komponente B besteht, wandelt sie sich bei 800° vollständig in die feste B-Phase um. Die Legierung X_4 erreicht direkt die Liquidusschnittlinie und „überspringt" den Bereich S + 1 feste Phase.

A 1: Zeichnen Sie für alle Legierungen die Wege der S-Zustandspunkte in das Gehaltsdreieck ein, und ermitteln Sie die Temperaturen, bei denen sie auf Liquidusschnittlinien stoßen. Übertragen Sie die Temperaturen in den Gehaltsschnitt, und verbinden Sie die so gewonnenen Punkte. Der S-Zustandspunkt der Legierung .... läuft direkt in den ternären eutektischen Punkt.

Wenn die Schmelzzustandspunkte die Liquidusschnittlinien erreicht haben, kristallisieren zwei feste Phasen aus.

A 2: Schreiben Sie unter die eben gewonnenen Linien die jeweiligen Dreiphasengleichgewichte.

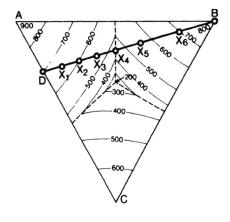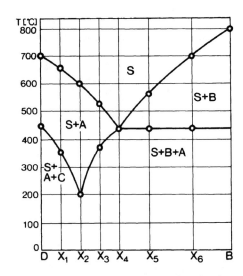

Mit fortschreitender Abkühlung wandern die Schmelzzustandspunkte der Legierungen auf den Liquidusschnittlinien, bis sie alle bei der gleichen Temperatur (200°) den ternären eutektischen Punkt erreichen. Eine Ausnahme bildet die Legierung D: Da sie keine Komponente B enthält, kann sie auch nicht auf der Liquidusschnittlinie entlangwandern. Die Legierung X_2 gelangt direkt in den ternären eutektischen Punkt und hat damit diesen Bereich (S + 2 feste Phasen) „übersprungen".

A: *Zeichnen Sie die unteren Begrenzungslinien der Dreiphasenräume ein.*

Wenn die Schmelzzustandspunkte den ternären eutektischen Punkt erreicht haben, besitzen alle Legierungen ein Vierphasengleichgewicht.

A: *Schreiben Sie die vier stabilen Phasen an die Begrenzungslinie.*

Nachdem die Restschmelzen aller Legierungen eutektisch zerfallen sind, besteht jede Legierung nur noch aus drei festen Phasen, die ohne thermischen Effekt weiter abgekühlt werden können.

A: *Schreiben Sie die drei festen Phasen in den untersten Phasenraum.*

Hiermit ist die Konstruktion des Gehaltsschnittes abgeschlossen.

A: *Vergleichen Sie Ihre Lösungen mit dem Gehaltsschnitt auf Seite 157.*

Rückblickend wird verständlich, daß man bei der Auswahl der Legierungen auf der Gehaltsschnittlinie diejenigen Legierungen berücksichtigen sollte,

— die auf den Liquidusschnittlinien liegen (hier X_4) (sie besitzen keinen Bereich S + 1 feste Phase);
— deren Schmelzzustandspunkte direkt in den ternären eutektischen Punkt laufen (hier X_2; sie besitzen keinen Bereich S + 2 feste Phasen).

A: *Konstruieren Sie den Gehaltsschnitt FG.*
→ Wenn Sie Hilfestellung brauchen, dann s.u.

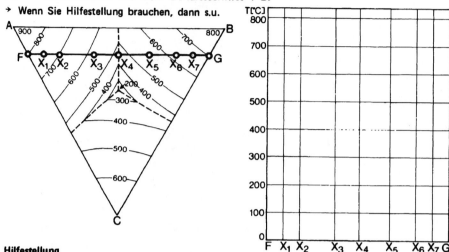

Hilfestellung

1. *Ermitteln Sie für alle Legierungen die Temperaturen, bei denen die Liquidusflächen erreicht werden. Übertragen Sie diese in den Gehaltsschnitt, und zeichnen Sie die Liquiduslinien. Schreiben Sie ein „S" in den S-Phasenraum.*

2. *Unterhalb der Liquidusfläche scheidet sich eine feste Phase aus. Bei welcher Legierung scheiden sich gleich zwei feste Phasen aus? Schreiben Sie direkt unter die Liquiduslinien die jeweils stabilen Phasen. Die S-Zustandspunkte laufen auf den Liquidusflächen, bis sie auf Liquidusschnittlinien stoßen. Zeichnen Sie die Bahnen der S-Zustandspunkte in die linke Abbildung ein, ermitteln Sie die Temperaturen, bei denen sie die Liquidusschnittlinien erreichen, übertragen Sie die Temperaturen in den Gehaltsschnitt, und verbinden Sie dort die Punkte. Welche Legierungen laufen direkt in den ternären eutektischen Punkt?*

3. *Wenn die S-Zustandspunkte die Liquidusschnittlinien erreicht haben, kristallisieren zwei feste Phasen aus. Schreiben Sie die jeweiligen drei stabilen Phasen unter die Zweiphasenräume.*

4. *Wenn die S-Zustandspunkte im ternären eutektischen Punkt angelangt sind, folgt ein Vierphasengleichgewicht. Konstruieren Sie die unteren Grenzen der Dreiphasenräume, und schreiben Sie die vier stabilen Phasen an die Begrenzungslinie.*

5. *Nach Abschluß der eutektischen Reaktion sind nur noch drei feste Phasen stabil. Schreiben Sie diese Phasen in den untersten Phasenraum.*

L 1 bis L 5: s. Abb.;   L 2: X_4; X_2 und X_6.

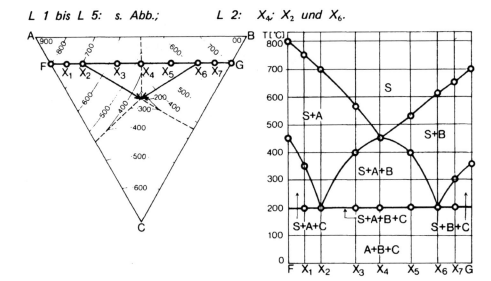

Ergänzungen

Gesetz der wechselnden Phasenzahl

Zur Kontrolle, ob ein Gehaltsschnitt richtig konstruiert ist, kann das Gesetz der wechselnden Phasenzahl dienen. Es lautet:

> Wenn zwei Phasenräume eine gemeinsame Phasengrenze besitzen, muß sich die Anzahl ihrer stabilen Phasen mindestens um 1 unterscheiden.

Anderenfalls können sich die Phasenräume höchstens in Punkten berühren.

A 1: Haben im Gehaltsschnitt FG oben die Dreiphasenräume S + A + C und A + B + C eine gemeinsame Grenze? (L: Vgl. letzte Zeile)

A 2: Überprüfen Sie die Richtigkeit des Gesetzes an den Gehaltsschnitten oben und an dem Al-Zn-Zustandsdiagramm auf Seite 90.

A 3: Nach diesem Gesetz berühren sich im Au-Ni-Zustandsdiagramm (S. 88) die S- und α-Phasen bei $x_{Ni} \approx 42\,\%$ nur in einem Punkt!

Zu 1.: Nein, denn zwischen ihnen liegt der Vierphasenraum S + A + B + C.

Übung zur Konstruktion von Gehaltsschnitten *

A: Konstruieren Sie die beiden Gehaltsschnitte. *(Die kleineren Teilstriche dienen nur zu Ihrer Orientierung.)*

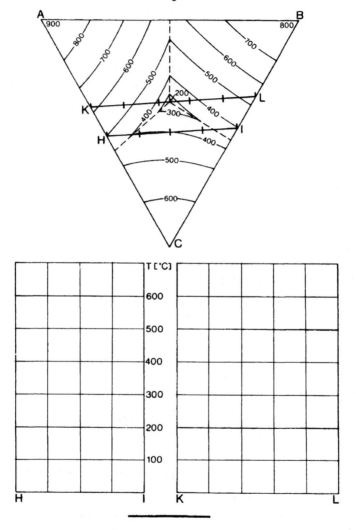

---

* Die Konstruktion eines Gehaltsschnittes ist oft schwierig, erfordert Übung und kostet Zeit, insbesondere bei etwas komplizierteren Systemen. Andererseits fördert gerade diese Arbeit in besonders starkem Maße das Verständnis der verschiedenen Systeme. Damit auch derjenige, dem die erforderliche Zeit nicht zur Verfügung steht, das Programm flüssig bearbeiten kann, sind alle komplizierteren Gehaltsschnitt-Konstruktionen aus dem Grundlernstoff in die Ergänzungen verlegt.

L: s. Abb.

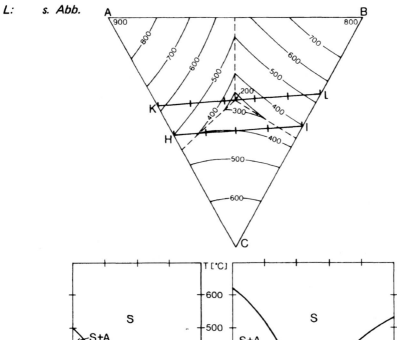

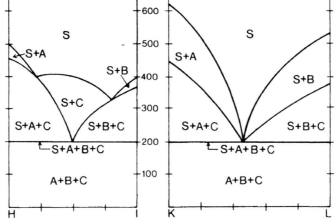

STUDIENEINHEIT X

In dieser und den nächsten beiden Studieneinheiten sollen Dreistoffsysteme behandelt werden, deren Komponenten im flüssigen Zustand vollständig mischbar sind und im festen Zustand intermetallische Phasen bilden. Alle festen Phasen haben wie bisher praktisch keine ausgedehnten Löslichkeitsgebiete, so daß die Phasenräume dieser Phasen zu senkrechten Strichen entartet sind. Trotz der Vielfältigkeit der Systeme, die in diese Klasse fallen, lassen sich alle mit den wenigen Regeln lesen, die an den beiden dargestellten Systemen abgeleitet werden:

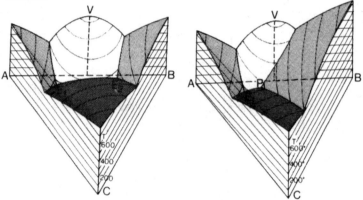

Inhaltsübersicht

3.3   Zwei ternäre Systeme mit einer intermetallischen Phase ohne
      Mischbarkeiten im festen Zustand   169
3.3.1 Die ternären Körper   169
3.3.2 Ternäres System mit zwei ternären eutektischen Punkten   170
      Quasi-binärer Schnitt und Teilsystem (176)
3.3.3 Ternäres System mit einem ternären eutektischen und einem ternären peritektischen Punkt   177
      Abkühlung zweier Legierungen (177); Ternäre peritektische
      Reaktion (178)
Zusammenfassung   180
Ergänzungen   181
      Gibbs'sche Phasenregel, Anwendung auf Dreistoffsysteme (181);
      Gehaltsschnitt in einem System mit zwei ternären eutektischen Punkten (181)

3.3 ZWEI TERNÄRE SYSTEME MIT EINER INTERMETALLISCHEN PHASE OHNE MISCHBARKEITEN IM FESTEN ZUSTAND

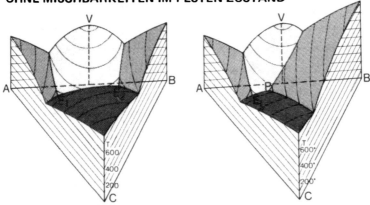

3.3.1 Die ternären Körper

Jeder ternäre Körper zeigt oben ein kompliziert gekrümmtes „Dach", das sich aus den verschiedenen Liquidusflächen zusammensetzt. Zum leichteren Verständnis sind auf den Flächen die Schmelzisothermen eingetragen. Die Dächer ruhen jeweils auf drei „Säulen" über den Eckpunkten des Gehaltsdreiecks und auf der Säule V, die auf dem AB-Rand steht. Da das Dach sie verdeckt, ist sie gestrichelt eingezeichnet. Diese „Säulen" sind die vier Phasenräume der festen Phasen A, B, C und V.

Die ternären Körper besitzen je zwei eutektische Randsysteme auf den Seiten AC und BC. Die AB-Seiten zeigen eine intermetallische Verbindung V und zwei eutektische Systeme. Bei beiden Körpern wölben sich vier Liquidusflächen von den Eckpunkten und von V ausgehend in den Körper hinein. Die beiden Körper unterscheiden sich nur darin, daß der rechte Körper eine höher schmelzende Komponente B besitzt und dadurch die zu B gehörige Liquidusfläche weiter in den Körper hineinreicht.

A 1 a) Wenn der Zustandspunkt einer Legierung bei Abkühlung auf eine Liquidusfläche stößt, wird eine feste Phase stabil. Schreiben Sie an jede Liquidusfläche oben, welche feste Phase mit ihr im Gleichgewicht steht.

b) Wenn der Schmelzzustandspunkt einer Legierung auf einer Liquidusschnittlinie liegt, steht die Schmelze mit zwei festen Phasen im Gleichgewicht. Schreiben Sie an jede Liquidusschnittlinie die beiden festen Phasen.

A 2: Markieren Sie durch Pfeilspitzen die Richtungen, in denen die Liquidusschnittlinien zu tieferen Temperaturen hinlaufen.

L 1 und 2: s. Abb.

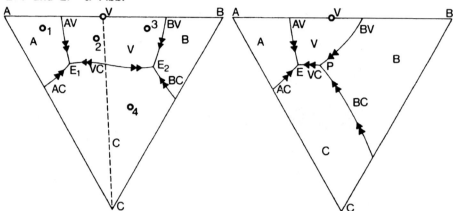

Im linken System läuft die Liquidusschnittlinie VC über einen Sattel und fällt auf beiden Seiten zu den ternären eutektischen Punkten E_1 bzw. E_2 hin ab. Im Körper rechts läuft die entsprechende Liquidusschnittlinie VC nicht über einen Sattelpunkt, sondern fällt von Punkt P zu dem eutektischen Punkt E hin ab. Durch diesen Unterschied tritt bei dem zweiten ternären System eine neue Phasenreaktion auf, die peritektische Reaktion, die später besprochen wird.

3.3.2 Ternäres System mit zwei ternären eutektischen Punkten

Die Abkühlung einer Legierung in dem linken ternären Körper erfolgt fast genauso wie in einem System mit drei eutektischen Randsystemen: Bei Erreichen der Liquidusfläche spaltet sich die Legierung auf in die feste Phase, die zu der Liquidusfläche gehört, also in A, B, C oder V und die Schmelze. Ihr Zustandspunkt läuft auf der Liquidusfläche geradlinig von dem Zustandspunkt der festen Phase weg, bis eine Liquidusschnittlinie erreicht wird. Ab hier scheidet sich zusätzlich eine zweite Phase aus, und der Zustandspunkt der Schmelze wandert in der Liquidusschnittlinie nach unten, bis einer der beiden ternären Punkte erreicht ist. In E_1 zerfällt die Restschmelze in A, V und C; bei E_2 in V, B und C.

A 1: *Kann der Schmelzzustandspunkt* einer Legierung bei Abkühlung auf einer Liquidusschnittlinie gegen die Pfeilrichtung laufen? Ja ☐ Nein ☐*

A 2: *Zeichnen Sie in die Abbildung oben links für die vier Legierungen die Wege ein, die ihre Schmelzen bei Abkühlung durchlaufen.*

---

* Schmelzzustandspunkt = Phasenzustandspunkt der Schmelzphase.

L 1: Nein, denn dies würde bedeuten, daß die Schmelze zu höheren Temperaturen laufen würde.

L 2: s. Abb.

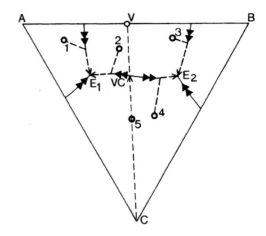

Eine Besonderheit bilden die Legierungen auf der Verbindungslinie von V und C (gestrichelt). Der Schmelzzustandspunkt einer solchen Legierung (z.B. Legierung 5) wandert auf der Liquidusfläche bis zur Liquidusschnittlinie VC. Hier zerfällt die gesamte Restschmelze eutektisch in V und C. Der Schmelzzustandspunkt läuft also nicht in der Liquidusschnittlinie weiter zu einem ternären eutektischen Punkt!

Diese Tatsache läßt sich mit dem Schwerpunktgesetz (S. 127) veranschaulichen: Wenn man annimmt, daß der Schmelzzustandspunkt doch ein Stück auf der Liquidusschnittlinie in Richtung E_1 läuft, wird ein Konodendreieck gebildet mit den Eckpunkten C, V und S auf der Liquidusschnittlinie. Der Legierungszustandspunkt (5) liegt auf der Dreiecksseite VC. Nach dem Schwerpunktgesetz ist also die Menge der Schmelzphase gleich Null.

Führt man diese Überlegung weiter, kann man nachweisen, daß der Sattelpunkt der Liquidusschnittlinie VC genau auf der Verbindung von V und C liegt.

Der Gehaltsschnitt VC wird ab S. 175 noch ausführlicher behandelt.

A: Konstruieren Sie die schematischen Abkühlkurven der fünf Legierungen D, X_1 bis X_4 mit Beschriftungen.

→ Wenn Sie glauben, daß Sie die Aufgabe leicht lösen können, lassen Sie X_3 und X_4 aus. Kontruieren Sie auf jeden Fall X_2!

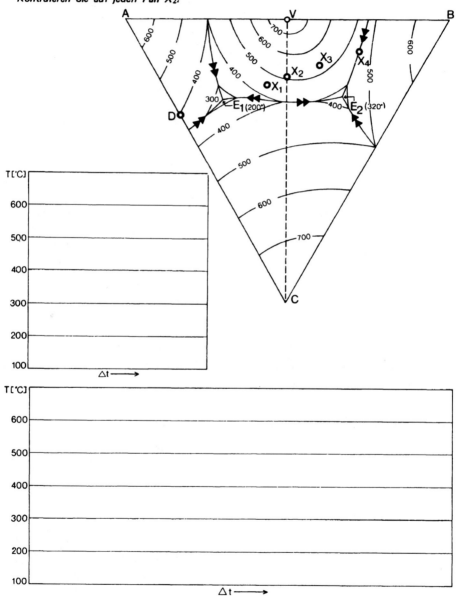

L: s. Abb.

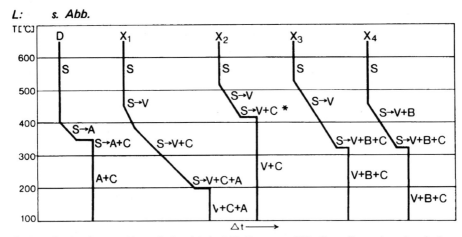

* Da die Legierung X_2 auf der Linie VC liegt, zerfällt ihre Restschmelze beim Erreichen der Liquidusschnittlinie vollständig in V und C. Diese Reaktion erzeugt einen Haltepunkt.

A: Vervollständigen Sie den isothermen Schnitt. Wenn Sie nicht mehr wissen, was zu einem vollständigen isothermen Schnitt gehört, können Sie auf S. XXVIII nachsehen.

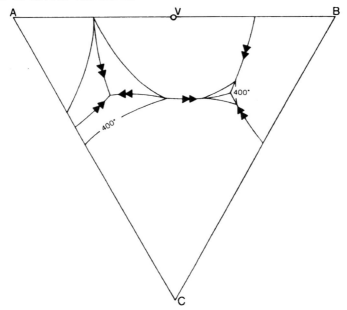

L:

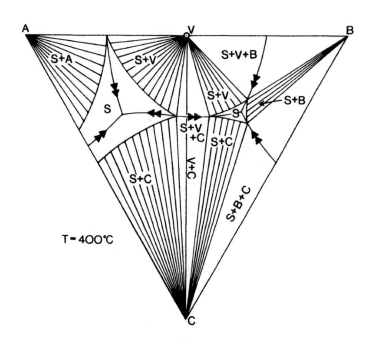

Alle Legierungen der Linie VC sind bei 400° bereits vollständig erstarrt. Sie besitzen nur noch V- und C-Phase.

Studieneinheit X — 8/15

A: Konstruieren Sie den Gehaltsschnitt CV. Die Skala an der CV-Linie dient zu Ihrer Orientierung.

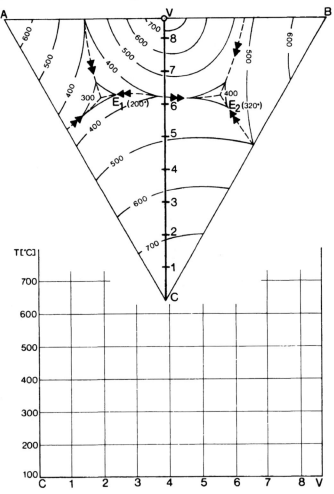

L:

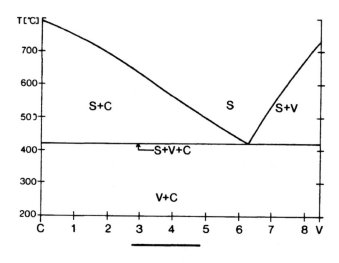

Quasi-binärer Schnitt und Teilsystem

Wenn man die intermetallische Verbindung V als Komponente eines V-C-Zweistoffsystems ansieht, dann zeigt der oben abgebildete Gehaltsschnitt genau das Zustandsdiagramm dieses Systems. Es tauchen außer V und C keine weiteren Komponenten auf. Man spricht deshalb bei diesem Schnitt (CV) von einem quasi-binären Schnitt. Gleich wird gezeigt werden, daß in dem zweiten System, Seite 169 rechte Abbildung, der Schnitt CV kein quasi-binärer Schnitt ist. Es wird an der entsprechenden Stelle darauf hingewiesen.

Um festzustellen, ob die Verbindungslinien zwischen zwei intermetallischen Phasen oder zwischen einer intermetallischen Phase und einer Eckphase einem quasi-binären Schnitt entspricht, braucht man nicht jedesmal einen Gehaltsschnitt zu konstruieren. Es genügt festzustellen, ob die Liquidusschnittlinien, die über die fragliche Verbindungslinie laufen, an den **Kreuzungsstellen Sattelpunkte** aufweisen. Wenn ja, liegt ein quasi-binärer Schnitt vor.

Die quasi-binären Schnitte haben ihre Bedeutung darin, daß sie ein Dreistoffsystem in **Teilsysteme** zerlegen. In den Teilsystemen bilden der oder die quasi-binären Schnitte binäre Randsysteme.

A 1: Der quasi-binäre Schnitt CV teilt das Dreistoffsystem in zwei Teilsysteme, nämlich in das Teilsystem .... und in das Teilsystem ....

A 2: Im ersten Teilsystem treten die binären Randsysteme ...., ... und .... auf. Im zweiten Teilsystem treten die binären Randsysteme ...., ... und .... auf.

L 1:   AVC; BVC.   L 2:   in AVC: AV, VC, CA;   in BCV: BC, CV, VB.

3.3.3 Ternäres System mit einem ternären eutektischen und einem ternären peritektischen Punkt

Abkühlung zweier Legierungen

Die Besonderheit dieses Systems soll bei der Besprechung der Abkühlung der beiden eingezeichneten Legierung X_1 und X_2 (s. Abb.) gezeigt werden. Dabei beschreiben wir wieder charakteristische Temperaturbereiche.

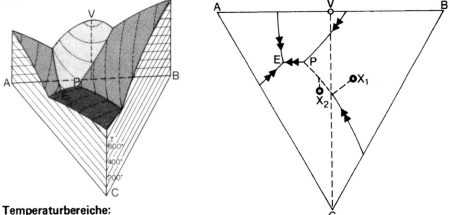

Temperaturbereiche:
1. Beide Legierungen kühlen einphasig als Schmelze ab bis zum Erreichen der Liquidusflächen.
2. Legierung X_1 scheidet die B-Phase, X_2 die C-Phase aus. Die Zustandspunkte beider Schmelzen laufen auf der Liquidusfläche in die Liquidusschnittlinie BC.
3. Bei Erreichen der Liquidusschnittlinie scheiden beide Schmelzen B + C aus. Ihre Schmelzzustandspunkte laufen auf der Liquidusschnittlinie bis in den Punkt P.
4. Wenn P erreicht ist, kann sich zusätzlich V ausscheiden. Es stehen also die **vier Phasen S, B, C und V im Gleichgewicht.**
   Die Vierphasengleichgewichte spielen in den ternären Systemen eine entscheidende Rolle, deshalb sollen sie im folgenden behandelt werden.

A 1:   Dicht oberhalb der Temperatur T_p des ternären peritektischen Punktes P stehen bei Legierung X_1 die Phasen .... und bei Legierung X_2 die Phasen .... im Gleichgewicht.

A 2:   Bei T_p stehen bei Legierung X_1 und X_2 die Phasen .... im Gleichgewicht. Der Schmelzzustandspunkt S beider Phasen liegt im Punkt ....

L 1: X_1 und X_2: $S + B + C$;

L 2: $S + B + C + V$;   S in P.

Ternäre peritektische Reaktion

Vierphasengleichgewichte können nur an bestimmten Punkten, die durch das System festgelegt sind, auftreten. (Dies ist ein Ergebnis aus der Thermodynamik, siehe Ergänzungen „Gibbs'sche Phasenregel", S. 181). Diese Punkte sind die **ternären eutektischen Punkte**, die bereits bekannt sind, und die **ternären peritektischen Punkte**, zu denen P gehört und die jetzt behandelt werden.

Wenn man bei Abkühlung einer Legierung durch ein Vierphasengleichgewicht läuft, muß eine Vierphasenreaktion erfolgen, denn **vor** dem Vierphasengleichgewicht stehen höchstens drei und **nachher** wieder höchstens drei Phasen im Gleichgewicht.

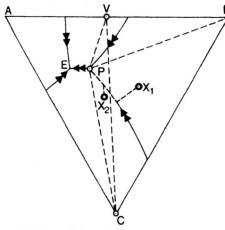

Um die peritektische Reaktion zu verstehen, muß man sich klar machen, welche Gleichgewichte vor, während und nach der peritektischen Reaktion vorliegen:

Dicht vor der Reaktion besitzen beide Legierungen (X_1 und X_2) das Gleichgewicht $S + B + C$.

Bei der Reaktion stehen bei beiden Legierungen $S + B + C + V$ im Gleichgewicht.

Darunter kann entweder ein Gleichgewicht mit Schmelze oder eines ohne Schmelze auftreten:

— Gleichgewicht mit Schmelze:
   Der Schmelzzustandspunkt liegt auf der Liquidusschnittlinie CV. Das Gleichgewicht muß also zwischen $S + C + V$ bestehen.
— Gleichgewicht ohne Schmelze:
   $B + C + V$.

Welches dieser beiden Gleichgewichte vorliegt, läßt sich ganz einfach mit dem Schwerpunktgesetz erkennen:

Legierung X_1 liegt im Konodendreieck BCV, besitzt also diese drei Phasen als stabile Phasen,

Legierung X_2 liegt im Konodendreieck PCV, besitzt also die stabilen Phasen S (in P), C und V.

Zusammengefaßt:

dicht oberhalb T_P	bei T_P	dicht unterhalb T_P:
S + B + C	S + B + C + V	B + C + V (Leg. X_1)
		S + C + V (Leg. X_2)

(T_P = Temperatur des peritektischen Punktes)

Hieraus ergibt sich die peritektische Reaktion zu:

$$S + B \rightarrow V + C$$

Diese Reaktion endet für Legierung X_1 bzw. X_2 dadurch, daß S bzw. B verbraucht ist und nur noch B + C + V bzw. S + C + V vorhanden sind.

Auf Seite 177 wurde die Besprechung der Abkühlung der beiden Legierungen X_1 und X_2 unterbrochen, um zunächst die peritektische Reaktion zu bearbeiten. Jetzt soll die Abkühlung unterhalb der peritektischen Reaktion zu Ende besprochen werden.

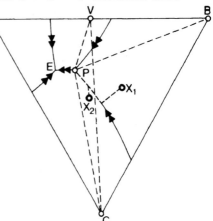

Legierung X_1:
Nach der peritektischen Reaktion stehen also B + C + V im Gleichgewicht, die weiter abgekühlt werden können, ohne daß weitere Reaktionen stattfinden.

Legierung X_2:

S → C + V — Nach Abschluß der peritektischen Reaktion stehen S + C + V im Gleichgewicht. Bei weiterer Abkühlung läuft S unter V- und C-Ausscheidung die Liquidusschnittlinie zu E herunter.

S → A + C + V — Wenn der ternäre eutektische Punkt erreicht ist, zerfällt die restliche Schmelze eutektisch in A, C und V.

A + C + V — Nach Abschluß der eutektischen Reaktion stehen die drei festen Phasen A + C + V im Gleichgewicht. Sie können ohne Veränderung weiter abgekühlt werden.

Zusammenfassung

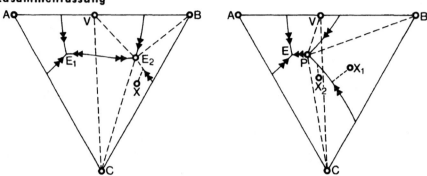

Ternäre eutektische Reaktion (Beispiel Legierung X, linke Abbildung)

dicht oberhalb T_{E_2}	bei T_{E_2}	Reaktion	dicht unterhalb T_{E_2}
S + B + C	S + B + C + V	S → B + C + C	B + C + V

 Ein ternärer eutektischer Punkt tritt immer dann auf, wenn drei Liquidusschnittlinien in einen Punkt herunterlaufen (= untere Spitze des Schmelzphasenraumes).

Ternäre peritektische Reaktion (Beispiel Legierung X_1, X_2, rechte Abbildung)

dicht oberhalb T_p	bei T_p	Reaktion	dicht unterhalb T_p
S + B + C	S + B + C + V	S + B → C + V	B + C + V (Leg. X_1) oder S + C + V (Leg. X_2)

Bei der ternären peritektischen Reaktion setzen sich zwei im Konodenviereck (P, V, B, C) gegenüberliegende Phasen in die beiden anderen Phasen um. Die Reaktion ist beendet, sobald eine Phase verbraucht ist. Welche es ist, richtet sich nach der Lage des Legierungszustandspunktes im Konodenviereck.

 Ein ternärer peritektischer Punkt tritt immer dann auf, wenn ein oder zwei Liquidusschnittlinien vom Punkt weg zu tieferen Temperaturen laufen. [Diese Definition eines ternären peritektischen Punktes weicht von der des peritektischen Punktes in binären Systemen (= obere Spitze eines Einphasenraumes) ab!]

Quasi-binärer Schnitt: Wenn die Verbindung zwischen zwei Einphasenräumen nur von Liquidusschnittlinien geschnitten wird, die an der Schnittstelle Sattelpunkte aufweisen, liegt ein quasi-binärer Schnitt vor.

Teilsysteme: Durch die quasi-binären Schnitte können Dreistoffsysteme in Teilsysteme zerlegt werden, die völlig unabhängig voneinander sind. Hierbei treten die quasi-binären Schnitte als binäre Randsysteme auf.

Studieneinheit X – 14/15

Ergänzungen

Gibbs'sche Phasenregel, Anwendung auf Dreistoffsysteme

Wenn man in der Gibbs'schen Phasenregel $f = k - \varphi + 1$; (p = const.) (s. S. 31 und S. 97) die Zahl der Freiheitsgrade $f = 0$ setzt, läßt sich die größtmögliche Zahl an Phasen φ ermitteln, die im Gleichgewicht stehen können.

A 1: Wie groß ist diese Zahl bei Dreistoffsystemen (k = 3)?..........................

Gehaltsschnitt in einem System mit zwei ternären eutektischen Punkten

A 2: Konstruieren Sie den Gehaltsschnitt DB. Nehmen Sie hierbei die Legierungen zu Hilfe, die Sie bei der Aufgabe auf Seite 172 benutzt haben.

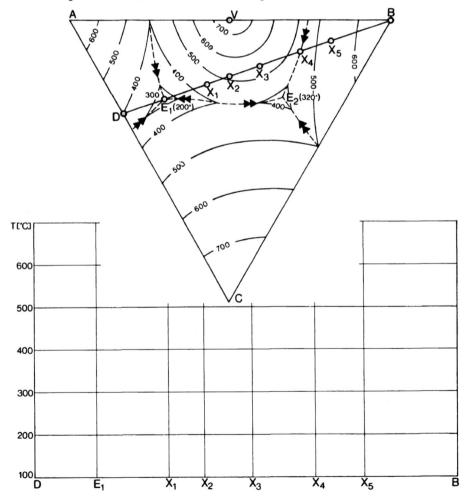

L 1: $\varphi = 4$ $(f = k - \varphi + 1;\ o = 3 - 4 + 1)$

Vier Phasen können allerdings nur in jeweils einem Zustandspunkt im Gleichgewicht stehen, da mit $f = 0$ alle Variablen durch das System festgelegt sind.

L 2:

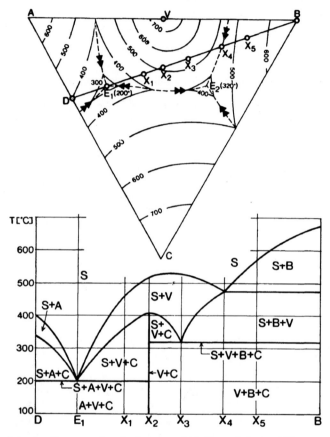

Denkt man sich das System durch den quasi-binären Schnitt VC in zwei Teilsysteme geteilt, so wird auch der Gehaltsschnitt in zwei Teile geteilt:

— Der Abschnitt DX_2 gehört zu dem Teilsystem AVC und entspricht in seinem Aufbau dem Schnitt KL von S. 167.

— Der Abschnitt X_2B gehört zu dem Teilsystem VBC und entspricht in seinem Aufbau dem Schnitt DB von S. 157.

STUDIENEINHEIT XI

In den Studieneinheiten X bis XII werden Dreistoffsysteme behandelt, deren Komponenten im flüssigen Zustand vollständig mischbar sind und im festen Zustand intermetallische Phasen bilden. Keine der auftretenden festen Phasen soll Mischbarkeit zeigen.

In dieser Studieneinheit werden zunächst anhand des $NaF-CaF_2-MgF_2$-Systems die Erkenntnisse zum Punkt „quasi-binärer Schnitt und Teilsystem" aus Studieneinheit X vertieft.
Danach wird die Erarbeitung des ternären Systems mit einem ternären eutektischen und einem ternären peritektischen Punkt fortgesetzt.

Inhaltsübersicht

Wiederholung 184
    Zusammenfassung (184); $NaF-CaF_2-MgF_2$-System (185)
3.3.3 Ternäres System mit einem ternären eutektischen und einem
    ternären peritektischen Punkt (Fortsetzung) 189
Ergänzungen 195
    Konstruktion von Gehaltsschnitten (195)

Wiederholung

Zusammenfassung

Zu Anfang lesen Sie noch einmal die Zusammenfassung des Stoffes der letzten Studieneinheit durch. Wenn Ihnen etwas unklar ist, blättern Sie noch einmal zurück.

1. **Ternäre eutektische Reaktion:** $S \to \alpha + \beta + \gamma$

   Ein ternärer eutektischer Punkt tritt immer dann auf, wenn drei Liquidusschnittlinien in einen Punkt herunterlaufen.

2. **Ternäre peritektische Reaktion:** $S + \alpha \to \beta + \gamma$

   Bei der ternären peritektischen Reaktion setzen sich zwei im Konodenviereck gegenüberliegende Phasen in die beiden anderen Phasen um. Die Reaktion ist beendet, sobald eine Phase verbraucht ist. Welche es ist, richtet sich nach der Lage des Legierungszustandspunktes im Konodenviereck. Ein ternärer peritektischer Punkt tritt immer dann auf, wenn ein oder zwei Liquidusschnittlinien vom Punkt weg zu tieferen Temperaturen laufen.

3. **Quasi-binärer Schnitt:**

   Wenn die Verbindung zwischen zwei Einphasenräumen nur von Liquidusschnittlinien geschnitten wird, die an der Schnittstelle Sattelpunkte aufweisen, liegt ein quasi-binärer Schnitt vor.

4. **Teilsysteme:**

   Durch die quasi-binären Schnitte können Dreistoffsysteme in Teilsysteme zerlegt werden, die völlig unabhängig voneinander sind. Hierbei treten die quasi-binären Schnitte als binäre Randsysteme auf.

NaF-CaF$_2$-MgF$_2$-System

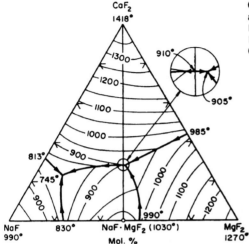

C. J. Barton, L. M. Bratcher, J. P. Blakely, and W. R. Grimes, Oak Ridge National Laboratory, Phase Diagramms of Nuclear Reactor Materials, R. E. Thoma, ed., O ORNL 2548, p. 30 (1959).

Das oben dargestellte System ist Teilsystem des Vierstoffsystems Na-Ca-Mg-F (Natrium-Kalzium-Magnesium-Fluor). Die in diesem System auftretenden intermetallischen Phasen NaF, CaF$_2$ und MgF$_2$ bilden die Ecken dieses Dreistoffsystems.

A 1: Welche festen Phasen treten in dem System auf? ....
....

A 2: Welche feste Phase hat den höchsten Schmelzpunkt? ....

A 3: Überzeugen Sie sich davon, daß jeder festen Phase eine Liquidusfläche zugeordnet ist.

A 4: Überprüfen Sie, ob die Pfeilspitzen an den Liquidusschnittlinien zu tieferen Temperaturen weisen.

A 5: Wieviele ternäre eutektische und peritektische Punkte besitzt das System? (Beachten Sie die Teilvergrößerung des Gehaltsdreiecks) .... eutektische und .... peritektische Punkte.

A 6: Ist der Schnitt NaF · MgF$_2$-CaF$_2$ ein quasi-binärer Schnitt? ....
....

Studieneinheit XI — 4/18

L 1: NaF, NaF · MgF$_2$, MgF$_2$, CaF$_2$

L 2: CaF$_2$ (1418°)

L 5: 2 ternäre eutektische Punkte, kein ternärer peritektischer Punkt. Die Teilvergrößerung zeigt einwandfrei, daß es sich beim rechten Punkt um einen ternären eutektischen Punkt handelt.

L 6: Ja, denn die Liquidusschnittlinie NaF · MgF$_2$ durchläuft an der Schnittstelle einen Sattelpunkt (s. Teilvergrößerung).

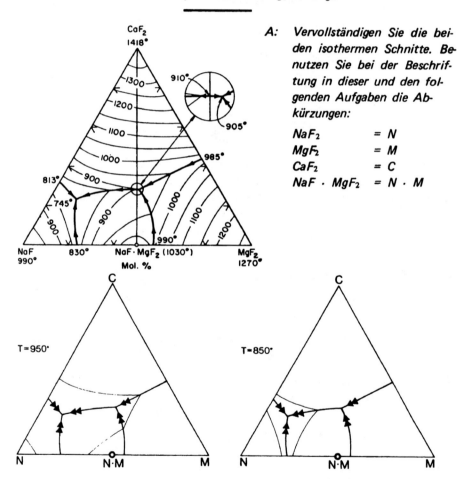

A: Vervollständigen Sie die beiden isothermen Schnitte. Benutzen Sie bei der Beschriftung in dieser und den folgenden Aufgaben die Abkürzungen:

NaF$_2$ = N
MgF$_2$ = M
CaF$_2$ = C
NaF · MgF$_2$ = N · M

Studieneinheit XI − 5/18

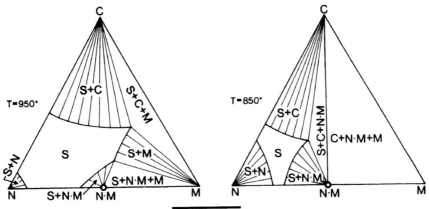

A: Konstruieren Sie nach den Angaben des Gehaltsdreiecks das binäre N-M-Zustandsdiagramm.

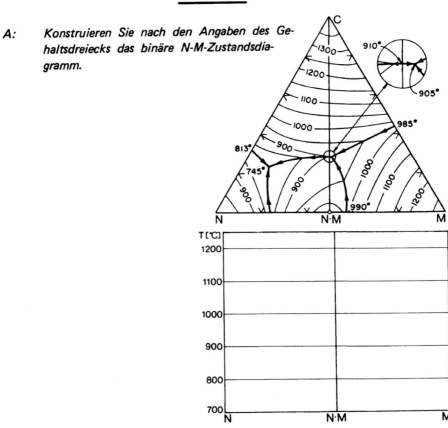

L: s. Abb. unten links

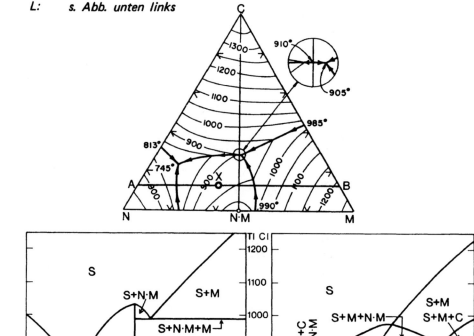

Die beiden unteren Diagramme zeigen das Randsystem NM und den Gehaltsschnitt AB des ternären Systems.

Der Schnitt AB besteht aus NaF-MgF$_2$-Legierungen mit einer Beimengung von x_{CaF_2} = 10 %. Vergleicht man die beiden Schnitte, so erkennt man, daß sie durch die Beimengung völlig verschieden werden. Der Stabilitätsbereich der Schmelze reicht im AB-Schnitt fast 100° tiefer; alle Legierungen zeigen zusätzlich reine CaF$_2$-Bereiche im Gefüge.

Dieses Beispiel soll zeigen, daß man die Aussagen aus einem Zustandsdiagramm nicht großzügig generalisieren darf. Schon geringe (und oft geringste!) Beimengungen von fremden Komponenten können einen großen Einfluß auf Gefüge und Materialeigenschaften einer Legierung haben.

A: Vergleichen Sie die Angaben, die der Gehaltsschnitt AB und das Gehaltsdreieck über die Abkühlung der Legierung X machen.
(Keine Lösungsantwort)

3.3.3 Ternäres System mit einem ternären eutektischen und einem ternären peritektischen Punkt (Fortsetzung)

Zur Wiederholung des zweiten Systems aus Studieneinheit X, S. 177 ff., bearbeiten Sie bitte zwei Aufgaben:

A 1: Zeichnen Sie in das Gehaltsdreieck die Wege ein, die die S-Zustandspunkte der vier Legierungen bei Abkühlung durchlaufen.

A 2: Konstruieren und beschriften Sie die vier schematischen Abkühlkurven dieser Legierungen. Beachten Sie hierbei besonders die ternären peritektischen Reaktionen.

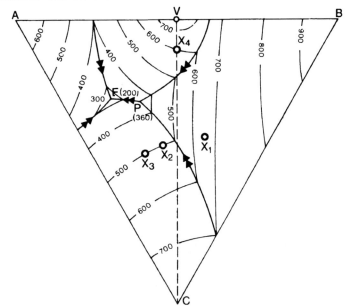

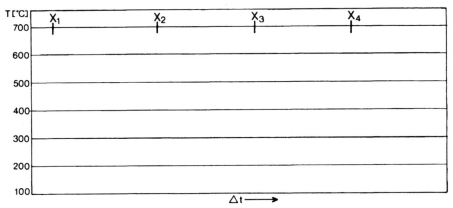

L: s. Abb.

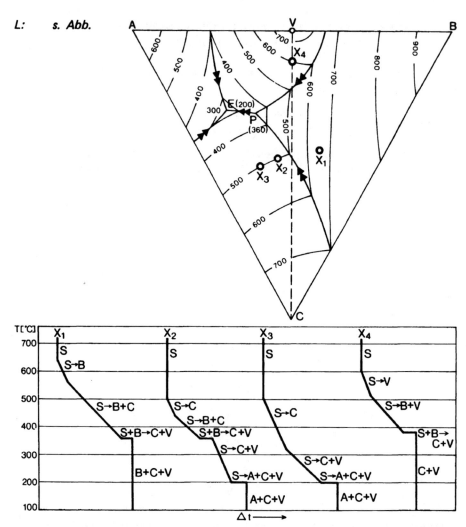

Bemerkung: Da die Legierung X_4 genau auf der Verbindung VC liegt, endet die peritektische Reaktion S + B → V + C dadurch, daß S und B gleichzeitig verbraucht sind und nur noch V und C übrigbleiben.

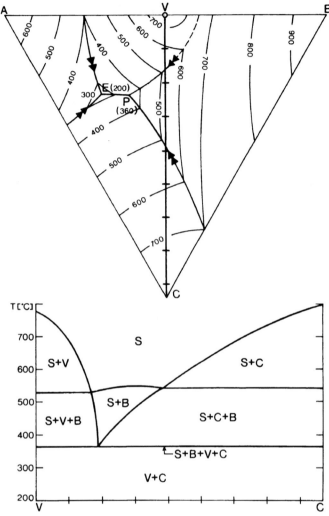

Der hier gezeigte Gehaltsschnitt VC unterscheidet sich ganz wesentlich von dem entsprechenden quasi-binären Schnitt VC (S. 176). Dieser Schnitt zeigt, daß außer den Phasen S, C und V auch noch die B-Phase als stabile Phase auftritt. Es handelt sich bei diesem Schnitt also nicht um einen quasi-binären Schnitt.

A 1: Überzeugen Sie sich davon, daß auch nach dem Satz über quasi-binäre Schnitte (S. 180 unten) VC kein quasi-binärer Schnitt sein darf.

A 2: Kontrollieren Sie, ob der Gehaltsschnitt richtig konstruiert wurde.

A: *Vervollständigen Sie die beiden abgebildeten isothermen Schnitte.*

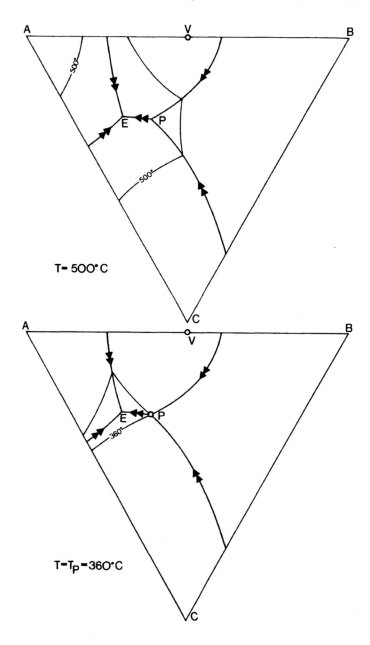

L:

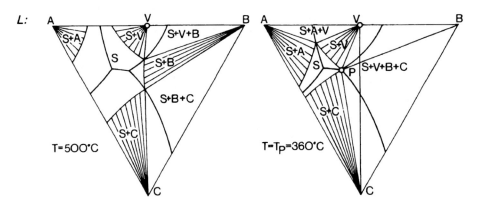

Bemerkung zum rechten Schnitt: T = T$_P$ = 360°:
Die Legierungen, deren Schmelzzustandspunkte im ternären peritektischen Punkt P liegen, stehen in einem vierphasigen Gleichgewicht S + B + C + V. Sechs Konoden verbinden S (in P), B, C und V untereinander: PV, VB, BC, CP, PB, VC.

A: Vervollständigen Sie noch einen letzten Schnitt:

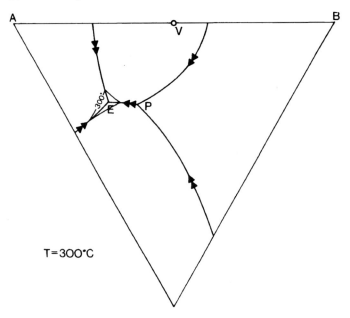

L: *Die peritektische Reaktion S + B → V + C ist abgeschlossen. Bei den Legierungen des Dreiecks VBC ist die Schmelze verbraucht, im Gleichgewicht stehen nur noch V + B + C. Bei den Legierungen im Dreieck S, V, C (S liegt auf der Liquidusschnittlinie VC) ist die B-Phase verbraucht bzw. gar nicht aufgetreten. Im Gleichgewicht stehen S + V + C.*

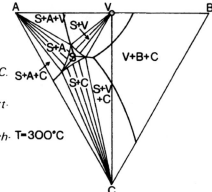

Mit den obigen Aufgaben zu den isothermen Schnitten und den Konstruktionen von Gehaltsschnitten in den folgenden Ergänzungen ist die Behandlung der beiden hier noch einmal dargestellten Systeme abgeschlossen.

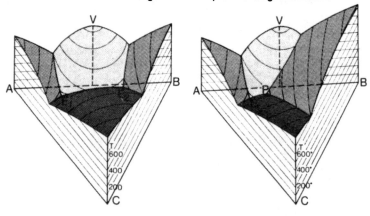

Ergänzungen

Konstruktion von Gehaltsschnitten

Auf den folgenden Seiten sind einige Gehaltsschnitte zu konstruieren. Zunächst einige allgemeine Hinweise zur Konstruktion. Es gibt zwei Wege:

1. Weg:
- Man wählt entlang der Schnittlinie eine Reihe von Legierungen aus.
- Für jede Legierung werden die Bereiche der auftretenden Phasengleichgewichte bestimmt, die bei Abkühlung durchlaufen werden (so wie bei der Konstruktion der schematischen Abkühlkurven).
- Die Bereiche mit ihren Anfangs- und Endpunkten werden in den Gehaltsschnitt übertragen.
- Gleiche Bereiche in benachbarten Legierungen werden zu Flächen verbunden.

2. Weg:
Häufig ist es besser, nicht jede Legierung gesondert, sondern benachbarte Legierungen gemeinsam zu betrachten, was am Beispiel des S-Phasenraumes und der angrenzenden Zweiphasenräume (S + 1 feste Phase) gezeigt werden soll:
- Man ermittelt für die Legierungen die Temperaturen, bei denen die Liquidusflächen erreicht werden. Die Punkte sind in den Gehaltsschnitt zu übertragen und zu verbinden. Damit liegt der S-Phasenraum im Gehaltsschnitt fest.
- Unterhalb der Liquidusfläche sind S und eine feste Phase stabil. Nur dort, wo eine Liquidusschnittlinie geschnitten wird, sind S und 2 feste Phasen stabil. Man schreibt direkt die stabilen Phasen in die entsprechenden Bereiche.
- Bei weiterer Abkühlung laufen die Schmelzzustandspunkte der Legierungen auf den Liquidusflächen bis zu den Liquidusschnittlinien (bzw. direkt in die ternären eutektischen bzw. peritektischen Punkte). Hier enden die Zweiphasenbereiche. Die unteren Begrenzungslinien werden konstruiert, — usw.

An Stellen, wo dieser Weg zu kompliziert wird, kann man auf den ersten Weg zurückgreifen.

Zu Beginn der Konstruktion sollte man den Gehaltsschnitt durch die charakteristischen Legierungen in verschiedene Bereiche einteilen. Zu diesen Legierungen gehören:
- Schnittpunkte des Gehaltsschnittes mit Liquidusschnittlinien,
- Legierungen, deren Schmelzzustandspunkte direkt in ternäre eutektische oder peritektische Punkte laufen,
- Schnittpunkte des Gehaltsschnittes mit Verbindungslinien von festen Phasen (z.B. quasi-binären Schnitten).

Um diese Legierungen zu finden, zeichnet man die entsprechenden Hilfslinien in das Gehaltsdreieck ein.

Zur Kontrolle der Konstruktion eignet sich das Gesetz der wechselnden Phasenzahl (s. S. 165):

Wenn zwei Phasenräume eine gemeinsame Phasengrenze besitzen, muß sich die Zahl ihrer stabilen Phasen mindestens um 1 unterscheiden.

A: *Konstruieren Sie den Gehaltsschnitt AB:*
Suchen Sie zunächst die charakteristischen Legierungen. Zeichnen Sie hierzu die Hilfslinien $N\text{-}E_1$, $N\text{-}M\text{-}E_1$, $N\text{-}M\text{-}E_2$, $M\text{-}E_2$ und $N\text{-}M\text{-}C$ in das Gehaltsdreieck ein.

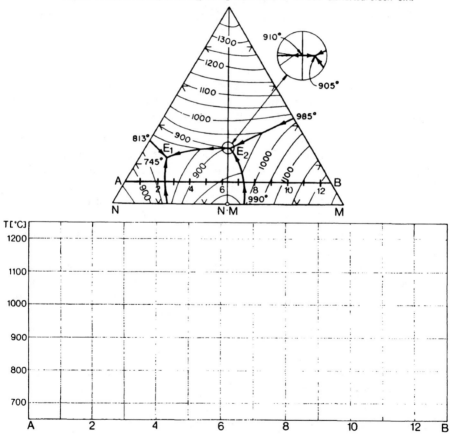

L: S. Gehaltsschnitt auf Seite 188.

A: Konstruieren Sie den Gehaltsschnitt VC.

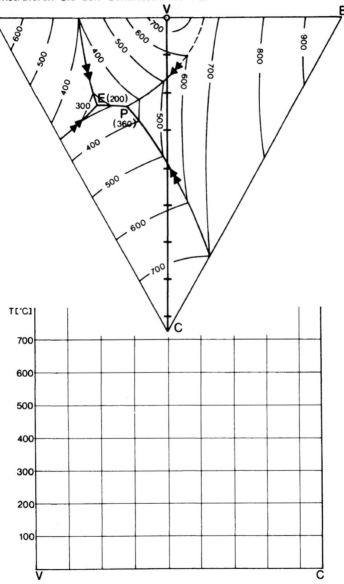

Studieneinheit XI — 16/18

L: s. Gehaltsschnitt auf Seite 191.

A: Konstruieren Sie die beiden Gehaltsschnitte GF und HI.

Diese und die folgende Seite enthalten die kompliziertesten Gehaltsschnitte des ganzen Programms. Versuchen Sie, soweit wie möglich, die Aufgaben zu lösen und anschließend die abgebildeten Lösungen in allen Einzelheiten nachzuvollziehen. Sehen Sie sich dazu Legierungen an, und überlegen Sie, wie sich deren Abkühlprozesse im Gehaltsdreieck und im Gehaltsschnitt darstellen.

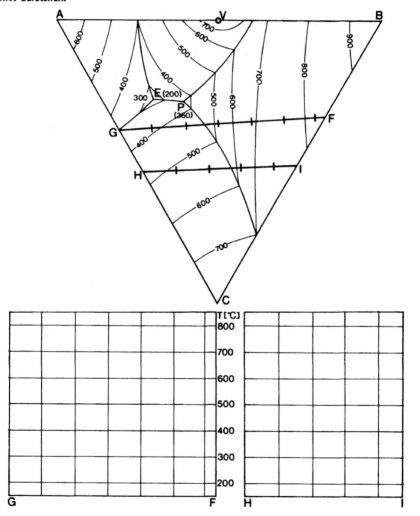

Studieneinheit XI — 17/18

L:

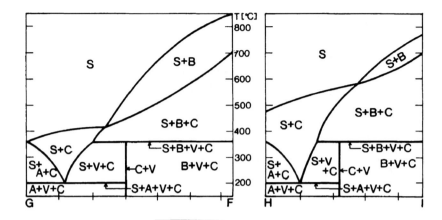

A: *Konstruieren Sie den Gehaltsschnitt DF!*

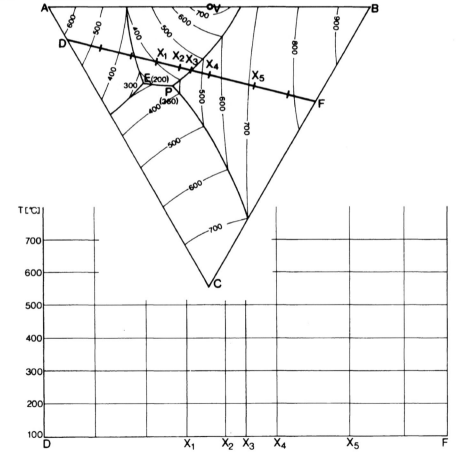

L:

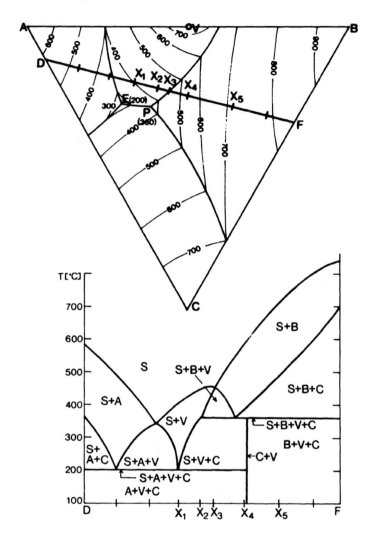

STUDIENEINHEIT XII

→ Wenn Sie unter Zeitdruck stehen, können Sie die Studieneinheit XII überschlagen.

Diese Studieneinheit ist die letzte, in der Dreistoffsysteme behandelt werden, deren feste Phasen keine Mischbarkeiten aufweisen.

Es sind die beiden Systeme
   $KF-NaF-MgF_2$ und
   $CaO-Al_2O_3-SiO_2$.

Im ersten System tritt eine Besonderheit auf: Der Schmelzzustandspunkt einer Legierung wandert während der Abkühlung von einer Liquidusschnittlinie auf eine Liquidusfläche. Diese Erscheinung wird später in der letzten Studieneinheit noch einmal auftreten.

Das zweite System soll als Beispiel dafür dienen, daß man auch kompliziert erscheinende Systeme mit den bisher behandelten Regeln gut interpretieren kann.

Inhaltsübersicht

3.4 Zwei Systeme mit mehreren intermetallischen Phasen ohne Mischbarkeiten im festen Zustand. 202
3.4.1 $KF-NaF-MgF_2$-System 202
   Ternäre peritektische Reaktion (205); Abkühlung der Legierungen U, V und W (209); Abkühlung der Legierung X (211)
3.4.2 $CaO-Al_2O_3-SiO_2$-System 217
   Randsysteme (219); Gehaltsschnitte und Teilsystem (222)
Ergänzungen 223
   Gehaltsschnitt im MgF_2-KF-NaF-System (223)

3.4 ZWEI SYSTEME MIT MEHREREN INTERMETALLISCHEN PHASEN OHNE MISCHBARKEITEN IM FESTEN ZUSTAND

3.4.1 KF-NaF-MgF$_2$-System

Dieses System ist ein Teilsystem des K-Na-Mg-F-Vierstoffsystems. Die Abbildung unten zeigt das KF-MgF$_2$-Randsystem, das zwei intermetallische Phasen zeigt. Bei der Besprechung des Dreistoffsystems soll zur Vereinfachung der gestrichelt gezeichnete KMgF$_3$-Mischkristallbereich nicht berücksichtigt werden.

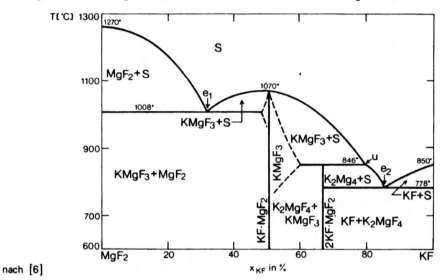

nach [6]

A: Welche Phasengleichgewichte und Reaktionen durchlaufen Legierungen mit x_{KF} = 60 % und 70 % bei Abkühlung von hohen Temperaturen? (Benutzen Sie die Abkürzungen M = MgF$_2$, KM = KF · MgF$_2$, 2 KM = 2 KF · MgF$_2$, K = KF)

x_K = 60 %: S; S → KM; ....

x_K = 70 %: S; S → KM; ....

....

L: $x_K = 60\,\%$: S; $S \to KM$; $S + KM \to 2KM$; $KM + 2KM$
$x_K = 70\,\%$: S; $S \to KM$; $S + KM \to 2KM$; $S \to 2KM$;
$S \to K + 2KM$; $K + 2KM$.

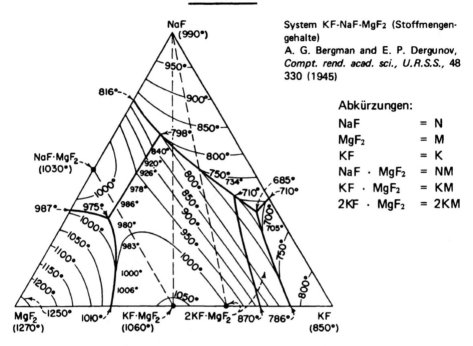

System KF-NaF-MgF$_2$ (Stoffmengengehalte)
A. G. Bergman and E. P. Dergunov, Compt. rend. acad. sci., U.R.S.S., 48 330 (1945)

Abkürzungen:

NaF	= N
MgF$_2$	= M
KF	= K
NaF · MgF$_2$	= NM
KF · MgF$_2$	= KM
2KF · MgF$_2$	= 2KM

A 1: Welche Phasen treten in diesem Dreistoffsystem auf? ....
....

A 2: Schreiben Sie in jede Liquidusfläche die feste Phase, die mit ihr im Gleichgewicht steht.

A 3: Vergleichen Sie das K-M-Randsystem (s. S. 202) mit dem Dreistoffsystem. Schreiben Sie die Bezeichnungen e_1, u, e_2 an die entsprechenden Punkte im Dreistoffsystem. Stimmen die Temperaturangaben beider Abbildungen überein? ....

A 4: Markieren Sie durch Pfeile die Richtungen, in denen die Liquidusschnittlinien zu tieferen Temperaturen hinlaufen.

→ Bitte beachten Sie: Der Schnitt KM-N muß quasi-binär sein, und die Liquidusschnittlinie KM-N muß einen Sattelpunkt an der Schnittstelle besitzen. Die 800°-Isotherme ist demnach nicht korrekt eingezeichnet.

L 1: N, M, K, NM, KM, 2KM

L 2: s. Abb.

L 3: e_1, u, e_2: s. Abb. Die Temperaturwerte stimmen nicht genau überein.

Vergleicht man die Arbeiten verschiedener Autoren über gleiche Systeme, stellt man häufig Unterschiede fest, deren Gründe in unterschiedlichen Meßmethoden, Reinheiten der Substanzen und anderen Faktoren liegen können.

L 4: s. Abb.

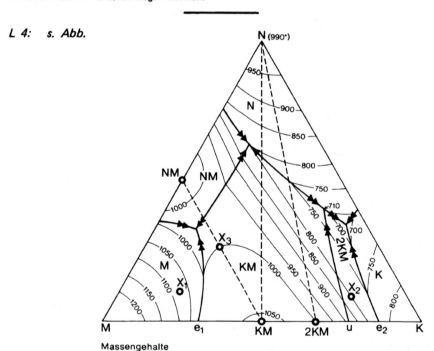

Massengehalte

A 1: Das System besitzt .... ternäre eutektische und .... ternäre peritektische Punkte.

A 2: Welche Schnitte im System sind quasi-binär? ....

A 3: Zeichnen Sie für die Abkühlung der drei Legierungen die Bahnen der Schmelzzustandspunkte oben ein. Geben Sie an, welche Phasengleichgewichte und Phasenreaktionen die drei Legierungen durchlaufen:

X_1: S; ....
X_2: S; ....
X_3: S; ....

L 1: 3 (E_1, E_2, E_3) ternäre eutektische und 1 (P) ternärer peritektischer Punkt (s. Abb.)

L 2: NM-KM und N-KM.

L 3: X_1: S; S → M; S → M + KM; S → M + KM + NM; M + KM + NM

X_2: S; S → 2KM; S → 2KM + K; S → 2KM + K + N; 2KM + K + N

X_3: S; S → KM; S → KM + NM; KM + NM (quasi-binäre Legierung)

Ternäre peritektische Reaktion

Etwas Neues zeigt die feste Phase 2KM. Im Gegensatz zu den anderen festen Phasen liegt sie nicht unter der ihr zugeordneten Liquidusfläche. Diese feste Phase kann also beim Erhitzen nicht unmittelbar in den Schmelzzustand übergehen, sondern zerfällt in die KM- und S-Phase. Man sagt, sie schmilzt inkongruent.

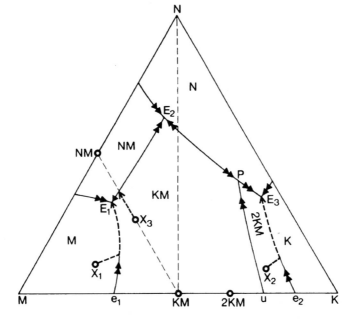

Man unterscheidet **offen** und **bedeckt** (**kongruent** und **inkongruent**) **schmelzende Phasen**, je nachdem, ob sie beim Erhitzen direkt in die Schmelzphase übergehen ($\alpha \to S$) oder vorher eine peritektische Reaktion $\alpha \to S + \beta$ erleiden. In binären Systemen sind alle festen Phasen mit peritektischen Punkten bedeckt schmelzende Phasen. Bei den binären wie bei den ternären Systemen gilt: wenn eine Phase unter ihrer Liquiduslinie bzw. -fläche liegt, schmilzt sie offen.

A: Der S-Zustandspunkt einer Legierung liegt in P.

a) Welche stabilen Phasen besitzt die Legierung?..................................
....
Hilfestellung: Welche Liquidusflächen berühren sich in P?

b) Zeichnen Sie alle Konoden des Vierphasengleichgewichtes in das Gehaltsdreieck ein.

c) Welche peritektische Reaktion läuft bei Wärmeentzug in P ab?
.... $\to$ ....

(Lesen Sie, wenn nötig, auf Seite 179 ff nach!)

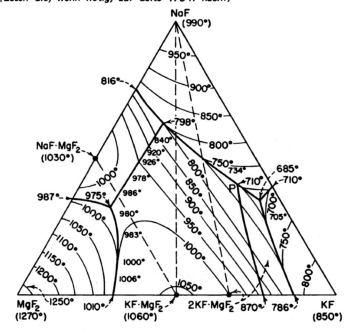

L a) S (in P) + N + KM + 2KM.
  b) s. Abb.
  c) S + KM → N + 2KM.

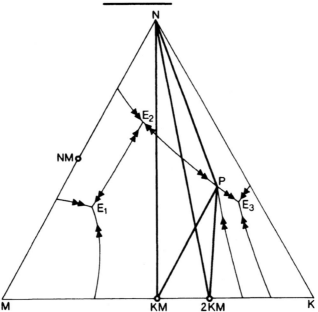

Bei der Behandlung der Abkühlung wird immer wieder das Schwerpunktgesetz benutzt werden:

 — Wenn eine Legierung in zwei Phasen aufspaltet, muß der Legierungszustandspunkt auf der Konode zwischen den beiden Phasenzustandspunkten liegen.

 — Wenn eine Legierung in drei Phasen aufspaltet, muß der Legierungszustandspunkt in dem Konodendreieck zwischen den drei Phasenzustandspunkten liegen.

 — Liegt er auf einer Dreiecksseite, ist die Menge der gegenüberliegenden Phase Null.

 — Wenn eine Legierung in vier Phasen aufspaltet, muß der Legierungszustandspunkt in der durch die Konoden aufgespannten Fläche liegen.

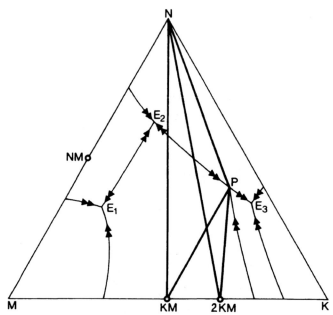

Beantworten Sie mit Hilfe des Schwerpunktgesetztes und der ins Gehaltsdreieck eingezeichneten Konoden folgende Fragen:

A 1: Welche Legierungen durchlaufen bei Abkühlung die peritektische Reaktion S + KM → N + 2KM? ....

A 2: Bei welchen Legierungen stehen nach der peritektischen Reaktion

a) N + KM + 2KM im Gleichgewicht? ....

b) S + N + 2KM im Gleichgewicht? ....

L 1: Alle Legierungen aus dem Viereck KM – 2KM – P – N.

L 2 a) Alle Legierungen aus dem Dreieck KM – 2KM – N.

b) Alle Legierungen aus dem Dreieck 2KM – P – N.

Abkühlung der Legierungen U, V und W

Die folgende Abbildung zeigt einen Ausschnitt des Gehaltsdreiecks mit den drei Legierungen und einigen wichtigen Konoden:

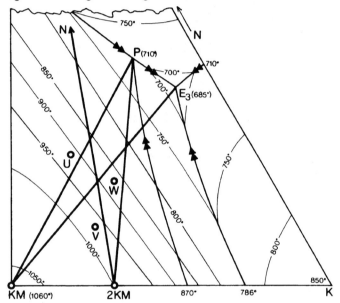

1. Schmelze

Alle drei Legierungen liegen einphasig als Schmelze vor, bis ihre Zustandspunkte die Liquidusfläche erreichen.

2. Schmelze + 1 feste Phase

Bei weiterer Abkühlung kristallisieren die Legierungen die KM-Phase aus, ihre Schmelzzustandspunkte wandern geradlinig von KM weg, bis sie eine Liquidusschnittlinie erreichen.

A: Zeichnen Sie die Bahnen der Schmelzzustandspunkte der drei Legierungen für Bereich 2 ein.

L: s. Abb.

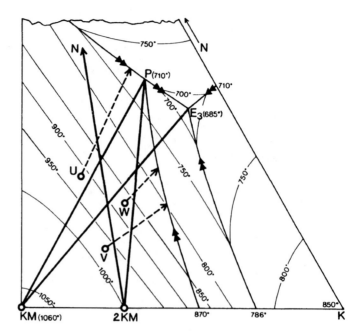

3. Schmelze + 2 feste Phasen
Die S-Zustandspunkte laufen in den Liquidusschnittlinien bis zum ternären peritektischen Punkt P.

A: Zeichnen Sie die Bahnen weiter, und überzeugen Sie sich davon, daß die Legierungszustandspunkte in ihren Konodendreiecken liegen.

4. Schmelze + 3 feste Phasen
In P erleiden die Legierungen die peritektische Reaktion S + KM → N + 2KM.

Legierungen U und V
Die Reaktion endet mit dem Verbrauch der Restschmelze. Danach sind nur noch KM, 2KM und N stabil.

Legierung W
Die Reaktion endet mit dem Verbrauch von KM. Die Restschmelze läuft bis E_3 weiter und zerfällt dort eutektisch.

A: Geben Sie die Phasengleichgewichte und Reaktionen an, die die drei Legierungen durchlaufen.

   U: S; ....
   ....

   V: S; ....
   ....

   W: S; ....
   ....

L: U: S; S → KM; S → KM + N; S + KM → 2KM + N; KM + 2KM + N.

V: S; S → KM; S + KM → 2KM*; S + KM → 2KM + N; KM + 2KM + N.

W: S; S → KM; S + KM → 2KM*; S + KM → 2KM + N; S → 2KM + N; S → 2KM + N + K; 2KM + N + K.

* Daß die angegebene Phasenreaktion auftritt, wird bei der Besprechung der nächsten Legierung verständlich gemacht.

Abkühlung der Legierung X

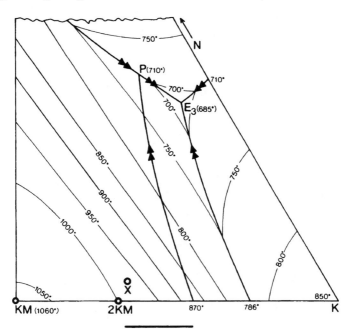

A 1: Ist bei der Legierung X eine ternäre peritektische Reaktion zu erwarten?
.... (Vergleichen Sie mit Aufgabe A 1, S. 208.)

A 2: Zeichnen Sie die Bahn des Schmelzzustandspunktes bei Abkühlung bis 800° ein.

A 3: Welche Phasengleichgewichte herrschen bei
900°: .... 850°: ....
825°: .... 800°: ....

A 4: Zeichnen Sie die Konodendreiecke für T = 850° und 800° in das Gehaltsdreieck ein.

L 1: nein, denn X liegt außerhalb des Vierecks KM – 2KM – P – N.

L 2: s. Abb.

L 3: 900°: S + KM; 850°, 825°, 800°: S + KM + 2KM.

L 4: s. Abb.

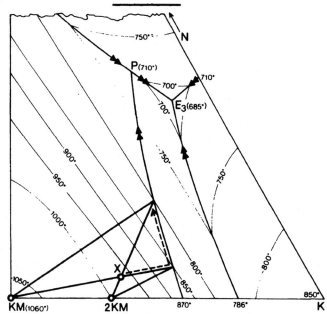

Zunächst kühlt diese Legierung ab, wie die oben besprochenen.

1. Schmelze
Die Legierung ist einphasig flüssig bis zum Erreichen der Liquidusfläche.

2. Schmelze + 1 feste Phase
Die KM-Phase kristallisiert aus der Schmelze aus, der S-Zustandspunkt läuft geradlinig zur Liquidusschnittlinie.

3. Schmelze + 2 feste Phasen
S-, KM- und 2KM-Phase stehen im Gleichgewicht, der S-Zustandspunkt läuft in der Liquidusschnittlinie.

Beantworten Sie anhand der Konodendreiecke folgende Fragen:

A 1: Wie groß ist der 2KM-Gehalt bei 850°? x^{2KM} = ... %.
Wie groß ist der KM-Gehalt bei 800°? x^{KM} = ... %.

A 2: Im Bereich von 850° bis 800° herrscht das Phasengleichgewicht S + 2KM + KM. Können Sie mit A 1 angeben, welche Reaktion bei Abkühlung abläuft? .... → ....

L 1:   850°: $x^{2KM} = 0$ %;   800°: $x^{KM} = 0$ % (Schwerpunktgesetz!).

L 2:   S + KM → 2KM (s. Text unten)

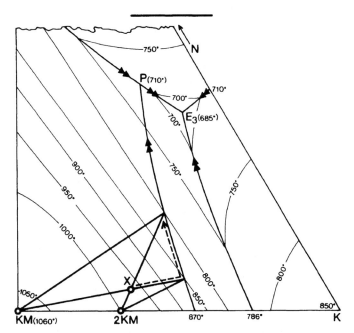

Nach Aufgabe 1 besteht die Legierung bei 850° nur aus KM- und S-Phase und zwar, wie man mit dem Schwerpunktgesetz berechnen kann, mit den Gehalten $x^{KM} = 32$ % und $x^S = 68$ %. Bei 800° besteht die Legierung nur aus 2KM- und S-Phase mit $x^{2KM} = 79$ % und $x^S = 21$ %. Bei der Abkühlung von 850° bis 800° ist also die gesamte Menge der KM-Phase, die sich vorher gebildet hatte, wieder verbraucht. Dafür wurde die 2KM-Phase gebildet. Außerdem verringerte sich der Schmelzgehalt in der Legierung. Es muß also die Reaktion S + KM → 2KM abgelaufen sein. Es liegt jetzt 2KM + S vor.

A: Kann der Schmelzzustandspunkt auf der Liquidusschnittlinie weiterwandern, wenn die Probe unter 800° abgekühlt wird? ....
Überlegen Sie, wie sich das Konodendreieck verschiebt.

L: Nein, denn das Konodendreieck würde sich so verschieben, daß der Legierungszustandspunkt herauswandert.

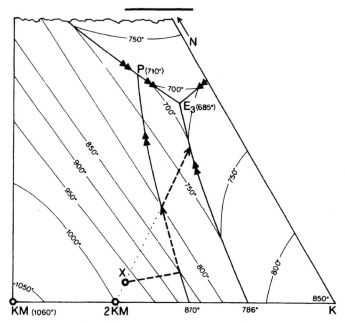

4. Schmelze + 1 feste Phase
Bei 800° liegen nur noch S und 2KM vor. Bei weiterer Abkühlung wandert der S-Zustandspunkt von der Liquidusschnittlinie weg, geradlinig über die 2 KM-Liquidusfläche, bis er wieder eine Liquidusschnittlinie erreicht.

A: Überzeugen Sie sich mit dem Schwerpunktgesetz davon, daß die Verlängerung der geradlinigen Bahn nach hinten durch den Punkt 2KM laufen muß.

5. Schmelze + 3 feste Phasen
Der S-Zustandspunkt wandert in der Liquidusschnittlinie 2KM-K, wobei die Phasenreaktion S → 2KM + K abläuft.

6. Schmelze + 3 feste Phasen
In E_3 zerfällt die Restschmelze eutektisch in 2KM, K und N.

A: Geben Sie die Phasengleichgewichte und Reaktionen an, die die Legierung durchläuft: S; ....

....

Verdeutlichen Sie sich, daß die auftretenden Phasenreaktionen zwingend aus dem Schwerpunktgesetz folgen.

L: S; S → KM; S + KM → 2KM; S → 2KM; S → 2KM + K; S → 2KM + K + N; 2KM + N + K.

A 1: Konstruieren Sie den isothermen Schnitt für T = 600° (alle Legierungen fest).

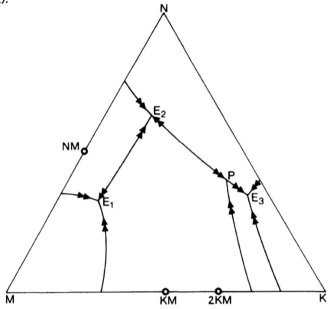

A 2: Markieren Sie zusätzlich in der Abbildung den Bereich aller Legierungen, die genau die gleichen Phasengleichgewichte und Phasenreaktionen durchlaufen wie die Legierung X.

L 1: s. Abb.

L 2: s. Abb., querschraffierter Bereich.

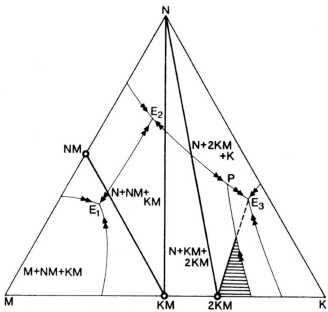

Die hier eingezeichneten Konoden teilen das Gehaltsdreieck in die verschiedenen Gleichgewichtsbereiche bei tiefen Temperaturen ein. Deshalb erachtet man diese Konoden als so wichtig, daß man sie häufig mit in die Konodendreiecke einzeichnet (s. S. 203).

Auch im $CaO-Al_2O_3-SiO_2$-System, das unten besprochen wird, finden Sie solche Konoden im Gehaltsdreieck eingetragen.

CaO-Al$_2$O$_3$-SiO$_2$-System

Über die Bedeutung dieses Systems schreibt W. HINZ [4]:

Das System ist sowohl für das Verständnis der Genese gesteinsbildender Minerale (Anorthit) als auch für die Herstellung und Bildung einer Reihe wichtiger technischer Silikatprodukte von Bedeutung. So lassen sich mit diesem Diagramm — bei Vornahme einiger Vereinfachungen — die Zusammensetzungsgebiete für Portland- und Tonerdezementklinker, für Hochofenschlacken, für feuerfeste Schamotte, für einige Porzellanarten und Gläser und andere silikatische Erzeugnisse angeben. Aufgrund dieses besonderen technischen Interesses wurde dieses System als erstes silikatisches Dreistoffsystem näher untersucht. Hierzu mußten an die tausend verschiedene Ausgangsgemische hergestellt und bis zu 7000 Schmelzversuche und mikroskopische Bestimmungen durchgeführt werden.

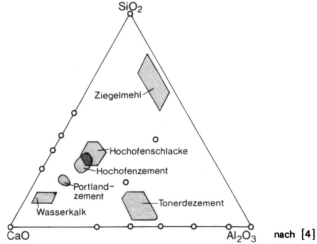

nach [4]

Die Abbildung zeigt das Gehaltsdreieck mit der Lage einiger Silikatprodukte. Die eingezeichneten Punkte geben die auftretenden intermetallischen Phasen an. Da die Phasen keine oder nur sehr geringe Mischbereiche zeigen, erscheinen ihre Phasenräume als Punkte.

Dieses System ist nicht in erster Linie wegen seiner technischen Bedeutung als Beispiel gewählt worden, sondern insbesondere, weil es trotz seines kompliziert erscheinenden Aussehens genau zu dem Typ gehört, der in dieser und der vorigen Studieneinheit behandelt wurde. Sie werden erkennen, daß man auch kompliziertere Systeme — geht man systematisch vor — gut lesen kann.

CaO-Al₂O₃-SiO₂-Gehaltsdreieck mit Schmelzisothermen, Liquidusschnittlinien und wichtigen Konoden (nach [6]).

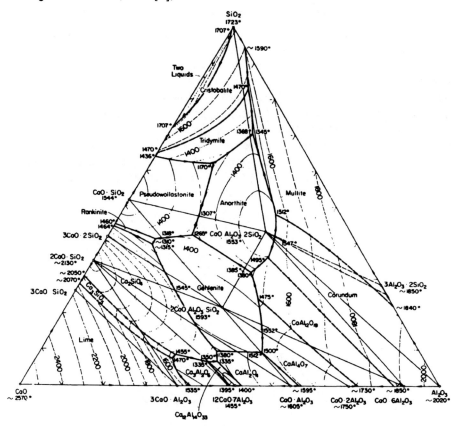

Randsysteme (nach [6])

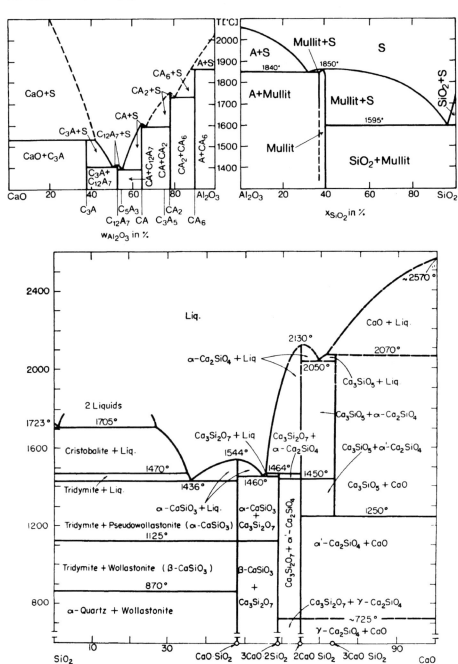

Benutzen Sie die Abkürzungen CaO = C; Al_2O_3 = A; SiO_2 = S; $3CaO \cdot 2SiO_2$ = C_3S_2 usw.

A 1: Welche Phasen zeigt das Dreistoffsystem? ....
....

A 2: Vergleichen Sie die Randsysteme mit dem Dreistoffsystem. Stimmen sie in allen Phasen und Temperaturangaben überein? Das Randsystem C-S weist eine Schmelz-Mischungslücke auf. Beachten Sie diese Lücke nicht.

A 3: SiO_2 liegt zwischen 1723° und 1470° als Cristobalit vor, zwischen 1470° und 870° als Tridymit und unterhalb 870° als α-Quarz. Sehen Sie sich diese Phasengebiete im C-S-Randsystem an. Welche Liquiduslinie im Randsystem steht mit Cristobalit, welche mit Tridymit im Gleichgewicht?
Welche Liquidusflächen stehen im Dreistoffsystem mit Cristobalit, welche mit Tridymit im Gleichgewicht? (s. Beschriftung).

A 4: Durch Liquidusschnittlinien (dicke, ausgezogene oder gestrichelte Linien mit Pfeilen) werden die verschiedenen Liquidusflächen umgrenzt. Ordnen Sie jeder Phase die mit ihr im Gleichgewicht stehende Liquidusfläche zu (s. Beschriftung).

L 1: C; C_3A; $C_{12}A_7$; CA; CA_2; CA_6; A; A_3S_2; S; CS; C_3S_2; C_2S; S_3S; C_2AS; CAS_2.

Wie an den Randsystemen zu erkennen ist, treten bei einzelnen Phasen in verschiedenen Temperaturbereichen noch unterschiedliche Modifikationen auf:

S: siehe Aufgabe 3, vorige Seite.
CS: bildet α-CS und β-CS.
C_2S: bildet α-C_2S, α'-C_2S und γ-C_2S.

L 2, 3, 4: ohne Lösung.

A 1: Welche Phasen des Systems schmelzen bedeckt? (vgl. S. 206) ....
....

A 2: Überzeugen Sie sich mit Hilfe der Isothermen davon, daß die Pfeile an den Liquidusschnittlinien zu tieferen Temperaturen weisen.

A 3: Welche ternären Punkte besitzt das System? Benennen Sie die sechs Punkte nach ihren drei stabilen festen Phasen.

.... — .... — ....; .... — .... — ....;
.... — .... — ....; .... — .... — ....;
.... — .... — ....; .... — .... — ....;

A 4: Welche Verbindungslinien zwischen zwei Phasen sind quasi-binäre Schnitte? (s. S. XXIX).

.... — ....; .... — ...., ...
....

Bemerkung: CAS_2-CA_6 ist kein quasi-binärer Schnitt. Sie können sich hiervon überzeugen, indem Sie eine Legierung aus dem Konodendreieck CAS_2-CA_6-A abkühlen: Sie kristallisiert zunächst A aus. Ihr S-Zustandspunkt wandert auf der Korund-Liquidusfläche geradlinig von A weg. Dabei kreuzt sie den CAS_2-CA_6-Schnitt. In dem Schnittpunkt tritt also A als stabile Phase auf. Da A nicht in der Schnittlinie liegt, kann der Schnitt nicht quasi-binär sein.

A 5: Auf der nächsten Seite sind zwei Gehaltsschnitte abgebildet. Vergleichen Sie diese mit dem Zustandsdiagramm, und überzeugen Sie sich davon, daß beide Schnitte quasi-binär sind.

A 6: Die Abbildung neben den Schnitten zeigt ein Teilsystem aus dem C-A-S-Dreistoffsystem. Stellen Sie fest, an welcher Stelle im C-A-S-System es liegt, und vergleichen Sie die Liquidusschnittlinien in beiden Systemen.

A 7: Im C-A-S-System sind viele Phasen durch Konoden verbunden. Machen Sie sich klar, daß die durch Konoden gebildeten Dreiecke die Gleichgewichtsbereiche für den Fall angeben, daß die Legierungen alle fest sind. Wählen Sie hierfür verschiedene Legierungen, und verfolgen Sie ihre Abkühlprozesse.

→ Lösung übernächste Seite!

Gehaltsschnitte und Teilsystem

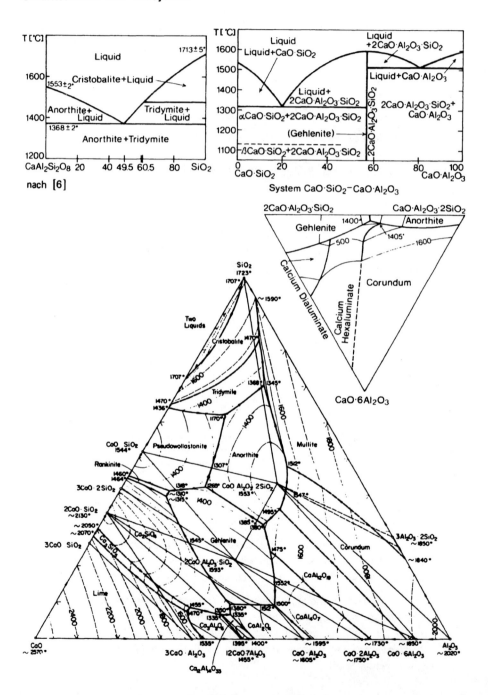

L 1: C_3A; CA_2*; CA_6; C_3S_2; C_3S.

  * Hier stimmen die Angaben von Randsystemen (S. 219) und dem ternären System nicht überein: Nach dem Randsystem schmilzt CA_2 offen, nach dem ternären System bedeckt.

L 2:   ohne Lösung.

L 3: $C_{12}A_7$-CA-C_2S; C_2AS-CA_6-CAS_2; C_2AS-CS-C_3S_2; C_2AS-CAS_2-CS; CAS_2-S-A_3S_2.

L 4: C_2AS-CA_2; C_2AS-CAS_2; C_2AS-CS; C_2AS-C_2S; CAS_2-A; CAS_2-S; CAS_2-CS.

L 5, 6, 7:   ohne Lösung.

Ergänzungen

Gehaltsschnitt im MgF_2-KF-NaF-System

A: Auf der nächsten Seite ist ein Teil des Dreistoffsystems abgebildet. Versuchen Sie, den Gehaltsschnitt A-B zu konstruieren.

Wenn Sie wollen, benutzen Sie diese Hilfestellung:

1. Ziehen Sie die folgenden Hilfslinien:
   KM-P; 2KM-N; 2KM-P; 2KM-E; K-E.

2. Konstruieren Sie zuerst die untersten Phasenräume:
   Welche Lygierungen zeigen das Gleichgewicht N + KM + 2KM?
   Welche N + 2KM + K? (s. S. 215 A 1).
   Welche Legierungen reagieren peritektisch in P? Welche eutektisch in E?
   Welche Legierungen reagieren peritektisch in P und eutektisch in E?

3. Konstruieren Sie die Liquiduslinien.

4. Welche Legierungen haben die Gleichgewichte S + KM, S + 2KM, S + K?

5. Welche Legierungen laufen auf die Liquidusschnittlinien KM-N, KM-2KM, 2KM-K, K-N?
   Welche Legierungen laufen direkt in P? Welche direkt in E?

6. Beachten Sie die Legierungen, die wie Legierung X (s. S. 211) nach dem Dreiphasengleichgewicht S + KM + 2KM wieder in ein Zweiphasengleichgewicht S + 2KM übergehen: im Gehaltsschnitt muß sich bei ihnen unter den Dreiphasenraum ein Zweiphasenraum schieben.
   Welche dieser Legierungen treffen auf die Liquidusschnittlinie 2KM-N (s. S. 215 A 2) bzw. K-N?

Studieneinheit XII — 24/25

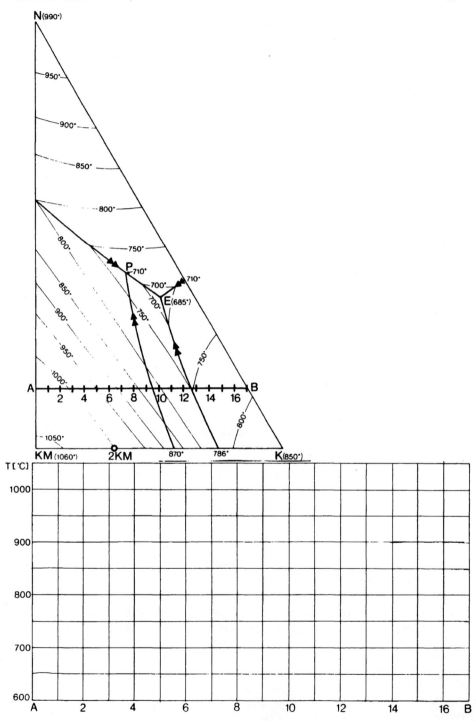

L:

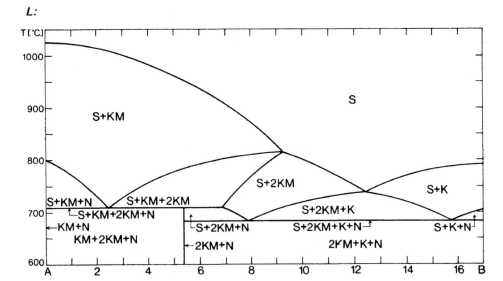

→ Wenn Sie den Gehaltsschnitt nicht verstanden haben, wählen Sie verschiedene Legierungen aus, entwickeln Sie im Zustandsdiagramm die Phasengleichgewichte, die bei Abkühlung durchlaufen werden, und vergleichen Sie diese mit dem Gehaltsschnitt.

STUDIENEINHEIT XIII

In den Studieneinheiten X bis XII wurden Systeme mit festen intermetallischen Phasen ohne Mischbarkeiten behandelt. Zu Beginn dieser Studieneinheit wird dieser Systemtyp am Beispiel des Au-Sb-Ge-Systems wiederholt.

Danach werden Sie Systeme mit Mischbarkeiten der festen Phasen kennenlernen, die uns auch in den letzten beiden Studieneinheiten noch beschäftigen sollen.

Nach der Wiederholung wollen wir zunächst ein System mit vollständiger Mischbarkeit, danach eines mit Mischungslücke interpretieren.

Inhaltsübersicht

Wiederholung: Gold-Antimon-Germanium-System 227
    Randsysteme (227); Realdiagramm mit Schmelzisothermen (227)
3.5   Ternäre Systeme mit vollständiger Mischbarkeit im festen Zustand 233
    Ternärer Körper (233); Abkühlung einer Legierung (234); vollständige isotherme Schnitte (236); Gehaltsschnitte (237)
3.6   Ternäre Systeme mit Mischungslücke in der festen Phase 238
Wiederholung einiger Regeln zu den ternären Systemen 240
3.7   Ternäres System mit zwei eutektischen Randsystemen und einem mit vollständiger Mischbarkeit 241
    Abkühlung einer Legierung X (242)
Ergänzungen 244
    Konstruktion eines Gehaltsschnittes im Au-Ge-Sb-System (244); Mischungslücke in der Schmelzphase (245)

Wiederholung: Gold(Au)-Antimon(Sb)-Germanium(Ge)-System

Randsysteme (nach [3])

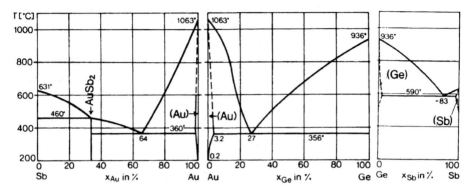

Realdiagramm mit Schmelzisothermen

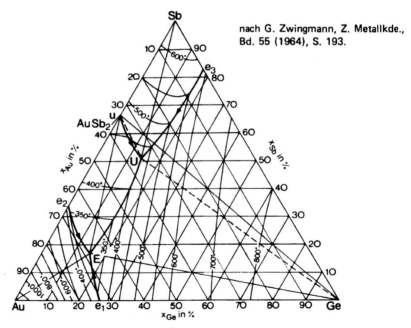

nach G. Zwingmann, Z. Metallkde., Bd. 55 (1964), S. 193.

Die Komponenten sind im flüssigen Zustand vollkommen mischbar, im festen Zustand fast unmischbar. Außerdem bilden Au und Sb die intermetallische Phase $AuSb_2$, die auf dem Au-Sb-Rand liegt.

A 1: Versuchen Sie zunächst den „Schnittmusterbogen" auf der Vorseite zu entwirren, indem Sie (in Gedanken) folgende Fragen beantworten:
– Welche Phasen treten auf? Wo liegen sie?
– Welche Linien gehören zum Dreieckskoordinatennetz? (s. S. 116)
– Welche Linien sind Isothermen? Wie sind sie beschriftet?
– Welche Linien sind Liquidusschnittlinien? Weisen die Pfeilspitzen zu tieferen Temperaturen? (Wenn Pfeilspitzen fehlen, Richtung feststellen.)

A 2: Die Liquidusschnittlinien beginnen am Rande in den Punkten e_1, e_2, e_3, u. Schreiben Sie diese Bezeichnungen an die entsprechenden Punkte der Randsysteme.

A 3: Wieviele Liquidusflächen besitzt das System? ....

A 4: In den Punkten E und U stoßen je drei Liquidusschnittlinien zusammen.
– Im ternären eutektischen Punkt .... stehen die Phasen ...., ..., ... und .... im Gleichgewicht. Die eutektische Reaktion lautet: .... → .... + ... + ... (für Abkühlung).
– Im ternären peritektischen Punkt .... stehen die Phasen ...., ..., ... und .... im Gleichgewicht. Die peritektische Reaktion lautet .... + ... → .... + ... (für Abkühlung).

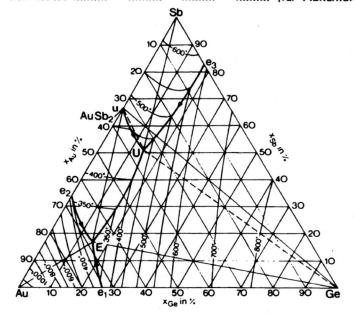

L 2: e_1 ist eutektischer Punkt im Randsystem Au-Ge.
e_2 ist eutektischer Punkt im Randsystem Au-Sb bei 360°.
e_3 ist eutektischer Punkt im Randsystem Ge-Sb.
u liegt im Randsystem Sb-Au bei $x_{Au} = 33,3$ %, T = 460° C.
Ob es sich um einen binären eutektischen oder peritektischen Punkt handelt, läßt sich aus der Abbildung nicht entscheiden.

L 3: 4 Liquidusflächen.

L 4: Ternärer eutektischer Punkt: E; stabile Phasen: S + Au + Ge + $AuSb_2$; eutektische Reaktion: S → Au + Ge + $AuSb_2$.
Ternärer peritektischer Punkt: U; stabile Phasen: S + Ge + $AuSb_2$ + Sb; eutektische Reaktion: S + Sb → Ge + $AuSb_2$ (S und Sb sowie Ge und $AuSb_2$ liegen sich im Konodenviereck S, Ge, $AuSb_2$, Sb gegenüber).

A 1: Die peritektische Reaktion S (in U) + Sb → $AuSb_2$ + Ge endet damit, daß entweder S oder Sb verbraucht ist.
a) Bei allen Legierungen im Dreieck ...., ..., ... ist zuerst S verbraucht.
b) Bei allen Legierungen im Dreieck ...., ..., ... ist zuerst Sb verbraucht.

A 2: Alle Legierungen aus dem Dreieck ...., ..., ... durchlaufen bei Abkühlung die eutektische Reaktion S → Au + Ge + $AuSb_2$.

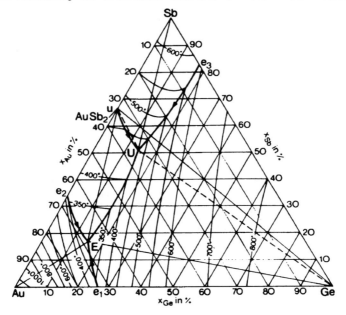

L 1 a) AuSb$_2$, Sb, Ge;   b) AuSb$_2$, Ge, U.

L 2:   Au, AuSb$_2$, Ge.

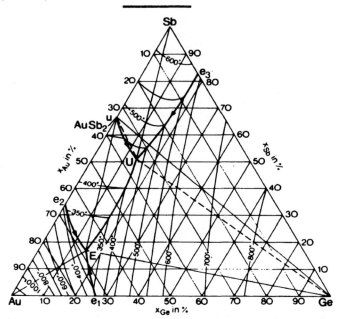

A 1: Zwei Legierungen werden von hohen Temperaturen her abgekühlt. Schreiben Sie die verschiedenen Phasenreaktionen bzw. Gleichgewichte auf, die die Legierungen durchlaufen:

a) x_{Sb} = 50 %, x_{Ge} = 30 %: S; ....

....

b) x_{Sb} = 50 %, x_{Ge} = 20 %: S; ....

....

A 2: Auf den Seiten 211 ff. wurde die Abkühlung der Legierung X behandelt. Die Besonderheit dieser Legierung lag darin, daß der S-Zustandspunkt bei Abkühlung auf eine Liquidusschnittlinie lief, diese aber wieder verließ. Überzeugen Sie sich davon, daß bei allen Legierungen in dem schmalen Bereich zwischen der gestrichelten u-U-Verbindung und der Liquidusschnittlinie zwischen u und U die gleiche Erscheinung auftritt. Schreiben Sie für eine solche Legierung die Phasenreaktionen bzw. Gleichgewichte bei Abkühlung auf: S; ....

....

L 1 a) S; S → Ge; S → Ge + Sb; S (in U) + Sb → Ge + AuSb$_2$; Ge + Sb + AuSb$_2$
   b) S; S → Ge; S → Ge + Sb; S (in U) + Sb → Ge + AuSb$_2$; S → Sb + AuSb$_2$
      S (in E) → Ge + AuSb$_2$ + Au; Ge + AuSb$_2$ + Au.

L 2: S; S → Sb; S + Sb → Au$_2$Sb; S → Au$_2$Sb; S → Au$_2$Sb + Ge; S → AuSb$_2$ + Ge + Au;
      AuSb$_2$ + Ge + Au.

A: Vervollständigen Sie den isothermen Schnitt.

→ Wenn Ihnen die Aufgabe zu schwer ist, sehen Sie sich Aufgabe und Lösung von Seite 193 ff. an. Der Schnitt bei T = 300° entspricht genau diesem Schnitt. Danach bearbeiten Sie diese Aufgabe.

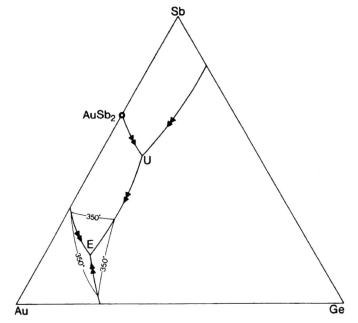

L: *s. Abb.*

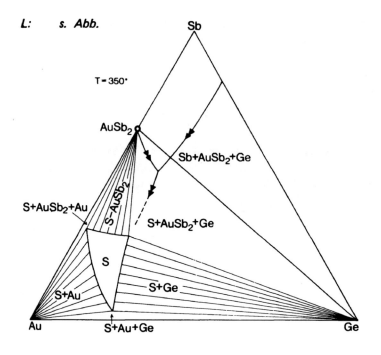

3.5 TERNÄRE SYSTEME MIT VOLLSTÄNDIGER MISCHBARKEIT IM FESTEN ZUSTAND

Ternärer Körper

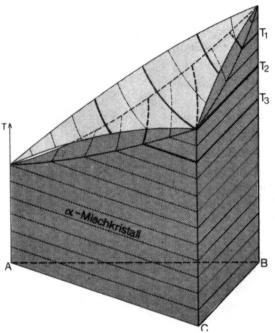

Der nebenstehende ternäre Körper zeigt unten den Einphasenraum des α-Mischkristalls. Er steht auf dem ganzen Gehaltsdreieck und zeigt damit an, daß sich die drei Komponenten in beliebigen Anteilen zu einem homogenen Mischkristall mischen lassen. Nach oben zieht er sich zu einer dreieckigen Säule hoch. Oben wird er durch eine (nach unten gewölbte) Fläche begrenzt. Diese Fläche wird **Solidusfläche** genannt. Über der Solidusfläche ruht wie ein nach oben geblähtes Dreiecksegel die Liquidusfläche. Liquidus- und Solidusfläche berühren sich nur in den drei Eckpunkten. Aus diesem Aufbau ergeben sich die isothermen Schnitte, die unten abgebildet sind. Die noch fehlenden Konoden werden später ergänzt.

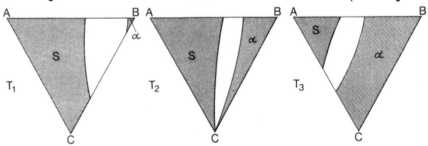

A: Lesen Sie noch einmal die Seiten 86 und 87 durch, die den entsprechenden Fall bei den Zweistoffsystemen behandeln.

Abkühlung einer Legierung

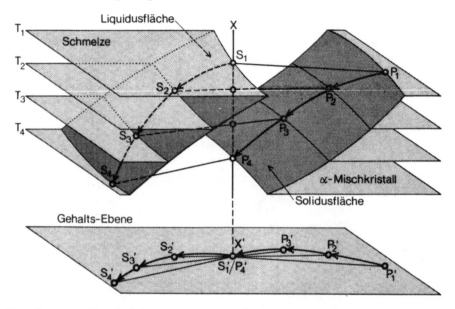

Zum besseren Verständnis der Abkühlung einer Legierung zeigt die Abbildung perspektivisch einen Ausschnitt aus dem ternären Körper. Herausgeschnitten sind Stücke der Liquidus- und Solidusflächen, die dunkel getönt sind. Zur Orientierung der Zustandspunkte sind zusätzlich vier Temperaturebenen eingezeichnet. Kühlt man die Schmelze der Legierung X von hohen Temperaturen her ab, so trifft sie im Punkt S_1 auf die Liquidusfläche. Jetzt beginnt die α-Phase mit dem Zustandspunkt P_1 aus der Schmelze auszukristallisieren. An dieser Stelle tritt die Frage auf, wo P_1 liegt. Bei allen bisherigen Beispielen mit vollständigen Unmischbarkeiten waren die Zustandspunkte der festen Phasen in den Eckpunkten oder dem Gehaltspunkt einer Verbindung fixiert. Dies ist jetzt nicht mehr der Fall, der Zustandspunkt P_1 kann irgendwo auf der Solidusfläche (bei $T = T_1$) liegen. (Er könnte also auch links oder rechts von P_1 liegen.) Wo er tatsächlich liegt, müßte ein Experiment zeigen. Bei weiterer Abkühlung wandern die Zustandspunkte der Schmelze und festen Phasen auf Liquidus- und Solidusfläche nach unten. Auch ihre Wege lassen sich nicht am System ablesen. Nur zwei Bedingungen müssen erfüllt sein:
— Bei der Temperatur, bei der die gesamte Schmelze umgewandelt ist, muß die feste Phase den Gehalt der Gesamtlegierung besitzen (P_4!).
— Die Konoden, die die Zustandspunkte der beiden Phasen verbinden, müssen immer durch den Zustandspunkt der Gesamtlegierung laufen.

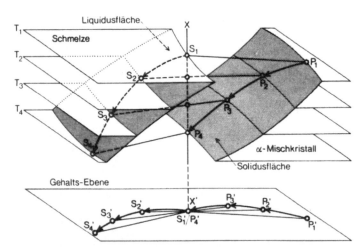

Projiziert man die Bahnen auf die Gehaltsebene, so ergeben sich aus den beiden Bedingungen zwei Kurven, wie sie im unteren Teil der Abbildung zu sehen sind. Der Endpunkt P'_4 der Bahn $P'_1 - P'_2 - P'_3 - P'_4$ fällt auf X' und die Konoden $S'_1 - P'_1$, $S'_2 - P'_2$, $S'_3 - P'_3$ und $S'_4 - P'_4$ laufen alle durch X'. Während dieser Abkühlung wird ständig Schmelze in die Mischphase umgesetzt. Man kann das an der Änderung der Konoden-„Hebelarme" ablesen.

A: Welche Gleichgewichte und welche thermischen Effekte sind beim Abkühlen der Legierung zu erwarten?

Temperatur	stabile Phase(n)	thermische Effekte
oberhalb T_1	....	....
von T_1 bis T_4	....	....
unterhalb T_4	....	....

L: oberhalb T_1:   S,   kein thermischer Effekt.
     von T_1 bis T_4:   S + α, verzögerte Abkühlung (da Phasenumwandlung mit abnehmender Temperatur)
     unterhalb T_4:   α,   kein thermischer Effekt.

Vollständige isotherme Schnitte

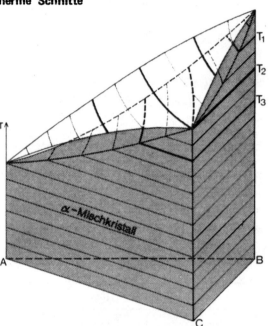

Mit den Kenntnissen über die Abkühlung einer Legierung lassen sich leicht die Konoden in die isothermen Schnitte von Seite 233 eintragen. Die Konoden verbinden zwei Zustandspunkte auf den Grenzlinien (Phasengrenzen) von S und α miteinander. Welche Punkte es genau sind, läßt sich nicht sagen. Zwei Bedingungen müssen jedoch erfüllt sein:

— Konoden dürfen sich nicht kreuzen,
— Konoden dürfen nicht im gleichen Punkt enden.

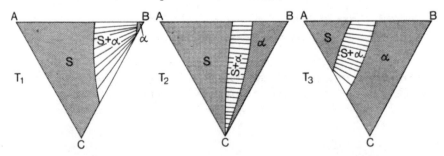

Gehaltsschnitte

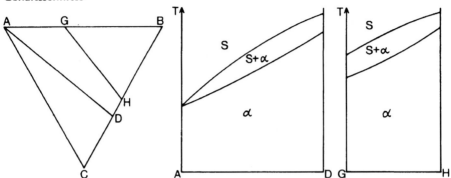

Die Gehaltsschnitte dieses Typs sind recht einfach zu verstehen. Es treten nur die S- und α-Phase auf. Der Phasenraum der S-Phase wird nach unten wieder durch die Schnittlinie mit der Liquidusfläche begrenzt. Daran schließt sich der zweiphasige Bereich $S + \alpha$ an, der nach unten an der Schnittlinie mit der Solidusfläche endet. Unterhalb dieser Linie ist nur die α-Phase stabil.

3.6 TERNÄRE SYSTEME MIT MISCHUNGSLÜCKE IN DER FESTEN PHASE

Das System Gold-Platin-Palladium (Au-Pt-Pd) ist ein Beispiel für diesen Systemtyp. Die beiden Randsysteme Pd-Au (obere Abb.) und Pd-Pt (nicht abgebildet) zeigen vollständige Mischbarkeit, während das Au-Pt-Randsystem eine Mischungslücke aufweist.

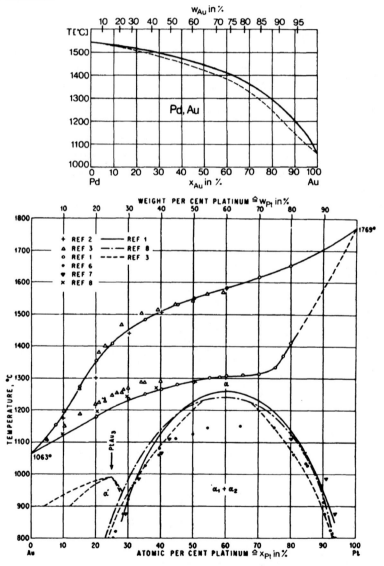

A: Lesen Sie sich auf Seite 88 den Abschnitt 2.7 (System mit Mischungslücke) noch einmal durch.

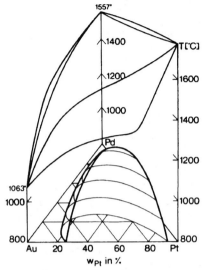

Raummodell des Systems

Röntgenographisch bestimmte Isothermen der Mischungslücke im System Gold-Platin-Palladium.

nach E. Raub und G. Wörwag,
Z. Metallkde, Bd. 46 (1955), S. 515.

Die beiden Abbildungen oben zeigen, daß sich die Mischungslücke von dem Au-Pt-Randsystem aus in den ternären Körper hinein fortsetzt. Sie wird mit zunehmendem Pd-Gehalt immer kleiner.

Wenn eine Legierung bei Abkühlung auf die Mischungslücke stößt, spaltet sie in zwei Phasen auf, deren Zustandspunkte auf der Grenzfläche der Mischungslücke liegen. Wo die beiden Zustandspunkte liegen, läßt sich aus den Abbildungen oben nicht entnehmen. Hier können isotherme Schnitte mit Konoden Auskunft geben.

Die Abbildung unten zeigt den isothermen Schnitt bei 800°. Die dünn eingetragenen Linien sollen zeigen, wie die Konoden liegen könnten.

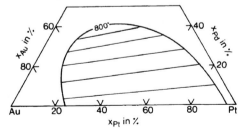

Wiederholung einiger Regeln zu den ternären Systemen

Wenn der Zustandspunkt einer Legierung in einem Mehrphasenraum liegt, spaltet die Legierung in zwei, drei oder vier Phasen auf.

Die Zustandspunkte der im Gleichgewicht stehenden Phasen liegen bei gleicher Temperatur.

Die Zustandspunkte der Phasen müssen so liegen, daß
— bei Aufspaltung in zwei Phasen die Konode durch den Legierungszustandspunkt läuft;
— bei Aufspaltung in drei bzw. vier Phasen der Legierungszustandspunkt innerhalb des durch die Konoden gebildeten Dreiecks bzw. Vierecks liegt.

Wenn eine Legierung in zwei Phasenaufspaltet, liegen deren Zustandspunkte auf den Grenzflächen der benachbarten Phasenräume. Aus der Form der Phasenräume alleine lassen sich noch nicht die Orte der Phasenzustandspunkte angeben. Um sie festzulegen, muß man experimentell die Konoden ermitteln. Ihre Darstellung erfolgt meistens in isothermen Schnitten.

Wenn eine Schmelze mit einer festen Phase im Gleichgewicht steht, liegt ihr Zustandspunkt auf einer Liquidusfläche, die deshalb häufig nach der festen Phase benannt wird. Die Phasengrenze der festen Phase, auf der der Zustandspunkt der festen Phase liegt, nennt man **Solidusfläche**.

Wenn eine Schmelze mit zwei festen Phasen im Gleichgewicht steht, liegt ihr Zustandspunkt in einer Liquidusschnittlinie. Man spricht deshalb auch oft von **Linien doppelt gesättigter Schmelzen**.

Wenn eine Schmelze mit drei festen Phasen im Gleichgewicht steht, liegt ihr Zustandspunkt in einem ternären eutektischen oder peritektischen Punkt.

3.7 TERNÄRES SYSTEM MIT ZWEI EUTEKTISCHEN RANDSYSTEMEN UND EINEM MIT VOLLSTÄNDIGER MISCHBARKEIT

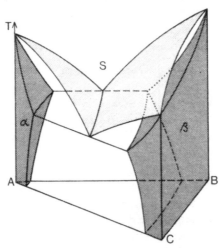

Der hier abgebildete Körper ist bereits von Studieneinheit VII her bekannt. Dort diente er als Beispiel für die graphische Darstellung eines ternären Systems.
In der nächsten Studieneinheit wird dieser Systemtyp ausführlich behandelt. Zunächst soll nur die Abkühlung einer Legierung besprochen werden, die nahe dem B-C-Rand liegt. Die verschiedenen Reaktionen laufen hier ähnlich ab, wie in den oben behandelten Systemen mit vollständiger Mischbarkeit und Mischungslücke. Die Legierung gibt deshalb ein Beispiel dafür, wie bereits gewonnene Erkenntnisse auf neue Systeme übertragen werden können

---

A 1: Wenn Ihnen der ternäre Körper nicht mehr vertraut ist, arbeiten Sie bitte zuerst noch einmal die Seiten 121 bis 126 durch, wo er ausführlich behandelt wird.

A 2: Setzen Sie die Zahlen ein:
Der ternäre Körper dieses Systems besitzt:

a) .... Phasen;
b) .... Liquidusflächen;
c) .... Solidusflächen;
d) .... Liquidusschnittlinien;
e) .... ternäre eutektische Punkte;
f) .... ternäre peritektische Punkte.

L 2 a) 3 (α, β, S); b) 2; c) 2 (auf Seite 122 sind es die Flächen 1 und 2);
d) 1; e) 0; f) 0.

Da der Körper keine Punkte mit Vierphasengleichgewichten aufweist, sind nur 1-, 2- und 3-Phasengleichgewichte zu erwarten.

Abkühlung einer Legierung X

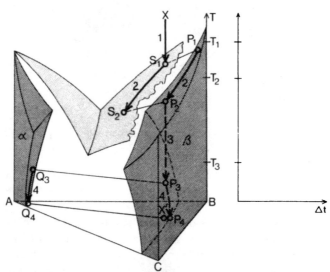

A 1: Die Abbildung zeigt die Abkühlung der Legierung X. Zur besseren Orientierung ist ein Teil der rechten Liquidusfläche weggelassen. Auf den ersten Blick mag der Weg der Zustandspunkte in der Abbildung etwas verwirren, da Ihnen aber alle Teile der Abkühlung bekannt sind, versuchen Sie bitte selber einmal herauszufinden, welche Phasen jeweils im Gleichgewicht stehen:
Temperaturbereich 1: ....; 2: ....; 3: ....; 4: ....

A 2: Versuchen Sie, die schematische Abkühlkurve im rechten Teil der Abbildung zu konstruieren.

L: s. Abb. und Text.

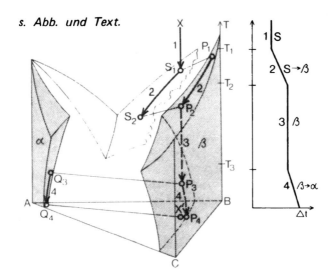

Temperaturbereich 1: Schmelze
Die Legierung X wird im Schmelzzustand so lange abgekühlt, bis sie bei T_1 auf die Liquidusfläche stößt. Die Abkühlung verläuft ohne thermischen Effekt.

Temperaturbereich 2: Schmelze + β-Phase
Dieser Bereich entspricht genau der Schmelzumwandlung bei Systemen mit vollständiger Mischbarkeit. Mit dem Punkt S_1 steht ein Punkt P_1 auf der β-Solidusfläche im Gleichgewicht. Bei Abkühlung läuft S_1 auf der Liquidusfläche in den Punkt S_2. Gleichzeitig läuft P_1 auf der Solidusfläche nach P_2. Über den genauen Weg von S_1 nach S_2 und P_1 nach P_2 sagt der ternäre Körper nichts aus. Man weiß nur soviel: Die Konode muß immer durch den Legierungszustandspunkt laufen. Die Bahnen werden etwa so aussehen, wie die auf Seite 234 abgebildeten. Während der Abkühlung wandelt sich die Schmelze in den β-Kristall um, wobei die freiwerdende Schmelzwärme die Abkühlung verzögert. Der Bereich 2 endet, wenn die Schmelze verbraucht ist (Punkt S_2).

Temperaturbereich 3: β-Phase
Von Punkt P_2 bis P_3 läuft die Legierung einphasig als β-Phase, wobei kein thermischer Effekt auftritt.

Temperaturbereich 4: α- und β-Phase
Im Punkt P_3 erreicht der Zustandspunkt die Phasengrenze des β-Phasenraumes. Im Gleichgewichtsfall beginnt die Legierung die α-Phase (Punkt Q_3) auszuscheiden. Bei weiterer Abkühlung laufen die Zustandspunkte von P_3 bzw. Q_3 auf den Grenzflächen herunter nach P_4 bzw. Q_4. Wieder lassen sich die beiden Bahnen nicht genau festlegen. Da in diesem Bereich nur wenig α ausgeschieden wird (der Hebelarm P_4X' ist viel kürzer als $X'Q_4$), verläuft die Abkühlung nur sehr schwach verzögert.

Studieneinheit XIII – 19/20

Ergänzungen

Konstruktion eines Gehaltsschnittes im Au-Ge-Sb-System

A: Konstruieren Sie den Gehaltsschnitt X – Y.

→ Wenn Sie Hilfestellung brauchen: Zeichnen Sie zunächst die Hilfslinien Ge-AuSb₂; Ge-U; Ge-E ein, und arbeiten Sie dann nach der Hilfestellung auf Seite 195 weiter.

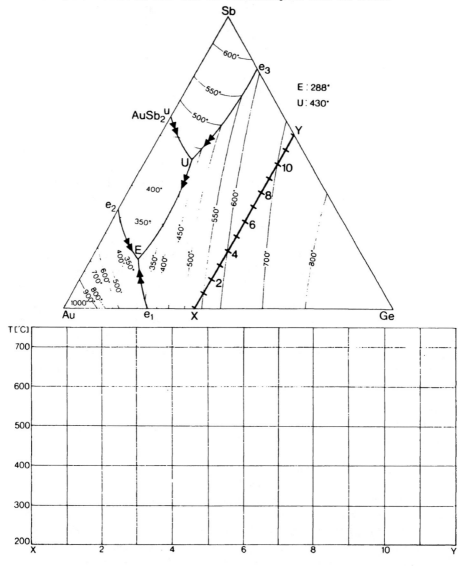

L: s. Abb.

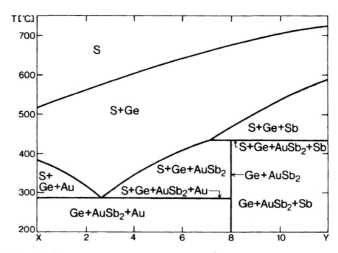

Mischungslücke in der Schmelzphase

Häufig treten auch in der Schmelzphase Mischungslücken auf. Die Abbildung zeigt einen solchen Fall: Zu sehen ist ein Teil einer Liquidusfläche, die perspektivisch gezeichnet und mit Schmelzisothermen versehen ist. Aus der Fläche wölbt sich wie eine Kuppel die Mischungslücke nach oben. Zwischen beiden Liquidusflächen liegt eine Liquidusschnittlinie. Man erkennt,

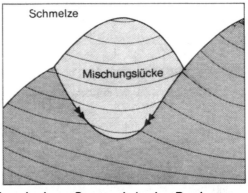

daß sie im Randsystem beginnt und nach einem Bogen wieder im Randsystem endet. Die Anfangs- und Endtemperaturen sind gleich, dazwischen fällt zunächst die Temperatur entlang der Linie und steigt dann wieder an.

Liegt der Zustandspunkt einer Legierung in der Mischungslücke, so ist die Legierung in zwei Schmelzphasen aufgespalten, deren Phasenzustandspunkte auf der Phasengrenze der Mischungslücke liegen.

A: Sehen Sie sich die Schmelz-Mischungslücke im C-A-S-System (S. 218) in der Cristobalit-Liquidusfläche (obere Spitze) an. Erkennen Sie die durch die Mischungslücke gebildete Liquidusschnittlinie? Beachten Sie die beiden Pfeilspitzen. Sind Anfangs- und Endtemperatur der Liquidusschnittlinie gleich? Siehe Randsystem S. 219. (Ohne Lösung!)

STUDIENEINHEIT XIV

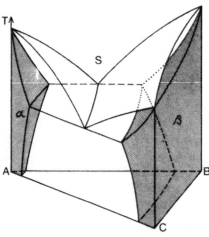

Die Studieneinheit XIII endete mit der Besprechung der Abkühlung einer Legierung aus dem oben abgebildetem System. Jetzt soll die Behandlung mit anderen charakteristischen Legierungen, isothermen Schnitten und in den Ergänzungen mit einem Gehaltsschnitt fortgeführt und abgeschlossen werden.

Inhaltsübersicht

3.7 Ternäres System mit zwei eutektischen Randsystemen und einem mit vollständiger Mischbarkeit, Fortsetzung 247
   Wiederholung: Abkühlung der Legierung X (247); Abkühlung der Legierung Y (248); Isotherme Schnitte (252)

Ergänzungen 258
   Isothermer Schnitt im Wismut(Bi)-Antimon(Sb)-Zinn(Sn)-System (258); Gehaltsschnitt im System mit Mischbarkeiten im festen Zustand (259)

Wiederholung: Abkühlung der Legierung X

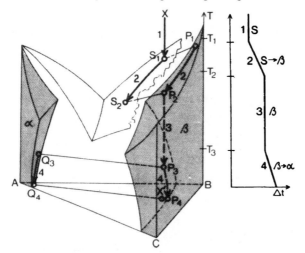

Die Abkühlung dieser Legierung wurde bereits behandelt. Lesen Sie als Wiederholung noch einmal die Beschreibungen der verschiedenen Temperaturbereiche durch:

Temperaturbereich 1: Schmelze
Die Legierung X wird im Schmelzzustand so lange abgekühlt, bis sie bei T_1 auf die Liquidusfläche stößt. Die Abkühlung verläuft ohne thermischen Effekt.

Temperaturbereich 2: Schmelze + β-Phase
Dieser Bereich entspricht genau der Schmelzumwandlung bei Systemen mit vollständiger Mischbarkeit. Mit dem Punkt S_1 steht ein Punkt P_1 auf der β-Solidusfläche im Gleichgewicht. Bei Abkühlung läuft S_1 auf der Liquidusfläche in den Punkt S_2. Gleichzeitig läuft P_1 auf der Solidusfläche nach P_2. Über den genauen Weg von S_1 nach S_2 und P_1 nach P_2 sagt der ternäre Körper nichts aus. Man weiß nur soviel: Die Konode muß immer durch den Legierungszustandspunkt laufen. Während der Abkühlung wandelt sich die Schmelze in den β-Kristall um, wobei die freiwerdende Schmelzwärme die Abkühlung verzögert. Der Bereich 2 endet, wenn die Schmelze verbraucht ist (Punkt S_2).

Temperaturbereich 3: β-Phase
Von Punkt P_2 bis P_3 läuft die Legierung einphasig als β-Phase.

Temperaturbereich 4: α- und β-Phase
Im Punkt P_3 erreicht der Zustandspunkt die Phasengrenze des β-Phasenraumes. Im Gleichgewichtsfall beginnt die Legierung die α-Phase (Punkt Q_3) auszuscheiden. Bei weiterer Abkühlung laufen die Zustandspunkte von P_3 bzw. Q_3 auf den Grenzflächen herunter nach P_4 bzw. Q_4. Wieder lassen sich die beiden Bahnen nicht genauer festlegen. Da in diesem Bereich nur wenig α ausgeschieden wird (der Hebelarm P_4X' ist viel kürzer als $X'Q_4$), verläuft die Abkühlung nur sehr schwach verzögert.

Abkühlung der Legierung Y

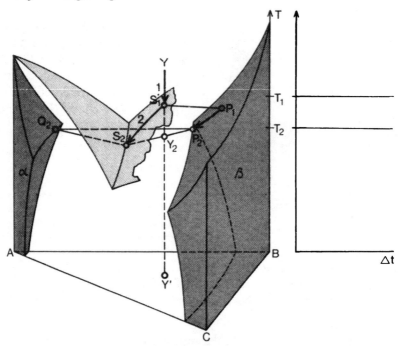

A: Die Abbildung oben zeigt einen Teil der Abkühlung der zweiten Legierung, die Y genannt wird. Zur besseren Orientierung ist wieder ein Teil der rechten Liquidusfläche weggelassen.

   a) Welche Phase(n) sind im 1. Temperaturbereich bis T_1 stabil? ....
   Welche im 2. Temperaturbereich zwischen T_1 und T_2? ....

   b) Zeichnen Sie für beide Temperaturbereiche die schematische Abkühlkurve.

   c) Wenn der Zustandspunkt der Schmelze bei der Temperatur T_2 die Liquidusschnittlinie erreicht, stehen die Phasen .... im Gleichgewicht.

L: a) 1: S; 2: S + β;
b) s. Abb.
c) S + β + α (S in S₂, β in P₂, α in Q₂)

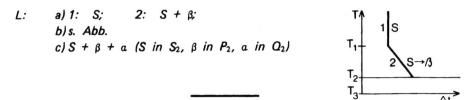

Die Abbildung unten zeigt den ternären Körper von oben. Eingetragen sind die Liquidusschnittlinie (als durchgezogene Linie), die beiden Innenkanten der α- und β-Phasenräume (als gestrichelte Linien) — das sind die Kanten der α- und β-Phasenräume, die jeweils am weitesten nach innen reichen — und die Punkte Y, P_1, P_2, S_2, Q_2.

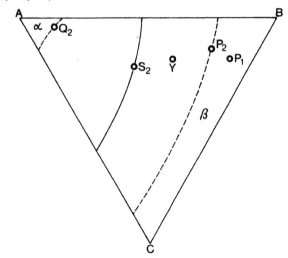

A 1: Markieren Sie durch Pfeile die Richtungen, in denen die drei Linien zu tieferen Temperaturen hin laufen.

A 2: Zeichnen Sie die Wege der β- und S-Phasenzustandspunkte ein, die diese im Temperaturbereich 2 durchlaufen.

A 3: Zeichnen Sie die Konoden für die Temperatur T_2 ein, bei der der Schmelzzustandspunkt in S_2 die Liquidusschnittlinie erreicht.

A 4: Wenn der S-Zustandspunkt in S_2 die Liquidusschnittlinie erreicht, stehen S + α + β im Gleichgewicht. Lesen Sie am Konodendreieck $S_2 - P_2 - Q_2$ mit Hilfe des Legierungszustandspunktes ab, wie groß bei T_2 noch der α-Gehalt in der Legierung ist: x^α = ... %.

L 1 bis 3:   *s. Abb.*

L 4: $x^\alpha = 0$ %. *(Da Y auf der Q_2 gegenüberliegenden Seite im Konodendreieck liegt.)*

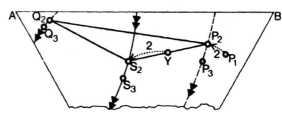

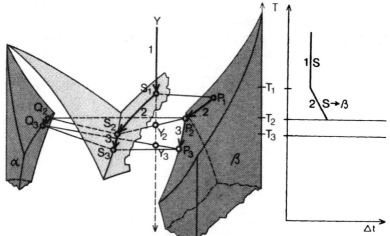

Temperaturbereich 1 und 2: S und S + β
Beide Bereiche verlaufen genauso wie bei der Legierung X, nur daß hier Bereich 2 dadurch endet, daß S (in S_2) auf die Liquidusschnittlinie stößt. Bei der gleichen Temperatur (T_2) hat auch P_2 die Innenkante des β-Phasenraumes erreicht. Das ist die Kante des Phasenraumes, die am weitesten nach innen reicht.

Temperaturbereich 3: S + α + β
Im Punkt S_2 liegt die Schmelze auf zwei Liquidusflächen. Jetzt beginnt die α-Phase mit dem Zustandspunkt Q_2 auszukristallisieren. Es stehen S_2, P_2 und Q_2 im Gleichgewicht. Bei weiterer Abkühlung laufen S in der Liquidusschnittlinie und P und Q auf den Innenkanten ihrer Phasenräume zu tieferen Temperaturen. Dabei bewegt sich das Konodendreieck von der Position S_2, P_2, Q_2 bei T_2 in die Position S_3, P_3, Q_3 bei T_3.

A 1: Zeichnen Sie das Konodendreieck bei T_3 in das ganz oben abgebildete Gehaltsdreieck ein.

A 2: Bei T_3 liegt Y_3 auf der Konodendreieckseite $P_3 - Q_3$. Wie groß ist demnach der Mengengehalt der Schmelze bei T_3? x^S = ... %.

A 3: Welches Phasengleichgewicht erwarten Sie dicht unterhalb T_3? ....

A 4: Ergänzen Sie die schematische Abkühlkurve um den Temperaturbereich 3.

L 1: s. Abb.

L 2: $x^S = 0\ \%$.

L 3: $\alpha + \beta$, da S bereits verbraucht ist.

L 4: s. Abb. unten.

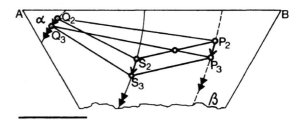

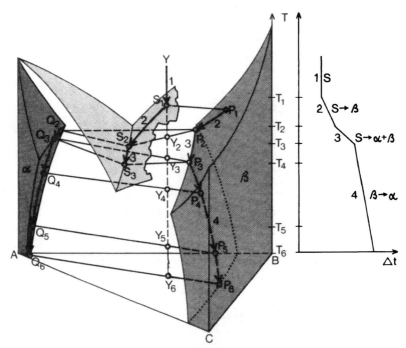

Im Temperaturbereich 3 der Abkühlung verschiebt sich das Konodendreieck mit der Wanderung der Eckpunkte S in der Liquidusschnittlinie und P und Q auf den Innenkanten ihrer Phasenräume zu tieferen Temperaturen.
Die Verschiebung dauert so lange, bis die hintere Konodenseite (P – Q) durch den Legierungszustandspunkt läuft ($P_3 - Q_3$ läuft durch Y_3). Jetzt ist der letzte Rest Schmelze verbraucht.

Temperaturbereich 4: $\alpha + \beta$

P und Q laufen bei weiterer Abkühlung von P_3 und Q_3 aus auf den Innenflächen ihrer Phasenräume über P_4, $Q_4 \rightarrow P_5$, $Q_5 \rightarrow P_6$, Q_6 zu tieferen Temperaturen. Wieder ist die genaue Bahn aus dem ternären Körper nicht ablesbar. Aus der Änderung der Konoden-„Hebelarme" erkennt man, daß sich bei Abkühlung β-Phase in α-Phase umsetzen muß, was zu einer verzögerten Abkühlung führt. Dieser Bereich entspricht dem Bereich 4 der Legierung X.

Isotherme Schnitte

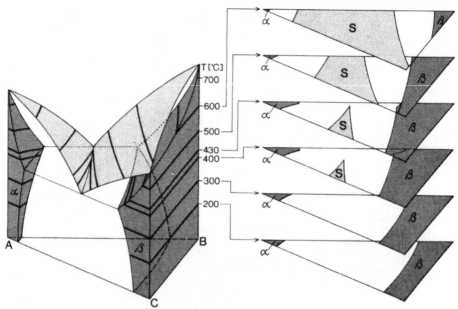

Die Abbildung zeigt den ternären Körper mit einer Reihe von Isothermen. Daneben sind die entsprechenden isothermen Schnitte abgebildet, die zum leichteren Verständnis durch perspektivisch gezeichnet sind. Die 430° und 400°-Isothermen der α- und β-Phasenräume zeigen Knickstellen: Hier laufen sie über die Innenkanten ihrer Einphasenräume hinweg.

A: Welche der acht Legierungen zeigen ein ähnliches Abkühlverhalten wie

a) die Legierung X? ....
....

b) die Legierung Y? ....
....

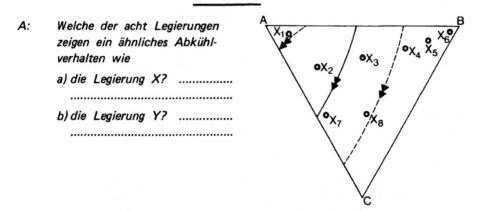

L a) X_1, X_4, X_5, X_6;   b) X_2, X_3, X_7, X_8.

X und Y unterscheiden sich dadurch, daß der Legierungszustandspunkt X durch den Phasenraum einer festen Phase läuft, während Y dies nicht tut.

Die Abbildung auf der nächsten Seite zeigt die sechs isothermen Schnitte noch einmal. In jedem Schnitt sind die Zustandspunkte der gleichen acht Legierungen eingetragen. Die Schnitte T = 430° und T = 400° enthalten zusätzlich die Liquidusschnittlinien und die Innenkanten der α- und β-Phasenräume.

A 1: Die isothermen Schnitte bei T = 430° und T = 400° enthalten je ein Gebiet mit dem Dreiphasengleichgewicht S + α + β, wobei der Zustandspunkt der Schmelze auf der Liquidusschnittlinie liegt und die Zustandspunkte der α- und β-Phase auf den Innenkanten ihrer Phasenräume liegen. (Die Dreiphasengleichgewichte entsprechen dem Temperaturbereich 3 der Legierung Y, Seite 250 und 251.)
Versuchen Sie, die beiden Konodendreiecke einzuzeichnen.

A 2: Tragen Sie die Phasengleichgewichte in die Tabelle ein.
Arbeiten Sie eine Legierung nach der anderen durch, und überlegen Sie sich dabei, wie weit der Abkühlprozeß fortgeschritten ist.

T°C	X_1	X_2	X_3	X_4	X_5	X_6	X_7	X_8
600								
500								
430								
400								
300								
200								

L: s. nächste Seite.

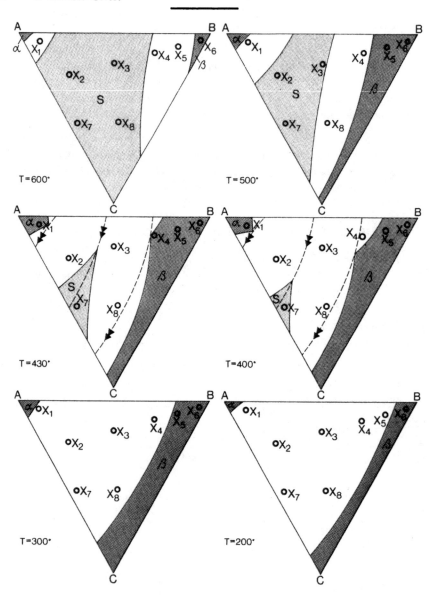

L 1:

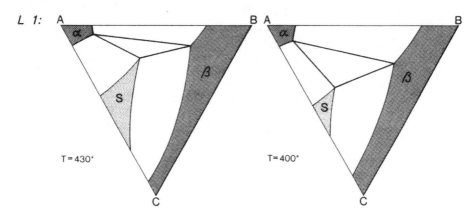

L 2:

T °C	X_1	X_2	X_3	X_4	X_5	X_6	X_7	X_8
600	$a+S$	S	S	$\beta+S$	$\beta+S$	β	S	S
500	$a+S$	S	S	$\beta+S$	β	β	S	$\beta+S$
430	a	$a+S$	$a+\beta+S$	β	β	β	S	$\beta+S$
400	a	$a+\beta+S$	$a+\beta+S$	$a+\beta$	β	β	S	$\beta+S$
300	$a+\beta$	$a+\beta$	$a+\beta$	$a+\beta$	β	β	$a+\beta$	$a+\beta$
200	$a+\beta$	$a+\beta$	$a+\beta$	$a+\beta$	$a+\beta$	β	$a+\beta$	$a+\beta$

Lösung zur Aufgabe von S. 259:

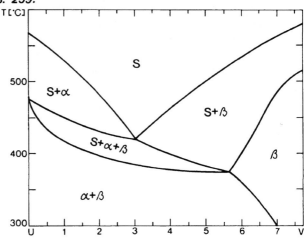

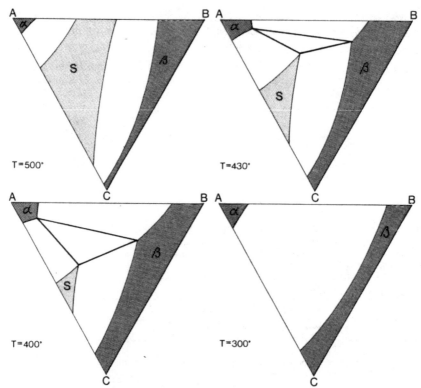

Das Konodendreieck wandert während der Abkühlung von der AB-Seite bis zur AC-Seite herunter. In der Anfangs- und Endlage, d.h., in den beiden binären Randsystemen, ist das Dreieck zu einem Strich entartet.

Alle Legierungen, die vor dem Dreieck auf der Fläche zwischen den beiden Phasenrauminnenkanten liegen, sind entweder noch einphasig (S) oder zweiphasig (S + α bzw. S + β).

Alle Legierungen innerhalb des Dreiecks sind dreiphasig (S + α + β).

Alle Legierungen, die hinter dem Dreieck auf der Fläche zwischen den beiden Phasenrauminnenkanten liegen, sind nur noch zweiphasig (α + β), da die Schmelze verbraucht ist.

A: *Vervollständigen Sie die vier oben abgebildeten isothermen Schnitte.*

L: s. Abb.

Dieser Schnitt schneidet links den α-Phasenraum und die α-Liquidusfläche. Beide Seiten sehen einzeln so aus wie isotherme Schnitte bei dem Körper mit vollständiger Mischbarkeit. In den Räumen S + α und S + β steht jeder Punkt auf der S-Isotherme (= Schnittlinie mit der Liquidusfläche) mit einem gegenüberliegenden Punkt auf der α- bzw. β-Isotherme (= Schnittlinie mit der α- bzw. β-Solidusfläche) im Gleichgewicht.

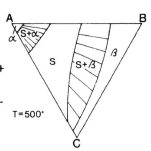

Der Schmelzbereich hat sich soweit verkleinert, daß bereits ein Dreiphasengebiet S + α + β auftritt, das durch ein Konodendreieck begrenzt wird.

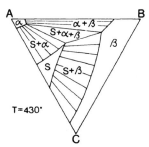

Der Schmelzbereich ist noch kleiner geworden, und das Konodendreieck ist weiter in Richtung AC-Seite gewandert. Der Bereich α + β hinter dem Dreieck ist dadurch gewachsen.

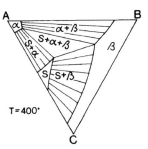

Schmelzbereich und Dreiphasenbereich sind verschwunden, alle Legierungen zwischen α- und β-Bereich sind nur noch zweiphasig (α + β).

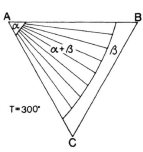

Ergänzungen

Isothermer Schnitt im Wismut(Bi)-Antimon(Sb)-Zinn(Sn)-System

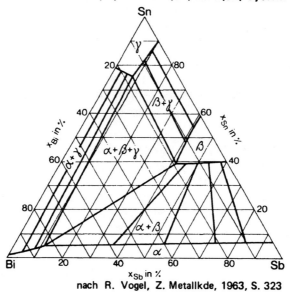

nach R. Vogel, Z. Metallkde, 1963, S. 323

Die Abbildung zeigt einen isothermen Schnitt bei Raumtemperatur im System Bi-Sb-Sn.

A 1: *Welche Ein-, Zwei- und Dreiphasenräume treten auf?*
  Einphasenräume: ....
  Zweiphasenräume: ....
  Dreiphasenräume: ....

A 2: *Sind alle Legierungen fest?*   ja ☐,   nein ☐

A 3: *Schreiben Sie die im Gleichgewicht stehende(n) Phase(n) auf:*

  a) x_{Bi} = 5 %; x_{Sn} = 50 %; Phase(n): ....

  b) x_{Bi} = 30 %; x_{Sn} = 20 %; Phase(n): ....

  c) x_{Bi} = 10 %; x_{Sn} = 70 %; Phase(n): ....

  d) x_{Bi} = 40 %; x_{Sn} = 40 %; Phase(n): ....

A 4: *Geben Sie vollständig den Gleichgewichtszustand der Legierung x_{Bi} = 40 %, x_{Sn} = 20 % an (s. Gelbe Blätter und Beispiel S. 9; schätzen Sie die Gehalte der Phasen in der Legierung, achten Sie auf richtige Formelzeichen!):* ....
....
....

L 1: Einphasenräume: α, β, γ.
Zweiphasenräume: α + β, β + γ, γ + α.
Dreiphasenräume: α + β + γ.

L 2: ja;   L 3:   a) β;   b) α + β;   c) γ + β;   d) α + β + γ.

L 4: α-Phase mit $x_{Bi}^\alpha = 59\,\%$, $x_{Sb}^\alpha = 36\,\%$, $x_{Sn}^\alpha = 5\,\%$ und $x^\alpha = 56\,\%$;
β-Phase mit $x_{Bi}^\beta = 15\,\%$, $x_{Sb}^\beta = 46\,\%$, $x_{Sn}^\beta = 39\,\%$ und $x^\beta = 44\,\%$.

Gehaltsschnitt im System mit Mischbarkeiten im festen Zustand

A: In dem System, das in dieser Studieneinheit behandelt wurde, soll der Gehaltsschnitt U-V konstruiert werden.

Hierzu sind die notwendigen Angaben aus zwei Gehaltsdreiecken auf der nächsten Seite zu entnehmen:
Beide Gehaltsschnitte enthalten die Liquidusschnittlinie, die Innenkanten der α- und β-Phasenräume und die Gehaltsschnittlinie U-V.
Zusätzlich zeigt der obere Gehaltsschnitt die Schmelzisothermen und die entsprechenden zu dem Dreiphasenraum gehörigen Konodendreiecke.
Der untere Gehaltsschnitt enthält die Isothermen des β-Phasenraumes und wieder die entsprechenden Konodendreiecke.

→ Lösung s. Seite 255.

Hilfestellung:

– Konstruieren Sie zunächst die S- und β-Phasenräume mit den Isothermen. Der tiefste Punkt des S-Phasenraumes liegt beim Schnitt Gehaltslinie – Liquidusschnittlinie.
Der Punkt des β-Phasenraumes, der am weitesten nach links vorspringt, ist der Schnittpunkt von Gehaltsschnittlinie und Innenkante des β-Phasenraumes.

– Beschriften Sie die angrenzenden Zweiphasenräume.

– Konstruieren Sie den Dreiphasenraum nach einzelnen Legierungen:
Das Konodendreieck wandert bei Abkühlung von der A-B- zur A-C-Seite. Wann berührt es zuerst, wann zuletzt die jeweiligen Legierungszustandspunkte?

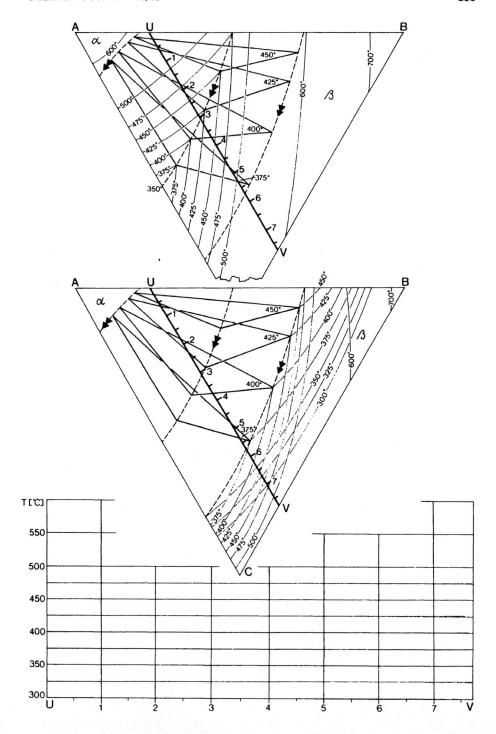

STUDIENEINHEIT XV

In dieser letzten Studieneinheit wird noch ein neues System behandelt, das ebenfalls Mischbarkeiten im festen Zustand zeigt. Die Besonderheit dieses Systems besteht darin, daß eine Liquidusschnittlinie von einem peritektischen zu einem eutektischen Randsystem läuft. Dadurch reagiert die Schmelze auf einem Teil der Liquidusschnittlinie nach $S + \beta \rightarrow \alpha$, also peritektisch, auf dem anderen Teil der Liquidusschnittlinie nach $S \rightarrow \alpha + \beta$, also eutektisch bei Abkühlung.

Inhaltsübersicht

3.8 Ternäres System mit einem eutektischen, einem peritektischen und einem Randsystem mit vollständiger Mischbarkeit 262
Ternärer Körper (262); Abkühlung verschiedener Legierungen (265);
Verschiebung des Konodendreiecks (269); Isothermer Schnitt (273)

3.8 TERNÄRES SYSTEM MIT EINEM EUTEKTISCHEN, EINEM PERITEKTISCHEN UND EINEM RANDSYSTEM MIT VOLLSTÄNDIGER MISCHBARKEIT

Ternärer Körper

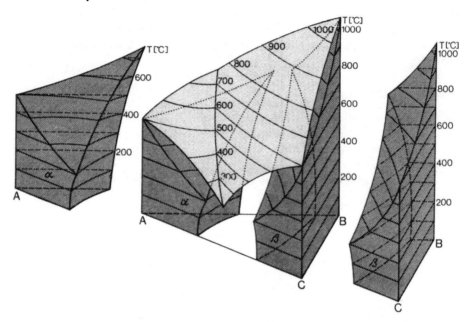

Die Abbildung zeigt den ternären Körper des Systems, das in dieser Studieneinheit behandelt werden soll. Es wird aus den α- und β-Einphasenräumen gebildet, die zur besseren Orientierung noch einmal links und rechts neben dem Körper abgebildet sind. Nach oben wird der Körper durch zwei Liquidusflächen begrenzt.

A 1: Der ternäre Körper dieses Systems besitzt .... Solidusflächen und .... Liquidusschnittlinie(n).

A 2: Sind Vierphasengleichgewichte bei diesem System zu erwarten? ja ☐, nein ☐.

L 1: 2 Solidusflächen und 1 Liquidusschnittlinie.

L 2: nein ☒, denn es tritt kein ternärer eutektischer oder peritektischer Punkt auf.

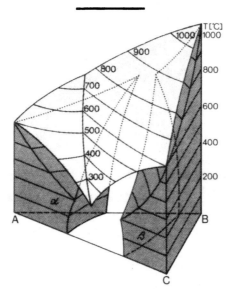

A: Die Abbildung unten zeigt das Gehaltsdreieck mit Liquidusschnittlinie (strichpunktiert) und den Innenkanten der α- und β-Phasenräume.

a) Markieren Sie durch Pfeile die Richtung der Linien zu tieferen Temperaturen.

b) In einem Punkt kreuzen sich die Liquidusschnittlinie und die Innenkante des α-Phasenraumes. Läuft die Liquidusschnittlinie über oder unter der α-Innenkante? über ☐, unter ☐.

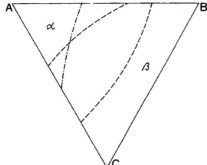

L a) s. Abb. unten

b) die Liquidusschnittlinie läuft über die Innenkante.

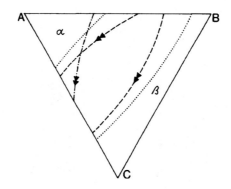

Abkühlung verschiedener Legierungen

Legierung X

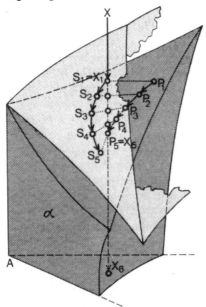

Die nebenstehende Abbildung zeigt den linken Teil des ternären Körpers, der die Bahnen der Legierungs- und Phasenzustandspunkte dieser Legierung X enthält. Die Abkühlung unterscheidet sich nicht von der Abkühlung einer Legierung in einem System mit vollständiger Mischbarkeit (S. 234).

1. Temperaturbereich: S
Bis zum Erreichen der Liquidusfläche kühlt die Legierung einphasig, ohne thermischen Effekt, ab.

2. Temperaturbereich: S + α
Bei Erreichen der Liquidusfläche in X_1 kristallisiert α aus. Der α-Zustandspunkt möge in P_1 liegen. Bei weiterer Abkühlung wandert der Zustandspunkt von P_1 über P_2, P_3, P_4 bis P_5. Zugleich bewegt sich der S-Zustandspunkt von S_1 über S_2, S_3, S_4 bis S_5.
Während der Abkühlung setzt sich S in α um: S $\to$ α. Wenn der α-Zustandspunkt in P_5 den Legierungszustandspunkt erreicht hat, ist bei S_5 die gesamte Schmelze verbraucht. Über die genauen Bahnen S_1 bis S_5 und P_1 bis P_5 läßt sich ohne Experimente nur soviel voraussagen:
— Der Anfangspunkt S_1 und der Endpunkt P_5 müssen mit dem Legierungszustandspunkten X_1 und X_5 zusammenfallen.
— Die Konode muß immer durch den Legierungszustandspunkt laufen.
— Wegen der Umsetzung S $\to$ α muß sich das Verhältnis der Konoden-„Hebelarme" zugunsten von m^α verschieben. (X-P wird kürzer, S-X wird länger.) Im 2. Temperaturbereich ist wegen der Phasenreaktion S $\to$ α die Abkühlung verzögert.

3. Temperaturbereich: α
Wenn der Legierungszustandspunkt in X_5 den α-Phasenraum erreicht, ist die Legierung einphasig fest und kühlt ohne thermischen Effekt weiter ab.

A: *In der Abbildung auf der vorigen Seite finden Sie neben der Liquidusschnittlinie und den Innenkanten der α- und β-Phasenräume als punktierte Linie die 0-Grad-Isothermen beider Einphasenräume.*
Markieren Sie im Gehaltsdreieck die Bereiche aller Legierungen, die bei Abkühlung bis 0° die folgenden Phasengleichgewichte bzw. Reaktionen durchlaufen:
a) S; S $\to$ α; α b) S; S $\to$ α; α; $\alpha \to \beta$ c) S; S $\to$ β; β d) S; S $\to$ β; β; $\beta \to \alpha$.

L a) S; S → α; α senkrecht schraffiert
  b) S; S → α; α; α → β schräg schraffiert
  c) S; S → β; β waagerecht schraffiert
  d) S; S → β; β; β → α schräg schraffiert

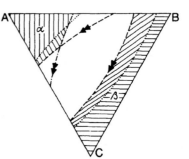

Legierung Y

Die Abbildung unten zeigt die Abkühlung einer zweiten Legierung Y:

1. Temperaturbereich: S
2. Temperaturbereich: S → β

Sobald der Legierungszustandspunkt in Y_1 die Liquidusfläche erreicht hat, scheidet sich β-Phase aus (P_1). Dann wandern S von S_1 bis S_2 auf der Liquidusfläche und P von P_1 bis P_2 auf der β-Solidusfläche zu tieferen Temperaturen. Die Abkühlung ist verzögert.

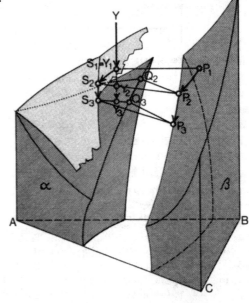

3. Temperaturbereich: S + β → α

Wenn S auf der Liquidusschnittlinie S_2 und P auf der β-Innenkante P_2 erreicht haben, wird zusätzlich die α-Phase mit Zustandspunkt Q_2 stabil. S_2, P_2 und Q_2 bilden ein Konodendreieck. Da der Legierungszustandspunkt Y_2 auf S_2-P_2 liegt, ist zu Beginn dieses Bereiches der α-Anteil noch Null.

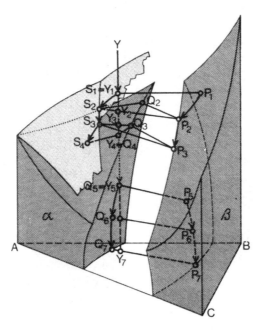

3. Temperaturbereich: S + β → α

Zu Beginn dieses Bereiches ist der α-Anteil noch Null. Bei weiterer Abkühlung verschiebt sich das Konodendreieck zu tieferen Temperaturen. S wandert von S_2 bis S_3 auf der Liquidusschnittlinie, P wandert von P_2 bis P_3 auf der β-Innenkante und Q von Q_2 bis Q_3 auf der α-Innenkante. Bei der Verschiebung des Konodendreiecks von der Position S_2-P_2-Q_2 in die Position S_3-P_3-Q_3 wandert der Legierungszustandspunkt von der S_2-P_2-Seite (Y_2) zur Seite S_3-P_3 (Y_3). Mit Hilfe des Schwerpunktgesetzes läßt sich aussagen, daß zu Beginn dieses Bereiches noch keine α-Phase vorhanden war, am Ende keine β-Phase mehr vorliegt. Da auch die Menge der Schmelzphase abgenommen hat, muß also die peritektische Reaktion S + β → α abgelaufen sein.

Die Abkühlung ist wieder verzögert, die Abkühlkurve zeigt zwischen Bereich 2 und 3 einen Knick.

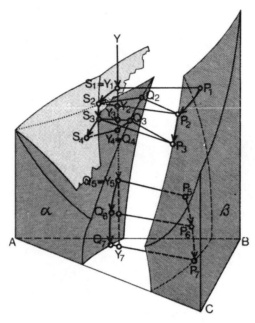

4. Temperaturbereich: S → α

Nachdem die β-Phase vollständig verbraucht ist, sind nur noch S und α vorhanden. Bei weiterer Abkühlung wandert S von der Liquidusschnittlinie weg auf die α-Liquidusfläche. Auch Q wandert von der α-Innenkante weg auf die α-Solidusfläche. Wie die genauen Bahnen $S_3 → S_4$ und $Q_3 → Q_4$ aussehen, läßt sich wieder nur experimentell ermitteln. Die Konoden müssen aber durch den Legierungszustandspunkt laufen. In Q_4 hat der α-Zustandspunkt den Legierungszustandspunkt Y_4 erreicht. Hier ist also die Schmelze verbraucht. Die Abkühlung ist verzögert. Die Abkühlkurve zeigt zwischen Bereich 3 und 4 einen weiteren Knick.

5. Temperaturbereich: α
von Y_4 bis Y_5.

6. Temperaturbereich: α → β
Bei Y_5 verläßt der Legierungszustandspunkt den α-Phasenraum und scheidet β-Phase (P_5) aus.

Verschiebung des Konodendreiecks

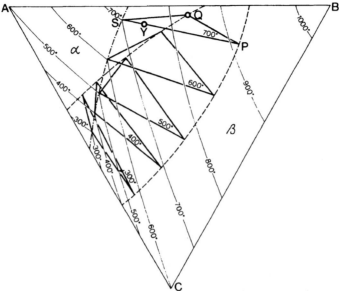

An der eben besprochenen Legierung hat es sich gezeigt, wie wichtig es ist, die Verschiebung des Konodendreiecks zu kennen. Die Abbildung oben zeigt die Schmelzisothermen und die zugehörigen Konodendreiecke. Bei etwa 730° liegt das Dreieck noch zu einem Strich entartet im A-B-Randsystem. Mit abnehmender Temperatur verschiebt es sich durch das Gehaltsdreieck, bis es zu einem Strich entartet bei etwa 250° im A-C-Randsystem liegt. Während dieser Wanderung ändert es ständig seine Form.

Welche Aussage gibt das Konodendreieck über die Abkühlung einer Legierung?

Eingezeichnet ist der Legierungszustandspunkt der eben besprochenen Legierung Y. Bei 700° erreicht die Vorderseite S-P des Dreiecks den Punkt, der Bereich 3 der Abkühlung beginnt. Bei etwa 670° ist das Dreieck so weit verschoben, daß Y auf der Rückseite S-Q des Dreiecks liegt. Der Bereich 3 endet. Der Dreiphasenbereich begann bei 700° bei dem Gleichgewicht S + β und endet bei 670° bei S + α (mit geringerer Menge an S). Die Phasenreaktion muß also peritektisch S + β → α verlaufen sein.

A: Machen Sie sich bei der Legierung Y klar, daß zu Beginn des Dreiphasengleichgewichtes mehr S vorhanden ist als am Ende.
Benutzen Sie hierzu das Hebelgesetz und die Lage von Y auf der Konode S-P bei 700° und auf der Konode S-Q bei etwa 670° (nicht eingezeichnet) — ohne Lösung —.

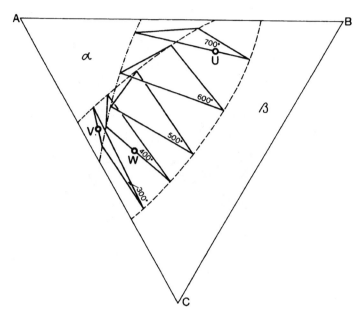

A: In das Gehaltsdreieck oben sind die Legierungen U, V und W eingetragen. Welche Dreiphasenreaktionen durchlaufen die Legierungen bei Abkühlung?

Legierung U: .... → ....
V: .... → ....
W: .... → ....

Hilfestellung:
Am Beispiel der Legierung U soll gezeigt werden, wie man vorgehen kann:
Zu Beginn des Dreiphasengleichgewichtes besteht die Legierung aus S- und β-Phase, am Ende aus α- und β-Phase.
S-Phase wird also verbraucht, α-Phase gebildet. Ob β-Phase verbraucht oder gebildet wurde, läßt sich an den Konoden-„Hebelarmen" zu Beginn (S − U − β) und am Ende (α − U − β) des Dreiphasenbereichs ablesen:

Beginn: $\dfrac{U-\beta}{U-S} \approx \dfrac{1}{2}$ Ende: $\dfrac{U-\beta}{U-\alpha} \approx \dfrac{1}{1}$

der U − β-„Hebelarm" ist relativ zum anderen „Hebelarm" länger geworden. Danach ist β-Phase verbraucht worden. Die Reaktion muß also lauten:

S + β → α.

L: Leg. U: S + β → α; Leg. V: S → α + β; Leg. W: S → α + β
An den Legierungen Y und U, V und W sollte gezeigt werden, daß entlang einer Liquidusschnittlinie ein Übergang von einer peritektischen zu einer eutektischen Reaktion erfolgen kann.

A: Konstruieren Sie die schematischen Abkühlkurven der Legierungen K, L und M. Beschriften Sie die verschiedenen Kurvenabschnitte.

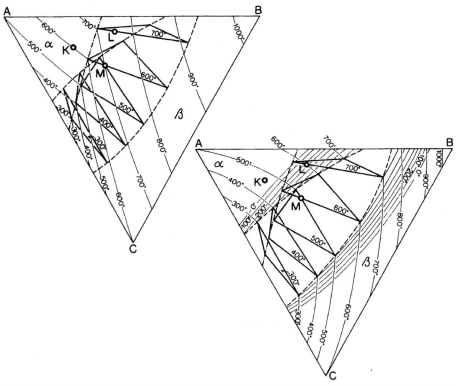

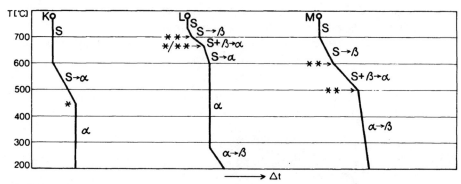

Bemerkungen:

* Punkt nicht genau festgelegt.

** Alleine aus der Abbildung läßt sich nicht entscheiden, wie stark die Verzögerung der Abkühlung ist, wie also die Steigung der Kurve ist. Es ist hier nur wichtig, daß ein Knickpunkt auftritt.

Isothermer Schnitt

A: Vervollständigen Sie den isothermen Schnitt:

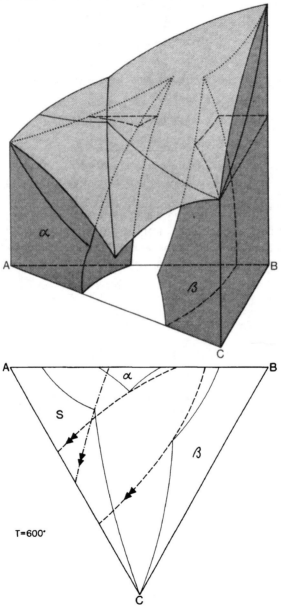

L: s. Abb.

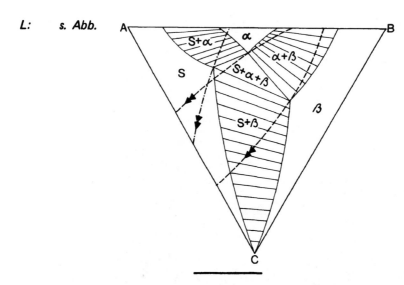

Mit diesem letzten Systemtyp ist die Behandlung der ternären Systeme abgeschlossen. Besser wäre es, abgebrochen zu sagen, denn die bearbeiteten Systemtypen und die abgeleiteten Regeln behandeln nur eine durch Zeit und Platz beschränkte Auswahl aus der großen Vielfalt von Erscheinungen, die in ternären Systemen auftreten können.

Andererseits bilden die gewonnenen Regeln eine gute Basis, von der aus man sich auch kompliziertere Systeme oder Systeme mit nicht besprochenen Erscheinungen erarbeiten kann.

A: Bitte lesen Sie jetzt in aller Ruhe die Zusammenfassung zu den ternären Systemen in den Gelben Blättern durch. NEHMEN SIE SICH DAZU MINDESTENS 15 MINUTEN ZEIT!

SCHLUSSTEST

Zum Abschluß des Programmes können Sie Ihren Lernerfolg mit diesem Schlußtest überprüfen.

Voraussetzung für den Test ist, daß Sie alle Studieneinheiten durchgearbeitet haben.

Wenn Sie die **Gehaltsschnitte konstruiert** haben, lösen Sie bitte die Aufgaben 1, 2 und 3 (mit • bezeichnet).

Wenn Sie die **Gehaltsschnitte ausgelassen** haben, lösen Sie bitte die Aufgaben 1, 2, 4 und 5 (mit ○ bezeichnet).

Ihnen stehen **80 Minuten** zur Verfügung.

Am Ende des Testes können Sie Ihre Arbeit bewerten.

Viel Erfolg!

Aufgaben

A 1 (● und ○): (30 Punkte)

Die Abbildung unten zeigt einen Ausschnitt aus dem Mangan(Mn)-Kohlenstoff(C)-Zustandsdiagramm.

Konstruieren Sie die schematische Abkühlkurve für eine Legierung mit $x_C = 15\ \%$. Schreiben Sie an die verschiedenen Kurvenäste die stabilen Phasen und die Phasenreaktionen.

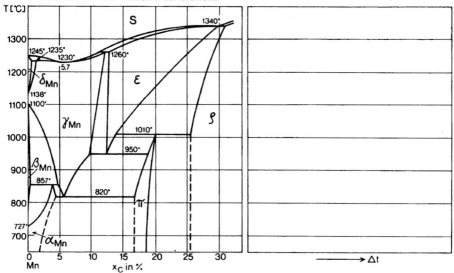

Schlußtest 3/10 277

In Aufgabe 2 und 3 wird ein Dreistoffsystem der Komponenten A, B und C behandelt. A, B und C sind im festen Zustand nicht mischbar, sie bilden aber die intermetallische Phase V.
Die Abbildungen auf dieser und der nächsten Seite zeigen das Gehaltsdreieck mit den Liquidusschnittlinien (strichpunktiert) und Schmelzisothermen.

Versuchen Sie an diesem, Ihnen unbekannten Systemtyp die Aufgaben soweit wie möglich zu lösen:

A 2 (• und ○): (32 Punkte)
 Vervollständigen Sie den unten abgebildeten isothermen Schnitt bei
 T = 500°.

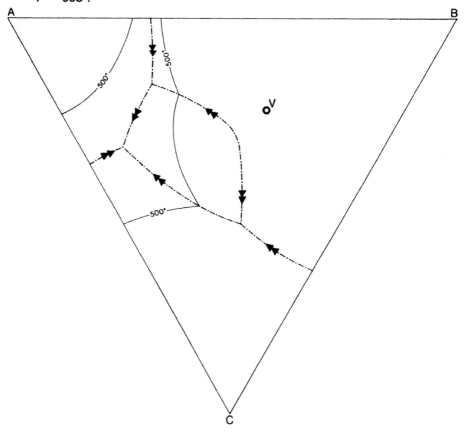

A 3 (●):
Konstruieren Sie den Gehaltsschnitt X-Y: (48 Punkte)

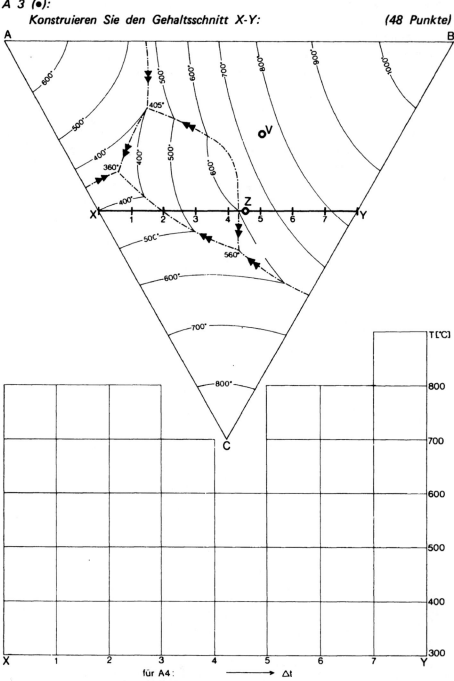

für A4: ⟶ Δt

A 4 (○): (24 Punkte)
Konstruieren Sie in der Abbildung auf der vorigen Seite die schematischen Abkühlkurven der Legierungen Z und 5. Die Steilheit der Kurvenäste mit verzögerter Abkühlung und die Länge der Haltepunkte soll keine Rolle spielen.
Schreiben Sie die stabilen Phasen oder die Phasenreaktionen an die verschiedenen Kurvenäste.

A 5 (○): (24 Punkte)
Auf der nächsten Seiten finden Sie drei Darstellungen aus dem System Al-Zn-Mg.
a) Welche Gleichgewichtszustände durchlaufen die folgenden drei Legierungen bei Abkühlung?
Wenn die Gleichgewichte nicht eindeutig aus den Abbildungen zu ermitteln sind, geben Sie die verschiedenen Möglichkeiten an.
U: w_{Zn} = 30 %, w_{Mg} = 30 %: S; ....
....
V: w_{Zn} = 30 %, w_{Mg} = 20 %: S; ....
....
W: w_{Zn} = 70 §, w_{Mg} = 15 %: S; ....
....

b) Unterstreichen Sie jeweils die Phase mit dem größten Phasengehalt in der Legierung bei Zimmertemperatur.

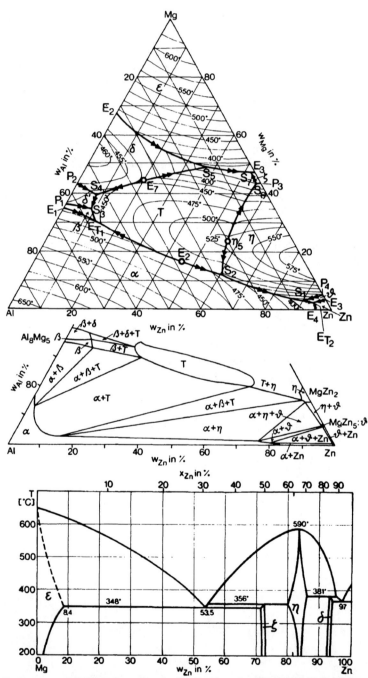

nach 1. H. Hanemann und A. Schrader: „Ternäre Legierungen des Aluminiums", Stahleisen, Düsseldorf, 1952. 2. W. Köster und W. Wolf: Z. Metallkde. 28(1936), S. 309/12. 3. W. Köster und W. Dullenkopf: Z. Metallkde. 28(1936), S. 363/67.

Schlußtest 7/10

Lösungen

L 1:

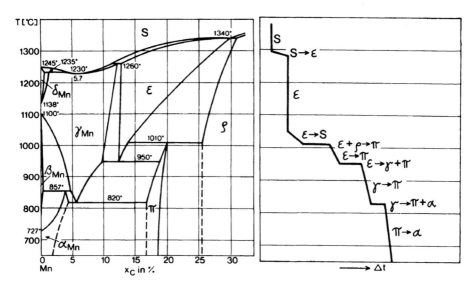

Die schematische Abkühlkurve zeigt 10 verschiedene Bereiche. Geben Sie sich für jeden Bereich bis zu 3 Punkte.
(1 für Kurvenverlauf, 1 für richtige Phasen, 1 für richtige Reaktion).

.... Punkte.
(max. 30 Punkte)

L 2:

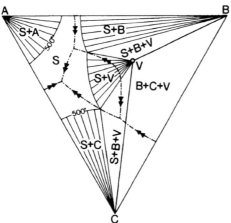

Geben Sie sich für jeden Phasenraum bis zu 4 Punkte.
(2 für Beschriftung, 2 für Begrenzung bzw. Konoden)

.... Punkte.
(max. 32 Punkte)

Schlußtest 8/10   282

L 3:   s. Abb. auf der nächsten Seite
Die Punkte 1 bis 13 oberhalb der Schnittlinie und in dem Gehaltsschnitt
dienen der Markierung charakteristischer Punkte.
Der Gehaltsschnitt zeigt 12 verschiedene Bereiche. Geben Sie sich für jeden
Phasenraum bis zu 4 Punkte.
(2 für Beschriftung, 2 für Umrandung).   .... *Punkte.*
                                                        (max. 48 Punkte)

L 4:

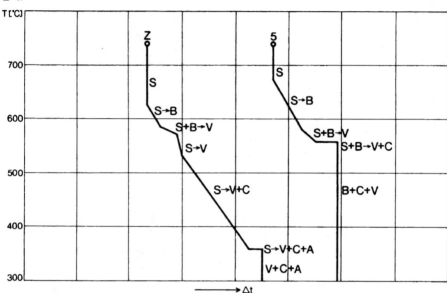

Beide Kurven zusammen zeigen 12 verschiedene Bereiche.
Geben Sie sich für jeden Bereich bis zu 2 Punkte.
(1 für Kurvenverlauf, 1 für Beschriftung).   .... *Punkte.*
                                                        (max. 24 Punkte)

L 3:

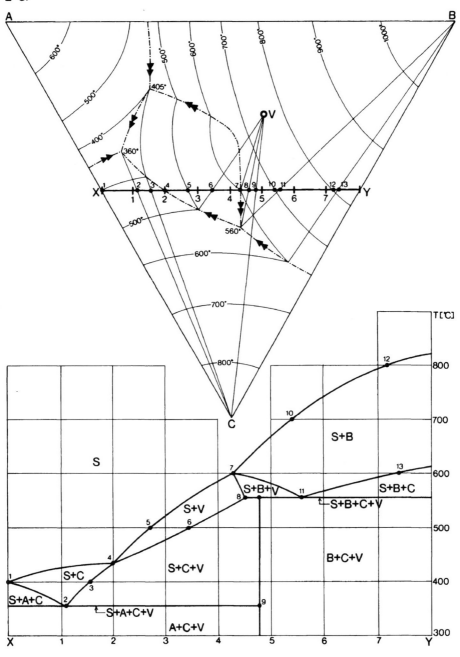

Schlußtest 10/10

L 5: U: $\;S;\; S \to T;\; T$
V: $\;S;\; S \to a;\; S \to a + T;\; a + \underline{T.}$
W: $\;S;\; S \to \eta;\; S \to \eta + a \text{ oder } S \to \eta + T;\; S \to \eta + a + T;\; \underline{\eta} + a + T.$

Die drei Legierungen durchlaufen zusammen 10 Bereiche, die S-Bereiche nicht mitgezählt.
Geben Sie sich für jeden Bereich bis zu 2 Punkte; Wenn Sie T und η unterstrichen haben (Aufgabe 5 b), geben Sie sich je 2 Punkte .... Punkte
(max. 24 Punkte)

Bewertung:

	●	○	
A 1:	....	....	Punkte
2:	....	....	Punkte
3:	....	—	Punkte
4:	—	....	Punkte
5:	—	....	Punkte
Σ:	....	....	Punkte

Punkte:	Note:
100–110	sehr gut
85– 99	gut
70– 84	befriedigend
50– 69	ausreichend
0– 49	nicht ausreichend

Errata

Bei der letzten Testung des Studienprogrammes sind noch folgende Fehler aufgefallen:

S. XXXIV   12. Zeile von unten: z. B.: $w_A^\alpha = \dfrac{m_A^\alpha}{m^\alpha}$ = Massengehalt ...

S. 2, 3, 4, 5, 14   oberste Zeile: Studieneinheit I–.../16

S. 29   2. Zeile von oben: $L: x^\alpha | x^\beta | x_B | x_B^\alpha | x_B^\beta$

S. 39   4. Zeile von oben: ... *die dunklen zur (Cu)-*

S. 41   4. + 5. Zeile von unten: b) ...   streichen!
                                         c) ...

S. 52   6. Zeile von unten: ... zwischen 850° und 779° ...

S. 88   *A2: Zeichnen Sie ... $x_{Ni} = 40\%$ als Kreis und die ...*
                ... Phasen als Kreuze und ...

Walter de Gruyter
Berlin · New York

Bergmann – Schaefer

Lehrbuch der Experimentalphysik
Zum Gebrauch bei akademischen Vorlesungen und zum Selbststudium

4 Bände. Groß-Oktav. Gebunden

Band I: Mechanik, Akustik, Wärme
9., verbesserte Auflage. Mit einem Anhang über die Raumfahrt. 1974.
Von Heinrich Gobrecht.
XVI, 838 Seiten. DM 86,– ISBN 3 11 004861 2

Band II: Elektrizität und Magnetismus
6., neu bearbeitete und erweiterte Auflage. 1971.
Von Heinrich Gobrecht.
VIII, 575 Seiten. DM 78,– ISBN 3 11 002090 4

Band III: Optik
6., völlig neue Auflage. 1974.
Herausgegeben von Heinrich Gobrecht.
Autoren: H.-J. Eichler, H. Gobrecht, D. Hahn, H. Niedrig, M. Richter, H. Schoenebeck, H. Weber, K. Weber.
X, 998 Seiten, 667 Abbildungen und 1 Ausschlagtafel.
DM 98,– ISBN 3 11 004366 1

Band IV: Aufbau der Materie
Herausgegeben von Heinrich Gobrecht.
Etwa 700 Seiten. 1974. Im Druck.

Walter J. Moore

Physikalische Chemie
Nach der 4. Auflage bearbeitet und erweitert
von Dieter O. Hummel
Groß-Oktav. XVI, 1134 Seiten. Mit 411 Abbildungen und 132 Tabellen. 1973. Gebunden DM 78,–
ISBN 3 11 003501 4

Robert A. Carman

Zahlen und Einheiten der Physik
Groß-Oktav. XVIII, 228 Seiten. 1971. Kartoniert DM 19,50
ISBN 3 11 003526 X
(de Gruyter Lehrbuch – programmiert)

**Walter de Gruyter
Berlin · New York**

Kenneth R. Atkins	**Physik** Übersetzt und bearbeitet von Hans-Werner Sichting Groß-Oktav. XX, 843 Seiten. Mit 432 Abbildungen und 20 Tabellen. 1974. Gebunden DM 68,— ISBN 3 11 003360 7
Jae R. Ballif — William E. Dibble	**Anschauliche Physik** Für Studierende der Ingenieurwissenschaften, Naturwissenschaften und Medizin sowie zum Selbststudium Übersetzt und bearbeitet von Martin Lambeck Groß-Oktav. XIV, 733 Seiten. Mit 406 Abbildungen, 1 Tabelle. 1973. Plastik flexibel DM 42,— ISBN 3 11 003633 9 (de Gruyter Lehrbuch)
G. L. Squires	**Meßergebnisse und ihre Auswertung** Eine Anleitung zum praktischen naturwissenschaftlichen Arbeiten Übersetzt von Hans-Werner Sichting Groß-Oktav. 240 Seiten. Mit 77 Abbildungen und zahlreichen Formeln und Tabellen. 1971. Plastik flexibel DM 29,— ISBN 3 11 003632 0 (de Gruyter Lehrbuch)
Werner Schroeder	**Das Massenwirkungsgesetz** Ein programmiertes Lehrbuch für Chemiker, Chemie-Nebenfächler und Naturwissenschaftler Groß-Oktav. Etwa 160 Seiten. 1974. Im Druck. ISBN 3 11 004160 X (de Gruyter Lehrbuch — programmiert)
F. Reif	**Physikalische Statistik und Physik der Wärme** Übersetzt von K. P. Charlé, W. Muschik, H. U. Zimmer, J. Zwanziger Bearbeitung und Redaktion: W. Muschik Groß-Oktav. Etwa 732 Seiten. Mit Abbildungen. Im Druck. ISBN 3 11 004103 3 (de Gruyter Lehrbuch)
Peter Sartori — Johannes Zielinski	**Grundlagen der Allgemeinen und Anorganischen Chemie** Ein programmiertes Lehrbuch für Naturwissenschaftler und Mediziner Groß-Oktav. Etwa 340 Seiten. Mit Abbildungen. In Vorbereitung. ISBN 3 11 001646 X (de Gruyter Lehrbuch — programmiert)
	Preisänderungen vorbehalten